Modern Fluoroorganic Chemistry
Synthesis, Reactivity, Applications

现代有机氟化学
——合成、反应、应用

（原著第二版，全面修订和扩展版）

［德］皮尔·基尔施（Peer Kirsch） 著

吴永明 邢春晖 译校

化学工业出版社

·北京·

本书是一本系统介绍有机氟化学的最新专著，以较大的篇幅介绍了在有机化合物中引入氟原子或含氟取代基的最新方法（包括直接氟化法、全氟烷基化反应及含氟合成子法等），对各种氟化试剂（"亲电的"和"亲核的"）特性和应用做了详尽的讨论，并列举了大量的实用例子帮助理解。书中对和当前化学的热点之一绿色化学相关的氟两相化学的原理和应用也做了深入的介绍。书的后半部分对含氟有机化合物在各领域的应用做了全面的介绍，特别是对其在材料和药物方面的应用及其相关的作用机制的讨论颇为深入。

本书在第一版的基础上，做了全面的修订和扩充。补充了许多近年来新发现的过渡金属参与的含氟有机物的反应的研究成果和内容，并增加了含氟染料和含氟化合物在有机电子工业中应用的内容。本书资料新颖，并附有大量的参考文献，涉及当代有机氟化学的基础理论、反应及应用的各个方面。写作深入浅出，既适于科研院所、工厂企业从事有机氟化学研究开发的专业人员阅读，也可供具有有机化学知识的高等院校师生及管理人员参考使用。

图书在版编目（CIP）数据

现代有机氟化学——合成、反应、应用/[德]基尔施（Kirsch, P.）著；吴永明，邢春晖译校．—北京：化学工业出版社，2014.7（2018.9重印）
书名原文：Modern Fluoroorganic Chemistry
ISBN 978-7-122-20542-1

Ⅰ.①现⋯　Ⅱ.①基⋯ ②吴⋯③邢⋯　Ⅲ.①有机氟化合物-研究
Ⅳ.①O622.2

中国版本图书馆 CIP 数据核字（2014）第 083985 号
Modern Fluoroorganic Chemistry，2nd edition/by Peer Kirsch
ISBN 978-3-527-33166-6

Copyright©2013　by Wiley-VCH Verlag GmbH．& KGaA. All rights reserved.
Authorized translation from the English language edition published by Wiley-VCH Verlag GmbH．& KGaA
本书中文简体字版由 Wiley-VCH Verlag GmbH．&KGaA 授权化学工业出版社独家出版发行。
未经许可，不得以任何方式复制或抄袭本书的任何部分，违者必究。

北京市版权局著作权合同登记号：01-2014-0219

责任编辑：仇志刚　　　　　　　　　　文字编辑：刘砚哲
责任校对：宋　玮　李　爽　　　　　　装帧设计：刘丽华

出版发行：化学工业出版社（北京市东城区青年湖南街 13 号　邮政编码 100011）
印　　装：涿州市般润文化传播有限公司
710mm×1000mm　1/16　印张 21½　字数 436 千字　2018 年 9 月北京第 1 版第 2 次印刷

购书咨询：010-64518888　　　　　　　售后服务：010-64518899
网　　址：http://www.cip.com.cn
凡购买本书，如有缺损质量问题，本社销售中心负责调换。

定　　价：98.00 元　　　　　　　　　　　　　　　　版权所有　违者必究

译者的话

有机氟化学是一门典型的由应用需求所促进的学科：从早期的氟里昂系列产品、含氟聚合物的发明和应用；到后来曼哈顿计划（制造原子弹）及一些尖端技术（火箭及航空航天技术）对高性能材料的要求，含氟农药和医药的发明和广泛应用；再到后来一些大型工业项目［氯碱工业，新能源项目（燃料电池、锂离子电池等）］的需求拉动，极大地促进了有机氟化学在基础理论方面和应用技术方面的研究工作。有机氟化学（特别是有机氟化学工业）也是一门命运多舛的学科：从氟里昂制冷剂和哈龙灭火剂的广泛使用到后来的全面禁用，以及含氟表面活性剂全氟辛酸（PFOA）和全氟辛磺酸（PFOS）的禁止使用，使有机氟化工的发展显得跌宕起伏。我国具有极丰富的萤石资源，发展有机氟化工有得天独厚的优势，但由于多年来的重复建设和无节制扩展，造成了基础氟化工产品产量和产能的严重过剩，也导致了各氟化工企业利润的严重下滑，使不少企业处在亏损状态下苦苦挣扎。但另一方面新经济对各种高性能含氟材料的需求，使含氟精细化工产品产业的发展方兴未艾，所以迫切需要各氟化工企业加大技术投入，进行产业结构的调整，这为有机氟化学和有机氟化工产业的发展注入了新的活力。

本书作者在 2004 年第一版的基础上进行了全面的修订和扩充，补充了许多近年来发展的过渡金属参与的氟化反应的研究内容和结果，并对参考文献的内容进行了全面的更新，同时也补充了含氟染料和含氟有机化合物在有机电子工业中应用的全新内容。本书不是有机氟化学方面的百科全书，但通过对有机氟化学基础理论和应用原理的介绍，为正在从事和准备投身有机氟化学研究及有机氟化工生产的科研院所的专家学者及大、专院校师生，提供了很好的思路，可做入门教材。书中附录部分保留了一些典型的有机氟化学制备实验的详细步骤，为将要从事这方面研究的工作者提供了很好的教材和具体指导。

译校者在翻译过程中，尽量忠实于原著，但对原著中一些明显的差错做了必要的改正。书中涉及的计量单位，也按原著直接译出，而没有进行 SI 单位的换算。个别词汇目前还没有合适的中文译名，我们按照化合物的结构进行意译。由于译校者能力和水平有限，书中所出差错，恳请广大读者批评指正。

吴永明（ymwu@sioc.ac.cn）
邢春晖（xingch@sioc.ac.cn）
2013 年 12 月于中科院上海有机所

化学世界的狂怒之神是氟元素。它可以和钙形成稳定的萤石，也能存在于其他几种化合物中。但是一旦分离出来，就如现在所发现的，它就成为一个没有什么东西可以与之对抗的狂暴气体。

Scientific American，1988 年 4 月

氟令人无不为之瞩目；它或讨人喜爱，或惹人厌恶。作为取代基，它趣味盎然，总能给人惊喜，却又常常难以预料。

M. Schlosser. *Angew. Chem. Int. Ed.* 1998，**37**：1496-1513

第二版前言

自从本书第一版出版后的短短几年间，氟化学的状况发生了巨大的变化：它不再由一个高度专业化（而且通常是相当有胆识的）的研究团体所主宰，而变成了一个不断吸引着主流有机和生物有机化学家关注的研究领域。含氟取代基在生物活性分子和其他功能材料中的价值已经被越来越多的传统氟化学领域以外的其他科学家所广泛认识，从而开拓了一些极具价值的合成方法学。所以要对该领域进行系统全面的综述几乎成了一个不可能完成的任务，即使是对那些最重要的进展进行综述也是一件相当艰巨的事情。

本书的目的不是为读者提供一份对目前已知的所有方法的全面综述，而是为有兴趣的新入门者提供引导和对有代表性的快速发展领域的评述。它可以作为深入研究的敲门砖，而不是一本氟化学的独立、完整的百科全书。因此在书中并没有涉及氟化学全部领域，而且对最新最有兴趣领域的进展的内容选取也与作者的兴趣和爱好有很大的关系。

第二版的主要侧重点在含氟材料作为基本功能材料的应用领域以及合成这些材料的化学上。这不仅涉及材料科学，同时也与生物医疗领域相关。在合成方法学方面，在引入氟原子和含氟官能团手段中，最重大的进展就是出现了很多利用不同过渡金属催化的新方法。

在基础理论研究方面，作者选取了在该领域里面最重要的新进展。在应用方面，增加了两个新的应用领域：含氟染料作为最早获得工业应用的含氟材料之一，在第一版中没有涉及是一种缺憾，本版中做了补充。在最近的十来年，有机电子器件得到了迅速发展，而氟化学在这领域也有相当独特的用武之地。所以在本版中也增加了氟化学在该快速发展领域中的作用和功能的简短论述。

在此，作者想对在本书内容更新过程中提供过帮助和有价值建议的朋友和同事表示感谢。尤其是对 Matthias Bremer，Alois Haas，Ingo Krossing，David O'Hagan，Gerd Röschenthaler，Georg Schulz，Peter 和 Marina Wanczek，John Welch 和 Yurii Yagupolskii 在本书写作过程中所提供的材料和有益讨论表示感谢。对 Wiley-VCH 出版社的 Anne Brennführer 和 Lesley Belfit 在本书写作过程中所给

予的坚定支持和鼓励表示衷心感谢。最重要的是我要对我的夫人 Annette 和儿子 Alexander 表示歉意，由于本书的写作我并没有给予他们所希望的关怀，但他们为我创造了可以让我全身心投入写作的良好环境。

Peer Kirsch
尤根海姆，塞海姆
2013 年 1 月

第一版前言

近年来有机氟化学研究领域的发展非常迅猛，而含氟化合物几乎已经深入到我们日常生活的各个方面。本书旨在帮助合成化学家们，使他们对于这个领域有更深入的了解，包括元素氟在有机化合物中的独特应用。

通贯全书的主旨是向读者介绍一系列合成方法学，这些方法是基于含氟有机化合物的反应机理及其特殊的化学和物理化学性质。迈入合成有机氟化学这个领域还存在不少障碍，但其中许多都是无稽之偏见。为了降低从事有机氟化学研究的门槛，我在本书中整理并引述了一些具有代表性的用标准的实验室装置即可完成的合成操作。

为阐明将氟原子引入有机分子以后所产生的效果，本书专门辟出一整章内容（第 4 章），选取了一些有关有机氟化合物的应用进行介绍。当然，由于这些极为专业的应用涉及面极广，所以在这部分内容只讨论近年来受到特别关注的一些应用范例。显然，对这些内容的选择不可避免地会受到作者本人"口味"的影响。

没有同事和朋友们的帮助与支持，我是难以完成本书的。我深深感谢 Merck KGaA 公司的同事们，特别是 Detlef Pauluth 对我编撰本书给予了源源不断的支持，还有我的同事 Matthias Bremer 和 Oliver Heppert 校对了此书原稿并提出了许多很好的改进此书的建议和想法。当然由于本人疏忽所遗留的错误还是在所难免。感谢 G. K. Surya Prakash，Karl O. Christe 和 David O'Hagan 不仅给我不少有益的建议还为我提供了不少文献。感谢 Gerd-Volker Röschenthaler，Günter Haufe 和 Max Lieb 引导我进入了氟化学这一迷人的研究领域。感谢 Andrew E. Feiring 和 Barbara Hall 帮助我得到许多珍贵的历史照片。感谢 Wiley-VCH 公司的 Elke Maase 在我完成此书的整个过程中都给予了全程支持和鼓励。

在过去一年半的时间里，我花费绝大部分的业余时间用于完成此书而无法陪伴我的家人，我谨以此书献给我的夫人 Annette 和我的儿子 Alexander。

Peer Kirsch
2004 年 5 月于 Darmstadt

缩写词

acac	Acetylacetonate ligand	乙酰丙酮配体
aHF	Anhydrous hydrofluoric acid	无水氢氟酸
AIBN	Azobis(isobutyronitrile)	偶氮二异丁腈
AM	Active matrix	有源矩阵
ASV	"Advanced super-V"	高端超V
ATPH	Aluminum tri[2,6-bis(*tert*-butyl)phenoxide]	三-[(2,6-二叔丁基)苯酚]铝
BAST	N,N-Bis(methoxyethyl)amino sulfur trifluoride	
	N,N-二(甲氧基乙基)氨基三氟化硫	
BINOL	1,1′-Bi-2-naphthol	1,1′-双(2-萘酚)
Boc	*tert*-Butoxycarbonyl protecting group	叔丁氧基羰基保护基团
Bop-Cl	Bis(2-oxo-3-oxazolidinyl)phosphinic chloride	二-(2-氧-3-噁唑烷基)氯化磷
BSSE	Basis set superposition error	基组重叠误差
BTF	Benzotrifluoride	三氟甲基苯
CFC	Chlorofluorocarbon	氯氟烷烃
COD	Cyclooctadiene	环辛二烯
CSA	Camphorsulfonic acid	樟脑磺酸
Cso	Camphorsulfonyl protecting group	樟脑磺酰基保护基团
CVD	Chemical vapor deposition	化学气相沉积
cVHP	Chicken villin headpiece subdomain	鸡绒毛蛋白残基
DABCO	Diazabicyclooctane	二氮双环辛烷
DAM	Di(*p*-anisyl)methyl protecting group	二(对甲氧基苯基)甲基保护基团
DAST	N,N-Diethylamino sulfur trifluoride	N,N-二乙基氨基三氟化硫
DBH	1,3-Dibromo-5,5-dimethylhydantion	1,3-二溴-5,5-二甲基己内酰脲
DBPO	Dibenzoyl peroxide	过氧化二苯甲酰
DEAD	Diethyl azodicarboxylate	偶氮二甲酸二乙酯
DCC	Dicyclohexylcarbodiimide	二环己基碳二亚胺
DCEH	Dicarboxyethoxyhydrazine	草酸单乙酯酰肼
DEC	N,N-Diethylcarbamoyl protecting group	N,N-二乙基甲酰氨基保护基团
DFI	2,2-Difluoro-1,3-dimethylimidazolidine	2,2-二氟-1,3-二甲基咪唑烷
DFT	Density functional theory	密度泛函理论
DIP-Cl	β-Chlorodiisopinocampheylborane	β-氯代二异松莰烷基硼烷
DMAc	N,N-Dimethylacetamide	N,N-二甲基乙酰胺
DMAP	4-(N,N-Dimethylamino)pyridine	4-(N,N-二甲氨基)吡啶
DME	1,2-Dimethoxyethane	1,2-二甲氧基乙烷
DMF	N,N-Dimethylformamide	N,N-二甲基甲酰胺
DMS	Dimethyl sulfide	二甲基硫醚
DMSO	Dimethyl sulfoxide	二甲基亚砜

DSM	Dynamic scattering mode	动态散射模式
DTBP	Di-*tert*-butyl peroxide	二叔丁基过氧化物
dTMP	Deoxythymidine monophosphate	脱氧胸苷单磷酸
dUMP	Deoxyuridine monophosphate	脱氧尿苷单磷酸
ECF	Electrochemical fluorination	电化学氟化
ED	Effective dose	有效剂量
EPSP	5-Enolpyruvylshikimate-3-phosphate	5-烯醇丙酮酰莽草酸-3-磷酸
ETFE	Poly (ethylene-*co*-tetrafluoroethylene)	乙烯-四氟乙烯共聚物
FAR	α-Fluorinated alkylamine reagents	α-氟代烷基胺试剂
FDA	Fluorodeoxyadenosine	含氟脱氧腺苷
FDG	Fluorodeoxyglucose	含氟脱氧葡萄糖
FET	Field effect transistor	场效应晶体管
FFS	Fringe field switching	边缘场开关
FITS	Perfluoroalkyl phenyl iodonium trifluoromethylsulfonate reagents 全氟烷基苯基碘三氟甲基磺酸盐	
FRPSG	Fluorous reversed-phase silica gel	氟相反向硅胶
FSPE	Fluorous solid-phase extraction	氟相固相萃取
F-TEDA	N-Fluoro-N'-chloromethyldiazoniabicyclooctane reagents N-氟-N'-氯甲基重氮二环辛烷试剂	
GWP	Global warming potential	全球变暖指数
HFC	Hydrofluorocarbon	氢氟碳烷
HFP	Hexafluoropropene	六氟丙烯
HMG$^+$	Hexamethylguanidinium cation	六甲基胍阳离子
HMPA	Hexamethylphosphoric acid triamide	六甲基磷酰三胺
HSAB	Hard and soft acids and bases (Pearson concept)	硬软酸碱(Pearson 概念)
IPS	In-plane switching	平面转换
ITO	Indium tin oxide	铟锡氧化物
LC	1. Liquid crystal 液晶 2. Lethal concentration 致死浓度	
LCD	Liquid crystal display	液晶显示
LD	Lethal dose	致死剂量
LDA	Lithium diisopropylamide	二异丙基氨基锂
MCPBA	*m*-Chloroperbenzoic acid	间氯过氧苯甲酸
MEM	Methoxyethoxymethyl protecting group	甲氧基乙氧基甲基保护基团
MOM	Methoxymethyl protecting group	甲氧基甲基保护基团
MOST	Morpholino sulfur trifluoride	N-三氟化硫基吗啡啉
MVA	Multi-domain vertical alignment	多畴垂直取向
NAD$^+$/NADH	Nicotinamide adenine dinucleotide, oxidized/reduced form 烟酰胺、腺嘌呤、二核苷酸,氧化/还原形式	
NADP$^+$/NADPH	Nicotinamide adenine dinucleotide phosphate, oxidized/reduced form 烟酰胺、腺嘌呤、二核苷酸磷酸酯,氧化/还原形式	

NBS	*N*-Bromosuccinimide	*N*-溴代丁二酰亚胺
NCS	*N*-Chlorosuccinimide	*N*-氯代丁二酰亚胺
NE	Norepinephrine	去甲肾上腺素
NFPy	*N*-Fluoropyridinium tetrafluoroborate	*N*-氟代吡啶四氟硼酸盐
NFTh	*N*-Fluoro-*o*-benzenedisulfonimide	*N*-氟代邻苯二磺酰亚胺
NIS	*N*-Iodosuccinimide	*N*-碘代丁二酰亚胺
NLO	Nonlinear optics	非线性光学
NMP	*N*-Methylpyrrolidone	*N*-甲基吡咯烷酮
NPSP	*N*-Phenylselenylphthalimide	*N*-苯硒基邻苯二甲酰亚胺
OD	Ornithine decarboxylase	鸟氨酸脱羧酶
ODP	Ozone-depleting potential	臭氧破坏指数
OFET	Organic field effect transistor	有机场效应晶体管
OLED	Organic light-emitting diode	有机发光二极管
OPV	Organic photovoltaics	有机光伏电池
OTFT	Organic thin-film transistor	有机薄膜晶体管
PCH	Phenylcyclohexane	苯基环己烷
PCTFE	Polychlorotrifluoroethylene	聚(三氟氯乙烯)
PDA	Personal digital assistant	个人数据助手
PET	1. Positron emission tomography	正电子放射 X 射线断层摄影术
	2. Poly(ethylene terephthlate)	聚对苯二甲酸乙二醇酯
PFA	Perfluoropolyether	全氟聚醚
PFC	Perfluorocarbon	全氟碳
PFMC	Perfluoro(methylcyclohexane)	全氟代甲基环己烷
PFOA	Perfluorooctanoic acid	全氟辛酸
PFOB	Perfluoro-*n*-octyl bromide	全氟正辛基溴化物
PFOS	Perfluorooctylsulfonic acid	全氟辛基磺酸
phen	Phenanthroline	菲啰啉
PI	Polyimide	聚酰亚胺
PIDA	Phenyliodonium diacetate	二乙酸碘苯
pip$^+$	1,1,2,2,6,6-Hexamethylpiperidinium cation	
	1,1,2,2,6,6-六甲基哌啶鎓正离子	
PLP	Pyridoxal phosphate	吡哆醛磷酸盐
PNP	Purine nucleoside phosphorylase	嘌呤核苷磷酸化酶
PPVE	Poly(heptafluoropropyl trifluorovinyl ether)	聚(七氟丙基三氟乙烯基醚)
PTC	Phase transfer catalysis	相转移催化
PTFE	Polytetrafluoroethylene(Teflon^{TM})	聚四氟乙烯
PVDF	Poly(vinylidene difluoride)	聚偏氟乙烯
PVPHF	Poly(vinylpyridine)hydrofluoride	聚(乙烯基吡啶)氢氟酸盐
P3DT	Poly(3-dodecylthiophene)	聚(3-十二烷基)噻吩
QM/MM	Quantum mechanics/molecular mechanics	量子力学/分子力学
QSAR	Quantitative structure-activity relationships	定量结构-活性关系

SAH	S-Adenosylhomocysteine hydrolase	S-腺苷基半胱氨酸
SAM	1. S-Adenosylmethionine	S-腺苷基甲硫氨酸
	2. Self-assembled monolayer	自组装单分子膜
SBAH	Sodium bis(methoxyethoxy)aluminum hydryde 二氢双(甲氧基乙氧基)铝酸钠	
$scCO_2$	Supercritical carbon dioxide	超临界二氧化碳
SFC	Supercritical fluid chromatography	超临界液相色谱
SET	Single electrton transfer	单电子转移
SFM	Superfluorinated material	超级含氟材料
SPE	Solid-phase extraction	固相萃取
STN	Super-twisted nematic	超扭曲向列相
TADDOL	$α,α,α',α'$-Tetraaryl-2,2-dimethyl-1,3-dioxolane-4,5-dimethanol $α,α,α',α'$-四芳基-2,2-二甲基-1,3-二氧六环-4,5-二甲醇	
TAS^+	Tris(dimethylamino)sulfonium cation	三(二甲氨基)硫鎓正离子
TASF	Tris(dimethylamino)sulfonium difluorotrimethylsiliconate, $(Me_2N)_3S^+ Me_3SiF_2^-$ 二氟三甲基硅三-(二甲氨基)锍盐	
TBAF	Tetrabutylammonium fluoride	四丁基氟化铵
TBDMS	tert-Butyldimethylsilyl protecting group	叔丁基二甲基硅基保护基团
TBS	See TBDMS	同 TBDMS,叔丁基二甲基硅基保护基团
TBTU	O-(Benzotriazol-1-yl)-N,N,N',N'-tetramethyluronium tetrafluoroborate O-(苯并三唑基)-N,N,N',N'-四甲基脲四氟硼酸盐	
TDAE	Tetrakis(dimethylamino)ethylene	四-(二甲基氨基)乙烯
TEMPO	2,2,6,6-Tetramethylpiperidine-N-oxide	2,2,6,6-四甲基哌啶氮氧化物
TFT	Thin film transistor	薄膜晶体管
THF	1. Tetrahydrofuran	四氢呋喃
	2. Tetrahydrofolate coenzyme	四氢叶酸辅酶
THP	Tetrahydropyranyl protecting group	四氢吡喃保护基团
TIPS	Triisopropylsilyl protecting group	三异丙基硅基保护基团
TLC	Thin-layer chromatography	薄层色谱
TMS	Trimethylsilyl protecting group	三甲基硅基保护基团
TN	Twisted nematic	扭曲向列相
TPP	Triphenylphosphine	三苯基膦
TPPO	Triphenylphosphine oxide	三苯基氧膦
TR	Trypanothione reductase	谷胱甘酰亚精胺还原酶
VHR	Voltage holding ratio	电压保持率
ZPE	Zero point energy	零点能

目录

1 引言 ·· 1
1.1 为何要研究有机氟化学 ·· 1
1.2 历史 ·· 1
1.3 基本原材料 ·· 3
1.3.1 氢氟酸 ·· 3
1.3.2 氟元素 ·· 4
1.4 有机氟化物的独特性能 ·· 6
1.4.1 物理性质 ·· 6
1.4.2 化学性质 ·· 12
1.4.3 环境影响 ·· 13
1.4.4 生理性质 ·· 16
1.4.5 含氟化合物的分析：^{19}F NMR ·· 17
参考文献 ·· 18

第一部分 复杂有机氟化物的合成

2 氟原子的引入 ·· 24
2.1 全氟化和选择性直接氟化 ·· 24
2.2 电化学氟化（ECF） ·· 30
2.3 亲核氟化 ·· 32
2.3.1 Finkelstein 交换 ·· 32
2.3.2 "裸露的"氟离子 ·· 32
2.3.3 路易斯酸促进的氟化反应 ·· 34
2.3.4 "一般氟效应" ·· 36
2.3.5 胺-HF 和醚-HF 试剂 ·· 37
2.3.6 氢氟化、卤氟化和环氧开环 ·· 37
2.4 含氟芳香化合物的合成和反应活性 ·· 41

2.4.1	含氟芳香化合物的合成	41
2.4.2	还原芳构化	41
2.4.3	Balz-Schiemann 反应	41
2.4.4	氟甲酸酯方法	43
2.4.5	过渡金属催化的芳香化合物的氟化反应	43
2.4.6	卤素交换方法	48
2.4.7	反向思维！——全氟芳烃和全氟烯烃体系的"反常的"反应活性	48
2.4.8	特殊氟效应	50
2.4.9	芳香亲核取代反应	51
2.4.10	由过渡金属活化碳氟键	54
2.4.11	通过邻位金属化活化氟代芳烃	55
2.5	官能团的转化	58
2.5.1	羟基转化成氟	58
2.5.2	羰基转化为偕二氟亚甲基	65
2.5.3	羧基转化为三氟甲基	66
2.5.4	氧化脱硫氟化	67
2.6	"亲电"氟化	74
2.6.1	二氟化氙	74
2.6.2	高氯酰氟和次氟化物	74
2.6.3	"NF"试剂	76
参考文献		84

3 全氟烷基化   94

3.1	自由基全氟烷基化	94
3.1.1	全氟烷基自由基的结构、性质和反应活性	95
3.1.2	全氟烷基自由基在制备上的有用反应	96
3.1.3	烷基自由基对全氟烯烃的"逆向"自由基加成反应	101
3.2	亲核全氟烷基化	103
3.2.1	含氟碳负离子的性质、稳定性和反应活性	103
3.2.2	全氟烷基金属化合物	104
3.2.3	全氟烷基硅烷	113
3.3	"亲电"全氟烷基化	120
3.3.1	含氟碳正离子的性质及其稳定性	120
3.3.2	芳基全氟烷基碘鎓盐	121
3.3.3	全氟烷基硫、硒、碲及氧鎓盐	128
3.3.4	含氟 Johnson 试剂	133
3.4	二氟卡宾和含氟环丙烷化合物	134
参考文献		137

4 一些典型的含氟结构和反应类型 ················· 146
  4.1 二氟甲基化和卤代二氟甲基化反应 ············· 146
  4.2 全氟烷氧基团 ······························· 149
  4.3 全氟烷硫基团和含硫超强吸电子基团 ············ 151
  4.4 五氟化硫基团及相关结构的化合物 ·············· 155
  参考文献 ······································· 161

5 多氟代烯烃的化学 ····························· 166
  5.1 含氟多次甲基化合物 ························· 166
  5.2 含氟烯醇醚合成子 ·························· 170
  参考文献 ······································· 177

第二部分 氟相化学

6 氟相化学 ···································· 182
  6.1 氟两相催化反应 ···························· 182
  参考文献 ······································· 195

7 氟相合成和组合化学 ··························· 198
  7.1 氟相合成 ·································· 198
  7.2 氟相固定相的分离技术 ······················· 202
  7.3 组合化学中的氟相概念 ······················· 204
  参考文献 ······································· 211

第三部分 有机氟化合物的应用

8 卤氟烷、氢氟烷及相关化合物 ···················· 216
  8.1 聚合物和润滑油 ···························· 218
  8.2 在电子工业中的应用 ························· 224
  8.3 含氟染料 ·································· 225
  8.4 有源矩阵液晶显示器的液晶材料 ················ 227
    8.4.1 棒状液晶：简短介绍 ··················· 227
    8.4.2 有源矩阵液晶显示器的功能 ············· 228
    8.4.3 为什么将氟原子引入液晶分子？ ········· 234
    8.4.4 结论与展望 ·························· 244
  8.5 含氟化合物在有机电子器件中的应用 ············ 245
    8.5.1 有机场效应晶体管（OFETs） ··········· 246
    8.5.2 有机发光二极管（OLEDs） ············ 253
  参考文献 ······································· 256

9 在药物和其他生物医药方面的应用 …… 263
9.1 为何研究含氟药物？ …… 264
9.2 亲脂性和取代基效应 …… 264
9.3 氢键和静电相互作用 …… 266
9.4 立体电子效应和构象 …… 269
9.5 代谢稳定化和反应中心的调节 …… 273
9.6 生物电子等排体模拟 …… 278
9.7 基于机理的"自杀性"抑制 …… 285
9.8 含氟放射性药物 …… 290
9.9 吸入式麻醉剂 …… 293
9.10 人造血和呼吸液体 …… 294
9.11 造影剂和医疗诊断 …… 295
9.12 农用化学品 …… 296

参考文献 …… 300

附录 A 典型合成过程 …… 312
A.1 选择性的直接氟化反应 …… 312
A.1.1 注意事项 …… 312
A.1.2 丙二酸二乙酯 1 氟化制备氟代丙二酸二乙酯 2 …… 313
A.1.3 双(4-硝基苯基)四氟化硫 4 的合成(15%反和85%顺的异构体混合物) …… 313
A.1.4 异构化生成反式-4 …… 313
A.2 氢氟化加成和卤氟化加成反应 …… 314
A.2.1 注意事项 …… 314
A.2.2 液晶化合物 6 的合成 …… 314
A.2.3 化合物 8 的合成 …… 315
A.3 用 F-TEDA-BF$_4$(Selectfluor)作为氟化试剂的亲电氟化反应 …… 315
A.3.1 含氟甾体化合物 11 的合成 …… 315
A.3.2 氟代苯基丙二酸二乙酯 13 的合成 …… 316
A.4 用 DAST 和 BAST(Deoxofluor)作为氟化试剂的氟化反应 …… 316
A.4.1 注意事项 …… 316
A.4.2 醇类化合物氟化反应的一般步骤 …… 317
A.4.3 醛、酮类化合物氟化反应的一般步骤 …… 317
A.5 用四氟化硫作为氟化试剂对羧酸类化合物的氟化反应 …… 318
A.5.1 注意事项 …… 318
A.5.2 4-溴-2-三氟甲基噻唑 23 的合成 …… 318
A.6 通过黄原酸酯的氧化脱硫氟化反应制备含三氟甲氧基化合物 …… 319
A.6.1 液晶化合物 25 的合成 …… 319

- A.7 二噻烷盐的氧化脱硫二氟烷氧基化反应 ·········· 319
  - A.7.1 二噻烷的三氟甲磺酸盐 27 ·········· 319
  - A.7.2 由二噻烷盐 27 合成化合物 28 ·········· 320
  - A.7.3 由乙烯酮缩二硫醇 29 合成化合物 28 ·········· 320
- A.8 用 Umemoto 试剂进行的亲电三氟甲基化反应 ·········· 321
  - A.8.1 三甲基硅基二烯基醚 30 的三氟甲基化 ·········· 321
- A.9 用 Me$_3$SiCF$_3$ 进行的亲核三氟甲基化反应 ·········· 322
  - A.9.1 酮 33 的亲核三氟甲基化反应 ·········· 322
- A.10 过渡金属参与的芳香化合物的全氟烷基化反应 ·········· 322
  - A.10.1 铜参与的硅试剂对化合物 36 的三氟甲基化反应 ·········· 322
  - A.10.2 钯参与的芳基氯化物 41 的三氟甲基化反应 ·········· 323
- A.11 铜参与的引入三氟甲硫基的反应 ·········· 324
  - A.11.1 三氟甲硫基铜试剂 43 的制备 ·········· 324
  - A.11.2 CuSCF$_3$ 和 4-碘苯甲醚 44 的反应 ·········· 324
- A.12 氟代烯烃和氟代芳烃的取代反应 ·········· 324
  - A.12.1 α,β-二氟-β-氯代苯乙烯 47 的制备 ·········· 324
  - A.12.2 α,β-二氟代肉桂酸 48 的合成 ·········· 325
  - A.12.3 用 LDA 对 1,2-二氟苯 49 的邻位金属化 ·········· 325
- A.13 二氟烯醇负离子的反应 ·········· 326
  - A.13.1 二氟烯醇三甲基硅醚 52 的制备 ·········· 326
  - A.13.2 化合物 52 对羰基化合物的加成反应 ·········· 326

参考文献 ·········· 327

1 引言

1.1 为何要研究有机氟化学

氟是一个很特殊的元素,许多有机氟化合物也有着特别的有时甚至是很奇怪的性质。数目众多的含氟聚合物、液晶材料和其他高性能材料由于结构含氟的影响而产生了相应的独特性质。

对于自然界生物圈而言,有机氟化物几乎完全是外来的。生物过程完全不依赖于氟的代谢,但另一方面许多现代的药物或农用化学品又至少含有一个氟原子,它们通常都有着特别的功能。而全氟烷烃又被认为对于生命是"正交的"。它们起到的仅是单纯的物理作用比如说作为氧气的载体,然而对于生命体而言它们却完全是一个外来者,不被生命体所识别甚至完全被忽略了。

尽管氟本身是所有元素中最活泼的,但某些含氟有机化合物具有如同惰性气体那样的稳定性。它们有时所引起的环境问题,并非是由于它们的活性,恰恰是因为缺少活性,使它们在自然界中长期存在所致。

所有这些特殊性使得有机氟化学成为一个非同一般和非常迷人的领域[1~14],它给许多与化学相关的学科,如理论化学、合成化学、生物化学和材料化学的发展提供新的刺激和惊喜。

1.2 历史

由于氢氟酸的毒性以及由氢氟酸制备元素氟较为困难,因此有机氟化学的发展和含氟有机化合物的实际应用直到19世纪晚期才开始(表1.1)。真正的突破是H. Moissan于1886年首次合成了元素氟[15],而第一个结构确定的有机氟化合物,苯甲酰氟，是由俄国化学家、物理学家和作曲家 Alexander Borodin 于 1863 年制备出来并予以记载[16]。

表 1.1 有机氟化学发展中的历史事件和数据

时间	事件
1764 年	A. S. Marggraf 首次用硫酸和萤石反应制备了氢氟酸，1771 年 Scheele 重复了此实验
1863 年	由 A. Borodin 合成首例有机氟化合物苯甲酰氟
1886 年	H. Moissan(1906 年获诺贝尔奖)电解 HF-KF 首次制备了元素氟
19 世纪 90 年代	直接氟化法(H. Moissan)以及 Lewis 酸催化的卤素交换法(F. Swarts)制备氟氯烷烃化学的开始
20 世纪 20 年代	由 Balz-Schiemann 反应制备含氟芳烃
20 世纪 30 年代	制冷剂(氟里昂)，灭火剂(哈龙)，喷雾剂及具有更好色彩附着力的含氟染料
20 世纪 40 年代	含氟聚合物[PTFE：聚四氟乙烯，商品名为特氟龙(Teflon)]，电化学氟化(H. Simons)
1941~1954 年	曼哈顿计划：高耐腐蚀性能材料用于同位素分离，用于气体浓缩的润滑剂及冷却剂
20 世纪 50 年代	含氟药物和农药，人造血，呼吸液体和化学武器
20 世纪 80 年代	半导体工业用的等离子刻蚀气体和清洗剂
1987 年	蒙特利尔(Montreal)协定开始逐步禁用 CFCs
20 世纪 90 年代	含氟液晶用于有源矩阵液晶显示器(AM-LCDs)
21 世纪初	用于制造集成电路的含氟光敏抗蚀剂，用 157nm 光刻蚀剂

20 世纪 30 年代初将氟氯烷烃（CFCs）用做制冷剂标志着有机氟化学工业应用的开始[17]。为了发展核武器而始于 1941 年的曼哈顿计划，则是工业有机氟化学发展历史上的一个重要转折点[18]。曼哈顿计划要满足对高度抗腐蚀材料、润滑材料和冷却剂的需求，及处理一些腐蚀性特别强的无机氟化物工业技术。于是在整个 20 世纪 40 年代对于作为上述材料的前体——氢氟酸的消耗也不断增长。1945 年之后，随着冷战的开始，各种各样的防务计划为不断地发展氟化学和利用含氟化合物提供了经久不衰的原动力。到 20 世纪 50~60 年代由于更多的民用产品如含氟药物、农药及含氟材料的出现将氟化学研究推向了前沿领域[19]。

1974 年提出的氯氟烷烃会对臭氧层造成破坏的论述[20]以及随后在 1980 年南极上空臭氧层空洞的出现，迫使工业有机氟化学做出重大的重新定位。至 1987 年随着蒙特利尔（Montreal）协定的诞生，许多氯氟烷烃（CFCs）逐步开始停产。许多此类制冷剂及清洗剂可以用其他一些含氟有机物所替代（如某些氢氟烷烃 HFCs 和含氟醚等）。但总体而言，氟化工必须将其注意力转移到其他一些应用领域，如含氟聚合物、含氟表面活性剂以及药物和农药的中间体等[19]。一个主要的同时也是快速增长的市场就是含氟精细化工产品市场，它们被用于生产药物、农药的中间体。电子工业是最近几年含氟化合物起着越来越重要作用的另一个应用领域。相关的化合物包括等离子蚀刻气体、清洗剂、特种含氟聚合物和近期开始应用于制造集成电路的 157nm 光蚀刻技术中的含氟光敏抗蚀剂和液晶显示器中的液晶材料（LCDs）。

1.3 基本原材料

自然界存在的元素氟是由纯 ^{19}F 同位素所组成的。它占整个地壳总质量的 0.027%（与之相比，Cl 占 0.19%，Br 占 $6×10^{-4}$%）。由于占绝大多数的也是最重要的氟矿——萤石（CaF_2）在水中溶解度极低（溶解度仅为 $1.7×10^{-10}$，298K），海水中的氟离子浓度是非常低的（约 $1.4mg·L^{-1}$）[21]。

最丰富的天然氟矿资源是萤石矿和冰晶石（Na_3AlF_6）。氟磷灰石 [$Ca_5(PO_4)_3F$="$3Ca_3(PO_4)_2·CaF_2$"] 和羟磷灰石 [$Ca_5(PO_4)_3OH$] 是动物牙齿的主要成分，它具有特别的机械强度和耐磨性。火山（喷发）会释放出微量的氟化氢、氟碳化合物，甚至聚四氟乙烯[22]。自然界中甚至还存在着元素氟（F_2），它被包含在萤石之中（每克 CaF_2 大约含有 $0.46mg\ F_2$）。这些所谓的"臭萤石"或"呕吐石"由于受到来自铀矿的 γ 射线的辐射而产生氟气，在摩擦或粉碎时释放出氟气而产生刺激性的臭味[23]。

尽管在岩石圈中氟的含量相当丰富，但在生物圈中仅有少数几个有机氟代谢过程得到了确证[24]。迄今为止，尚未发现依赖以氟为基础的中心代谢过程。探其原因可能是 CaF_2 的溶解度太低，而钙离子确是所有生物体存在的重要成分之一；另外一个原因是小的氟负离子有强烈的水合倾向。因此在含水介质中它的亲核能力受到很大的阻碍，在发生亲核反应之前它必须有一步能量很高的去水合过程[24]。

1.3.1 氢氟酸

氢氟酸是大多数氟化物最普通和最基本的原料，其水溶液由硫酸和萤石（CaF_2）反应制得。由于 HF 腐蚀玻璃生成四氟化硅，反应必须在铂、铅、铜、蒙乃尔（Monel）合金（一种 Cu/Ni 合金，在曼哈顿计划中发展起来的）或塑料（如聚乙烯或聚四氟乙烯）容器中进行。它与水的恒沸物中含 38%（质量分数）HF，是一个相对较弱的酸（pK_a 3.18，解离度为 8%），其酸性与甲酸相当。其他一些物理化学性质列于表 1.2。

表 1.2　氢氟酸的物理化学性质[25]（蒸气压和相对密度是 0℃时的值）

性质	无水 HF	40%$HF-H_2O$
沸点/℃	19.5	111.7
熔点/℃	−83.4	−44.0
蒸气压/Torr	364	21
相对密度/($g·cm^{-3}$)	1.015	1.135

注：1Torr=133.322Pa。

无水氟化氢（aHF）通过加热费米盐（$KF·HF$，Fremy's salt）制得。它是液体，沸点为 19.5℃，熔点 -83.4℃，其为液体状态的温度跨度约为 100℃，与水相近，介电常数 ε 为 83.5（0℃）。无水氟化氢通过很强的氢键缔合形成多聚体 $(HF)_n$，其中绝大多数的多聚体链中所含 HF 单元数 n 为 6~7[25b]。与含水 HF 不同，纯的无水氢氟酸是很强的酸，仅比硫酸弱一点，它与水一样可以发生自动质子解离，在 0℃ 时形成浓度为 $10^{-10.7}$ 的离子对产物 $c(FHF^-) \times c(HFH^+)$。无水氟化氢和一些强的路易斯酸如 AsF_5、SbF_5 或 SO_3 结合可生成目前已知的最强的质子酸。人们所熟知的例子就是所谓的"魔酸"（$FSO_3H\text{-}SbF_5$），它可以质子化并断裂石蜡生成叔丁基正离子[25]。无水氟化氢除被用做试剂外，它还是许多有机和无机化合物的很好的电化学惰性的溶剂。

氢氟酸的害处就是它的毒性和腐蚀性。无论是含水还是无水氢氟酸，由于其对皮肤有较强的穿透性及局部麻木作用，即使很小剂量也能造成很深的组织损伤和坏死[26,27]。氢氟酸对人体健康的另一危害是氟离子的系统毒性，它强烈影响钙的代谢过程。通过皮肤接触吸收（接触面积超过 $160cm^2$）、吸入或摄取氟化氢都会导致低血钙症并伴随严重后果，如心率失常。

对于 HF 以及其他无机氟化物中毒最有效的专用解毒剂是葡萄糖酸钙，它与氟负离子结合成不溶的 CaF_2 而沉淀出来。在吸入 HF 气体的情况下，推荐使用地带米松气雾剂治疗病人，以防止肺水肿。即使是轻微地接触 HF 也要认真对待，在紧急处理后应尽快送医诊治。

必须值得注意的是，某些无机氟化物（例如 CoF_3）和有机氟化物 [如吡啶·HF，$NEt_3 \cdot 3HF$ 和 N,N-二乙基氨基三氟化硫（DAST）]，当它们与皮肤和体液接触时，也能因水解而释放出氢氟酸而引起同样严重的后果。

尽管如此，只要采取必要的也是相对简单的防护措施[26]，我们就可以安全地处理氢氟酸及其衍生物，同时可将其对人体健康的危害降至最低。

1.3.2 氟元素

尽管氟化物在自然界中大量存在，但元素氟本身却难以分离得到。这主要是因为它极高的氧化电位（约 +3V，且和含水溶液的 pH 值有关）。由于缺少相应的氧化剂，试图通过相应的无机氟化物来化学制备元素氟几乎是不可能的。H. Moissan 于 1886 年通过在铂容器中电解 KF 的无水氢氟酸溶液而首次制得了氟气[28,29]，这是科学史上的一次具有重要意义的突破，他也因此获得了 1906 年的诺贝尔化学奖（图 1.1）。

氟气是黄绿色气体，熔点是 -219.6℃，沸点是 -188.1℃。它有一种刺激性的类似氯气和臭氧混合气体的气味，即使在很低的浓度如 $10\mu L/L$ 也能觉察得到。它具有很高的毒性，腐蚀性极强，特别是对一些可被氧化的底物。许多有机化合物在常压下，与未经稀释的氟气接触时可立即发生燃烧，甚至爆炸。由于氟的高度活泼性，它不仅可与热的铂和金反应，甚至也可以和惰性气体氪及氙反应。与氢氟酸不

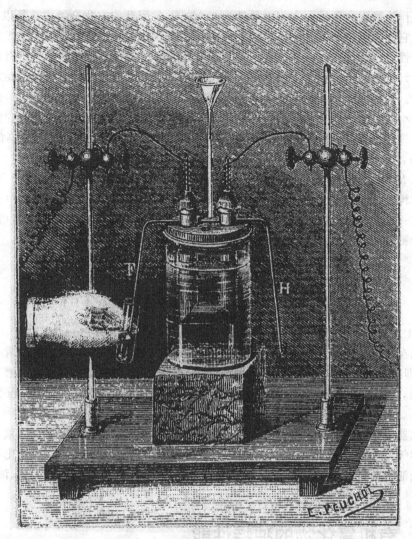

图 1.1　1886 年 H. Moissan 用电解 KF 和无水 HF 首次制备及分离得到氟气的装置[28]

同，干燥的氟气不会腐蚀玻璃。由于氟气特别活泼并有毒性，它的许多化学转化是在用氮气稀释的情况下进行的（通常氟在氮气中的浓度约为 10%）。在此情况下，氟气可以储存在钝化的压力钢瓶中而无太大的危险。氟化反应可以在玻璃的或衬有含氟聚合物[PTFE 或全氟聚醚（PFA）]的装置中进行。在采取必要措施的情况下（细节见附录 A），用氮气稀释的元素氟的氟化反应可安全地在普通的实验室中进行。

氟具有极为独特的反应活性：一方面，它很容易发生均裂生成自由基（离解能仅 37.8kcal·mol^{-1}，而氯气是 58.2kcal·mol^{-1}）；另一方面，它在酸性或碱性含水介质中又具有很高的氧化还原电位，分别为+3.06V 和+2.87V[30]。

氟作为最强电负性元素（电负性为3.98）[31]，因此它在化合物中总是以-1价存在。它的强电子亲和性（3.448eV）、极高的离解能（17.418eV）以及其他一些特殊的性能，都可以从它在元素周期表中所处的特殊位置得到解释，它是卤素中的第一个元素，具有p轨道，只要获得一个额外电子即可达到惰性气体（Ne）的电子结构。同样原因也使氟负离子成为最小的阴离子（离子半径0.133nm），也是极化率最小的单原子阴离子。这些不同寻常的特性使得氟离子或难以极化的含氟阴离子能够稳定许多最高价态的元素，在其他情况下这些元素无法达到如此高的价态（如IF_7，XeF_6，KrF_2，$O_2^+PtF_6^-$，$N_5^+AsF_6^-$）。

在Moissan用电化学方法成功制备元素氟100年以后，K. O. Christe于1986年用纯粹的化学方法合成了它[32]（图式1.1）。然而正如在Christe论文中所指明的，这一工作的基础在50年前即为人所知。这一反应的关键之处是六氟锰酸钾[33]与强亲氟路易斯酸五氟化锑于150℃时发生置换反应。

$$2KMnO_4 + 2KF + 10HF + 3H_2O_2 \xrightarrow[50\%HF水溶液]{74\%} 2K_2MnF_6 \downarrow + 8H_2O + 3O_2$$

$$K_2MnF_6 + 2SbF_5 \xrightarrow[150℃]{>40\%} 2KSbF_6 + MnF_3 + \frac{1}{2}F_2 \uparrow$$

图式1.1 氟气的首次"化学"合成[32]

现在，工业上生产氟气是按照Moissan所提出的方法进行的[21]。所谓"中温法"，即在70～130℃温度范围融化了的$KF \cdot 2HF$在钢槽中进行电解。钢槽本身就是阳极，而阴极是用经特殊处理的碳板（Söderberg电极），所用电压为8～12V[34]。冷战期间，氟气主要用于生产六氟化铀，后者用来分离同位素^{235}U。现在核武器生产已逐渐减少，因此大量氟气主要用于微电子工业［例如，六氟化钨用于化学气相沉积（CVD），SF_6、NF_3和BrF_3用做半导体刻蚀气体；而氟化石墨在锂原电池组中作为阴极材料］，而在汽车工业中用于制造钝化的聚乙烯汽车油箱。

1.4 有机氟化物的独特性能

有机氟化物特别是全氟化合物具有不一般的甚至有时是非常特殊的物理化学性质，它们被用于从药物化学到材料科学等各个领域[35]。

1.4.1 物理性质

有机氟化物的物理性质由两个主要因素控制：①高的电负性和较小的原子半径，氟原子的2s和2p轨道与碳原子的相应轨道特别匹配；②上述原因也导致氟原子特别低的可极化性[36]。

在所有的元素中，氟具有最高的电负性（3.98）[31]，使得C—F键高度极化，它的偶极矩大约在1.4D，这还取决于不同的化学环境（参见表1.3）。这与我们观察到的，全氟烷烃（PFCs）却是属于极性最低的溶剂［例如 C_6F_{14}（**3**）的介电常数 $\varepsilon=1.69$，而己烷 C_6H_{14}（**1**）为 1.89，见表 1.4］，似乎有矛盾。对这样一个表面看来存在明显矛盾的解释是因为全氟烷烃分子中所有局部的偶极矩相互抵消，导致整个分子没有极性。半氟化的化合物，例如 **2**（C_3H_7—C_3F_7），其分子中的局部偶极矩无法相互抵消，总偶极矩可以通过自身的物理化学性质反映出来，尤其是它们的汽化热（ΔH_v）和介电常数（ε）。

表 1.3 碳卤键及碳碳键特征之比较（电负性数据引自参考文献 [31]；范德华半径数据引自参考文献 [37]；原子极化率数据引自参考文献 [38]）

性质	X					
	H	F	Cl	Br	I	C
键长 C—X/pm	109	138	177	194	213	—
键能 C—X/(kcal·mol^{-1})	98.0	115.7	77.2	64.3	50.7	约 83
电负性	2.20	3.98	3.16	2.96	2.66	2.55
偶极矩 C—X, μ/D	(0.4)	1.41	1.46	1.38	1.19	
范德华半径/pm	120	147	175	185	198	—
原子极化度 $\alpha/10^{-24}$ cm^{-3}	0.667	0.557	2.18	3.05	4.7	—

表 1.4 己烷（**1**）、半氟己烷（**2**）和全氟己烷（**3**）物理化学性质之比较[36]

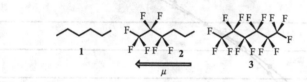

性质	1	2	3
熔点/℃	69	64	57
汽化热 ΔH_v/(kcal·mol^{-1})	6.9	7.9	6.7
临界温度 T_c/℃	235	200	174
密度 d^{25}/(g·cm^{-3})	0.655	1.265	1.672
黏度 η^{25}/cP	0.29	0.48	0.66
表面张力 γ^{25}/(dyn·cm^{-1})	17.9	14.3	11.4
压缩度 $\beta/10^{-6}$ atm^{-1}	150	198	254
折射率 n_D^{25}	1.372	1.190	1.252
介电常数 ε	1.89	5.99	1.69

氟原子仅比氢原子稍大（范德华半径比氢原子大 23%）而且具有较低的可极化度，因此全氟烷烃的分子结构及分子动力学也受到影响。直链烷烃是线性锯齿形构型（图 1.2）。相反，由于碳链 1,3-位（即间位）碳原子上连接的电荷上"极硬的"氟原子之间的立体排斥作用，全氟烷烃 PFCs 具有螺旋形结构。而直链烷烃的碳链具有一定柔性，全氟烷烃的碳链却是刚性的棒状分子结构。这种刚性可归因于 1,3-位上两个二氟亚甲基基团（—CF_2—）的排斥张力。

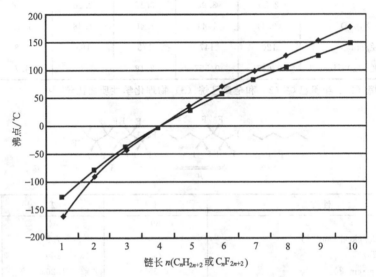

图 1.2 正辛烷的锯齿形构型（a）和全氟辛烷的螺旋形结构（b）对比，基于 PM3 理论水平的分子模型[39,40]

全氟烷烃的低可极化性质引起的另一个结果是分子间很低的散射作用。全氟烷烃的一个突出特征是与相似相对分子质量的烷烃相比其沸点要低得多。例如正己烷和 CF_4 相对分子质量相近（M_r 分别为 $86g·mol^{-1}$ 和 $88g·mol^{-1}$），但 CF_4 的沸点（$-128℃$）却比正己烷 $n\text{-}C_6H_{14}$（$69℃$）低近 $200℃$。如果将它们的同系物做一比较（图 1.3），尽管 PFCs 的相对分子质量比相应碳氢化合物高出近四倍，但它们的沸点几乎相同。

图 1.3 直链烷烃同系物（◆）和相应全氟烷烃同系物（■）的沸点比较[36]

与一般碳氢烷烃相反，全氟烷烃上的支链对它的沸点影响很小（图 1.4）。

全氟胺、醚和酮通常比它的碳氢类似物的沸点要低得多。

还有一个颇有趣的特征是全氟烷烃的沸点仅比其相对分子质量相近的惰性气体高 $25\sim30℃$（Kr，M_r $83.8g·mol^{-1}$，b.p. $-153.4℃$；Xe，M_r $131.3g·mol^{-1}$，b.p. $-108.4℃$；Rn，M_r $222g·mol^{-1}$，b.p. $-62.1℃$）。另一方面，全氟烷烃的化学活性也与惰性气体相近。

由于全氟烷烃的低可极化性造成与其他碳氢溶剂的互溶性很差，因此就产生了所谓液相的第三相，即除有机相和水相以外的"氟相"。对此，目前已经进行了广泛的研究并称之为氟相化学，有关内容将在本书第 6、7 章详细讨论。

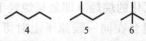

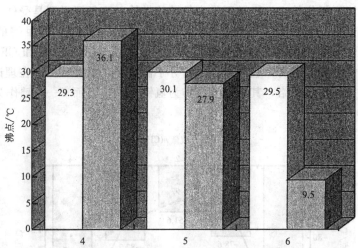

图 1.4 全氟戊烷（白色柱）和戊烷（灰色柱）的直链和支链的异构体沸点数据[36]

由于全氟烷烃微弱的分子间相互作用而呈现出另一非常突出的特点，是其极低的表面张力（γ）。在所有有机液体中全氟烷烃具有最低的表面张力（示例见表 1.4），因而它能够润湿几乎任何物质表面[36]。

固体全氟烷烃的表面也具有极低的表面能（γ_c）。PTFE（Teflon，特氟龙，聚四氟乙烯）的表面能为 $18.5 \text{dyn} \cdot \text{cm}^{-1}$，使其具有不粘性和低摩擦性，能应用于煎锅等其他领域。这一性质与氟含量直接相关，比较一下几个聚合物的表面能就可了解：聚偏氟乙烯（$25\text{dyn} \cdot \text{cm}^{-1}$）、聚氟乙烯（$28\text{dyn} \cdot \text{cm}^{-1}$）、聚乙烯（$31\text{dyn} \cdot \text{cm}^{-1}$）。若聚四氟乙烯中的一个氟原子被易极化的氯原子所取代，由此生成的聚三氟氯乙烯的表面能即升高至 $31\text{dyn} \cdot \text{cm}^{-1}$，与聚乙烯相同[41]。

低表面能的形成可以确定是由于氟原子紧密覆盖的表面所致。因此，所有能观察到的具有最低表面能的材料是氟化石墨（C_2F）$_n$ 和（CF）$_n$，它的表面能仅约 $6\text{dyn} \cdot \text{cm}^{-1}$[42]。单分子层的长链全氟羧酸 $CF_3(CF_2)_nCO_2H$（$n \geqslant 6$）的表面能介乎 $6 \sim 9\text{dyn} \cdot \text{cm}^{-1}$[41b]。在含有相对较短全氟链［至少 $CF_3(CF_2)_6$］的羧酸系列中也观察到同样的影响。

当一个全氟碳链上联接一个亲水基团时就得到一个含氟表面活性剂（如 $n\text{-}C_nF_{2n+1}COOLi$，$n \geqslant 6$），它可以将水的表面张力从 $72\text{dyn} \cdot \text{cm}^{-1}$ 降低到 $15 \sim 20\text{dyn} \cdot \text{cm}^{-1}$。而类似的碳氢表面活性剂仅能降低到 $25 \sim 35\text{dyn} \cdot \text{cm}^{-1}$[43]。

一种所谓的两嵌段两性分子 $F(CF_2)_m(CH_2)_nH$，是一种最不同寻常的表面活性剂，在它们的分子中，兼有碳氢和全氟烷基基团。其在有机相和"氟相"（如液态全氟烷烃 PFC）的界面间显示出典型的表面活性剂行为[44]，例如胶束的形成。

全氟烷烃分子间的相互作用是非常弱的，但由于存在局部的不能抵消的碳-氟偶极相互作用，一些部分氟化的烷烃（即氢氟烷烃 HFCs）存在着相当强的静电相互作用。氟原子和氢原子键合在同一碳原子上时可以观察到最明显的此类作用存在。在此环境下极化的 C—H 键可作为氢键的供体，而氟原子则是受体。这种影响最简单的例子是二氟甲烷，可以比较一下甲烷和各种不同氟代甲烷的沸点（图1.5），非极性的甲烷和四氟甲烷的沸点最低；稍有极性的 CH_3F 和 CF_3H 沸点稍高。二氟甲烷的沸点最高，它具有最强的分子偶极矩，能够（至少在理论上）形成像水一样的三维氢键网络，其中 C—H 作为氢键的供体，而 C—F 键作为氢键的受体（图1.6）[45]。

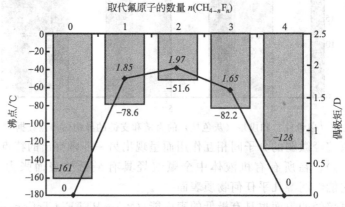

图 1.5　甲烷和各个不同的氟代甲烷（$CH_{4-n}F_n$）的沸点（℃，灰色棒）和偶极矩（D），（◆，以斜体数字给出）[36]

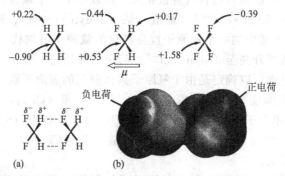

图 1.6　(a) 部分电荷 $q(e)$ 在 CH_4、CH_2F_2、CF_4 分子中的分配比较（MP2/6-31+G** 理论水平）[46]；(b) 双重氢键桥联的二氟甲烷二聚体的计算结构（AM1）。基于电子等密度面的静电势图[40]

在苯和全氟苯之间观察到是一种不同类型的强静电作用（有关详细内容请参阅文献［47］），苯（熔点 5.5℃、沸点 80℃）、全氟苯（熔点 3.9℃、沸点 80.5℃），二者的相转变温度相近。相比之下，当二者以等摩尔混合后，可以形成熔点为 23.7℃ 的 1∶1 共晶体，比两个单一化合物熔点均高出约 19℃[48]。苯和全氟苯的晶体都是边-面鱼骨状结构，而苯-氟苯共晶体则是交替倾斜平行排列的，堆积的层与层之间距离约为 3.4Å，中心-中心距离约为 3.7Å（图 1.7）。而相邻的堆积之间又因有 C_{aryl}—H···F 之间的相互作用而更稳定[49]。

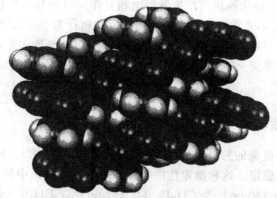

图 1.7 苯和全氟苯 1∶1 的配合物的 X 衍射晶体结构图，在 30K 最低温度下测得[49b]

其他芳香化合物-全氟芳香化合物的配合物也可以观察到类似的结构[47]，这表明了此类相互作用在这类结构中是普遍存在的现象[50]。基于结构[49]、光谱数据[51]和量子化学计算[52]（图 1.8）的证据，表明上述所观察到的芳香化合物与全氟芳香化合物的相互作用主要是强烈的四极静电吸引的结果[53]。

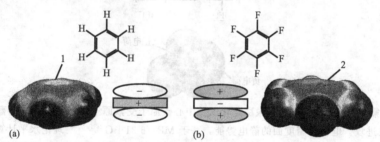

图 1.8 苯（a）（$-29.0\times10^{-40}C\cdot m^{-2}$）和全氟苯（b）（$+31.7\times10^{-40}C\cdot m^{-2}$）的互补四极矩图解[53]。图中颜色表示分子表面的静电势能图（B3LYP/6-31G* 理论水平）。苯（最左边）最大的负电荷电子密度（1）分别在 π 体系平面的上下方；相反在全氟苯（最右边）平面的上下方却是分布着部分正电荷（2）

普通的相互作用如"芳环堆积力"，一种距离的负 6 次方（r^{-6}）相关的色散相互作用，在此种现象中似乎也起着重要的补充作用。另一方面，根据光谱数据分析，排除了由富电子的苯与缺电子的氟苯形成一个电荷转移络合物的可能性。苯和全氟苯的四极矩分别是$-29.0\times10^{-40}C\cdot m^{-2}$和$+31.7\times10^{-40}C\cdot m^{-2}$，数量级相同但符号相反而形成互补对，其相互作用大小与其距离的负 5 次方（r^{-5}）相关。四极相互作用的方向性是芳环堆积并优先形成类似三明治结构互补排列的固体状态的主要驱动力。根据从头计算法和密度函数理论（DFT）计算可以确定其在平行排列行之间相互作用的能量在$-3.7\sim-5.6$kcal·mol^{-1}（假定平面分子间距离为3.6Å），这与从杂二聚体的晶体结构中测试得到的值有少许偏差。混杂二聚体的相互作用能要比单纯苯或全氟苯二聚体高 1.5～3 倍。另一个来自于计算的有趣结果是色散相互作用对杂二聚体的总结合能的贡献甚至要高于静电作用力。

由于 C—F 键的极化性质所产生的静电相互作用对于具有生理活性的含氟化合物的功效[54]（详见第 9 章）和对含氟液晶的中间相行为[55]（详见 8.4 节）起着重要作用。而全氟分子亚结构的低可极化性的特性也已得到许多商业上的应用，如氟氯烷烃制冷剂，化学灭火剂，润滑剂，具有不粘性和低摩擦性能的含氟聚合物和含氟表面活性剂。

1.4.2 化学性质

有机氟化物最显著的特征就是 C—F 键的杰出稳定性[56]。同一碳原子上引入氟原子数越多则越稳定。这种稳定性由各种甲烷氟化物体系中的 C—F 键的长度反映出来 CH_3F（0.140nm）> CH_2F_2（0.137nm）> CHF_3（0.135nm）> CF_4（0.133nm）[46]。产生稳定性的主要原因是由于氟原子的 2s 和 2p 轨道与碳原子相应轨道之间最完美的交盖；形成了多氟取代的碳的偶极共振结构（见图 1.9）。对此问题我们将在 2.3.4 节中详细讨论。

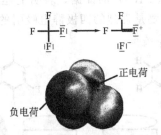

图 1.9 四氟化碳中 C—F 键的共振稳定化以及中心碳原子受氟原子的静电及立体屏蔽作用而难以受到亲核进攻。电子等密度面的静电势能，基于 MP2/6-31+G * [40,46] 理论水平计算

除了热力学的稳定性外，由于像涂层一样包围在中心碳原子外的氟原子的立体屏蔽作用，全氟烷烃还有具有额外的动力学稳定性。每个氟原子的三对紧密孤电子对，构成了对中心碳原子的有效静电和立体屏蔽，使其难于受到亲核进攻。

因此，全氟烷烃（PFCs）特别难以发生碱性水解反应。例如聚四氟乙烯可以在熔融的 KOH 中经久不变。在高温下，全氟烷烃可与路易斯酸如三氯化铝反应。在此类型反应中，第一步的解离反应是从外面的"保护层"中拉走一个氟离子，从而形成一个碳正离子，进而被亲核进攻。全氟烷烃的另一类反应是在较高温度与较强的还原剂作用下的降解作用。PFCs 与熔融的碱金属，或在 400～500℃时与金属铁发生反应而分解。后一反应被应用于大规模工业合成全氟芳环化合物，即全氟环烷烃的还原芳构化反应（参见第 2.4.2 节）。

由于氟原子非常强的吸电子诱导效应，所以氟原子取代将大大增强相应有机羧酸的酸性[57,58]（表 1.5）。例如，三氟醋酸的酸性（$pK_a = 0.52$）高出醋酸（$pK_a = 4.67$）4 个数量级。更弱的酸例如叔丁醇（$pK_a = 19.0$）也可由于氟的取代而变成

中等强度的酸 $(CF_3)_3COH$ ($pK_a=5.4$)。

表 1.5 有机酸和相应的氟代类似物的酸性 (pK_a) 比较[58]

酸	pK_a	酸	pK_a
CH_3COOH	4.76	$(CH_3)_2CHOH$	16.1
CF_3COOH	0.52	$(CF_3)_2CHOH$	9.3
C_6H_5COOH	4.21	$(CH_3)_3COH$	19.0
C_6F_5COOH	1.75	$(CF_3)_3COH$	5.4
CH_3CH_2OH	15.9	C_6H_5OH	10.0
CF_3CH_2OH	12.4	C_6F_5OH	5.5

氟的吸电子诱导效应也大大降低了相应有机碱的碱性，降低的程度与上述酸性增强的数量级相似（表 1.6）。与碱性明显降低的情况相比较，由于氟取代而造成胺的亲核性降低的程度要小得多。

表 1.6 有机碱和相应的氟代类似物的碱性 (pK_b) 比较[58]

碱	pK_b	碱	pK_b
$CH_3CH_2NH_2$	3.3	$C_6H_5NH_2$	9.4
$CF_3CH_2NH_2$	8.1	$C_6F_5NH_2$	14.36

有机化合物由于氟原子取代而产生的其他一些影响还包括它们的亲脂性以及氟参与氢键的形成——它本身既可作为氢键受体也可以由于吸电子诱导作用而起到对氢键供体的活化作用。这一行为对许多具有生理活性有机氟化物而言是最基本的影响。对此我们将在 9.3 节中进行详细讨论。

1.4.3 环境影响

正是由于全氟烷烃和氯氟烷烃超强的化学稳定性，它们对于全球环境有着严重的影响；而这类影响，在人们将这些物质首次引入到大规模工业生产和使用时，是很难预计到的。

1.4.3.1 氯氟烷烃破坏臭氧层

由于全氟烷和氟氯烷对许多化学试剂例如自由基所表现出的特殊的稳定性，它们不像其他一些污染物可以在较低的大气层中被分解或降解。经数年甚至数十年，它们最终到达距离地面 $20\sim40km$ 的大气恒温层[59,60]。大气恒温层由于受到短波紫外光的辐照，不断生成臭氧化合物（图式 1.2）。恒温层中的臭氧层通过吸收短波紫外线（UV）而在保护地球生命方面起着重要作用。该短波紫外线会引起地球上的生命系统的光致突变。对于人类来说，过度暴露在短波紫外线下将会导致罹患皮肤癌的风险急剧增加。而许多农作物以及其他植物对该紫外辐射也相当敏感。

$$O_2 \xrightarrow{h\nu} \cdot O \cdot + \cdot O \cdot$$
$$\cdot O \cdot + O_2 + M \longrightarrow O_3 + M^*$$

图式 1.2 恒温层中臭氧生成机理[59]；氧分子被光照而分裂成两个氧原子，后者加成到另一氧分子而生成臭氧，反应放出能量被另一碰撞碎片（M）带走

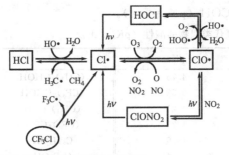

图 1.10 在恒温层由于 CFCs 引起的臭氧催化降解[59]

尽管 CFCs 在较低的大气层中是高度稳定的，但在恒温层中，由于受大量紫外线辐照而慢慢分解，该紫外辐射本身也能促进臭氧的形成。在 CFCs 分子中，受光照最易断裂的是 C—Cl 键，于是就产生了氯原子和全氟烷基自由基。氯原子与臭氧反应生成氧气和氯氧自由基，后者通过与原子氧、氮氧化物或过氧化氢自由基反应重新生成氯原子，并继续这一循环（图 1.10）。氯原子也与恒温层中存在的甲烷反应生成氯化氢气体，后者又迅速被氢氧自由基氧化，而生成氯原子。总之，同温层的臭氧就这样经历由紫外辐照引起的催化过程而被破坏，其分解速度远远大于它在自然界中由于紫外辐照过程而得到补充的速度[60]。

CFCs 分解产生氯自由基时生成的全氟烷基自由基在臭氧破坏过程中所起的作用很小。例如三氟甲基自由基由于在大气层中不可逆地生成了 CF_2O 而被迅速清除[61]。来自于许多含溴灭火剂（如 CF_2Br_2）的溴原子对分解臭氧所起的作用与氯相似，而氟原子却没有多大影响。主要是由于它在大气层中不可逆地生成了相对稳定的氢氟酸（HF）而被迅速除去。

当 Molina 和 Rowland 在 1974 年做出他们的推测时，$CFCl_3$ 和 CF_2Cl_2 的全球产量分别为每年约 30 万吨和 50 万吨；在 20 世纪 70 年代美国氟碳化合物产量每年增长率约为 8.7%[60]。6 年以后以及此后的每一年，当时所提出的臭氧层空洞就在南极上空得到了证实，当时测得大气层中氯的浓度大约是 $2000 pmol \cdot mol^{-1}$[62]。当 CFCs 破坏臭氧层的证据确定后，1987 年蒙特利尔协定规定了将逐步终止此类物质及溴氟烷在工业上的应用（1989 年由 29 个国家签字）。由于 CFCs 在大气层中能存在几十年之久，因此逐步停止使用 CFCs 的影响至少要到 2040 年才能显现出来。

由于 CFCs 在我们日常生活各个方面有着许多特殊的功能（例如作为制冷剂、发泡剂和气雾灌中的喷雾剂等），因此在蒙特利尔协定后，世界各国广泛开展了寻找 CFCs 替代物的研究。迄今为止 CFCs 的替代物包括如下几种：氢氟烷（例如 CF_3CFH_2，市场上称之为 HFC-134a），氢氯氟烷（HCFCs）和部分氟化的醚（例如 CH_3OCF_3）等。这些物质不是很稳定，因此在大气层中即可受到自由基进攻而降解，不至于上升到恒温层去破坏臭氧层[63]。

1.4.3.2 温室效应

除了在大气层中特别长的生存期外，全氟烷烃在 $1000 \sim 1400 cm^{-1}$ 红外区还有强吸收，而大气层在这一波段却是相对透明的。因此红外吸收光谱可被用于分析多种不同含氟有机物在大气层中的浓度。CFCs 的红外吸收要强于 CO_2，因此它们也是全球变暖的一个潜在因素（表 1.7）。另一方面，就释放到大气层中的各种具温室效应的气体的相对量而言，CFCs 及一些其他氟化物（例如，全氟环烷[64]和用做高压变电器绝缘气的 SF_6 对温室效应的影响可忽略。在 2000 年，仅 CO_2 的释放量就是所有 PFCs 和 HFCs 总量的 20 万倍[62]。

表 1.7 一些含氟化合物在大气层中的存在期限（年），温室效应指数（GWP）和臭氧破坏指数（ODP）。GWP 数值是指释放 1kg 相应氟化物 100 年后累积辐射力之值与释放 1kg CO_2 在 100 年后累积辐射力值之比[62,65,66a]

化合物	大气层存在期限/年	GWP	ODP
CF_4	50000	5700	—
C_2F_6	10000	11400	—
CF_3Cl(CFC-13)	640	14000	1.0
C_2F_5Cl(CFC-115)	1700	10300	0.6
CF_3Br(Halon 1301)	65	6900	10.0
SF_5CF_3	1000	17500	
SF_6	3200	22200	
CHF_3(HFC-23)	243	14800	
CH_2FCF_3(HFC-134a)	13.6	1600	
$C_4F_9OC_2H_5$(HFE-7200)	0.77	55	
HFO-1234yf	—	4	
HFO-1234ze	—	6	
HFO-1233zd	—	7	

然而，第一代 CFCs 替代品如 HFC-134a 的用量可望迅速增长，因此近十多年以来，更多的关注集中于发展能够显著减少温室效应暖指数（GWP）的第二代替代品上[66a,67]。其中的例子有氢氟烯烃（HFOs）如反式-1,3,3,3-四氟-1-丙烯（HFO-1234ze），作为一个潜在的 HFC-134a 替代品用做发泡剂和气雾剂（图式 1.3）。另一个潜在的替代品是 2,3,3,3-四氟-1-丙烯（HFO-1234yf），专用于汽车空调。含氯化合物例如 1-氯-3,3,3-三氟-1-丙烯（HFO-1233zd）也被开发用于制冷剂。尽管它们含氯，但这些氟氯烯烃的 ODP（臭氧破坏指数）几乎为零。

HFO-1234yf   HFO-1234ze   HFO-1233zd

图式 1.3 具有较弱温室效应指数（global warming potential）的第二代 CFCs 替代品[64]

一些具有温室效应的含氟气体并非是有目的地生产出来的，而是作为氟化工产品工业生产过程中的副产物。CF_3H 是在生产 HCFC-22（$CHClF_2$）过程中产生的一个过度氟化的产物。而 CF_4、C_2F_6 则是生产电解铝过程中由于电解熔融六氟铝酸钠（Na_3AlF_6）时的副产物。大量释放至大气层中的 SF_6、和 SF_5CF_3[65]则来自于电化学氟化过程中的副产物。

最近有人建议可以利用CFCs的温室效应能力进行对火星的"星球改造"[66b]。加入$400×10^{-9}$的CFCs至火星大气层可导致其表面温度升高70K。

1.4.4 生理性质

有机氟化物在与生命体作用时又有其特殊的行为，许多脂肪族的全氟烷烃（PFC）、氯氟烃（CFCs）以及相关化合物被生命体所忽略[68]，原因是它们的化学活性低，基本上类似于惰性气体，在体内不被代谢。它们通常易挥发，既不溶于肌体内的水相中（如血液）也不溶于脂肪（如神经系统）内。在体内，它们甚至不能被识别为"外来者"，仅仅是通过肺的呼吸而排出体外。这种惰性的特性导致它们在医学上具有特殊用途的可能性，这将在9.9和9.10节中进行详细讨论。

但另一方面，有少量含氟化合物却是剧毒的。众所周知的就是一氟醋酸（大鼠的LD_{50}为4.7mg·kg^{-1}；人类的LD_{100}为5mg·kg^{-1}[68]，分别为试验后50%或100%的试验个体死亡时的剂量）和全氟异丁烯（LC_{50}<1mg·kg^{-1}——在此浓度下被试验个体暴露4h后50%致死的剂量）。

氟乙酸[69]已被确定为产于南非的一种叫做"毒叶木"植物（*Dichapetalum cymosum*）中的毒性成分[70]。它的致毒作用机理主要是拟制了肌体内的柠檬酸循环，而该循环是所有动物代谢能的主要来源[71]。在这一循环中，一氟醋酸酯能够替代醋酸酯作为顺乌头酸酶的底物，它是一个复合酶，催化由醋酸酯对α-氧杂戊二酸加成形成柠檬酸盐的反应。这样生成的氟代柠檬酸盐和酶紧密结合在一起，不能被进一步转化成顺乌头酸盐和异柠檬酸盐[72]，这样就拟制了顺乌头酸酶的活性。

需要注意的是某些含氟化合物，如果被摄入体内，亦可降解成有毒的代谢产物。这一现象发生在ω-氟代脂肪酸、醛、醇、胺及其相关化合物中，因为脂肪酸的氧化代谢是通过C_2-单元断裂分步进行的，因此一个具有偶数碳原子的ω-单氟脂肪酸最终将降解成有毒的氟乙酸或酯 [例如$F(CH_2)_{15}CO_2H$对于小鼠的LD_{50}是7mg·kg^{-1}]。而奇数ω-氟代脂肪酸最终代谢为毒性较小的氟丙酸或酯。这一现象被称为ω-氟代脂肪酸的"交替"毒性[72]（图式1.4）。

全氟异丁烯是迄今为止发现的最毒的含氟化合物。其LC_{50}小于1mg·kg^{-1}[73]。该化合物的靶标器官是肝脏和肺。即使在吸入该气体1~2天以后仍能导致致命的浮肿。通常认为全氟异丁烯可与谷胱甘肽的巯基（Gly-Cys-γ-Glu）发生加成，而谷胱甘肽是一个三肽，它是普遍存在于细胞内的抗氧化剂，同时也被肝脏用来清除有毒物质，而其自身的代谢产物是含硫的配合物，通过肾脏排泄（图式1.5）。全氟异丁烯的毒性机理与其亲电性相关，它会引起细胞内抗氧化亲核物种的损耗[74]。用N-乙酰半胱氨酸预处理能够为防止其致命毒性提供一定程度的保护[75]。剧毒的全氟异丁烯与其他一些毒性较小的全氟烷烃与我们日常生活还有一定的关系，因为在聚四氟乙烯（PTFE）在高温裂解时（"polymer fume fever"）会生成该化合物，而PTFE是我们家庭广泛应用的不粘锅的表面涂层原料[76]。

图式 1.4 ω-氟代羧酸的"交替"毒性可通过脂肪酸 C_2-单元的氧化代谢来说明。偶数碳原子的羧酸最后代谢产物是高毒性的氟乙酸酯[72]。而奇数碳原子的 ω-氟代脂肪酸则最终变成较小毒性的氟丙酸或酯

图式 1.5 有毒的谷胱甘肽·全氟异丁烯加成物的形成

最近，一些曾被广泛应用的含氟表面活性剂成为了环保焦点。像全氟辛基磺酸（PFOS）和全氟辛酸（PFOA）等类型的含氟化合物，由于其极高的稳定性，所以在环境中会长期存在。在地球最偏远的地区也发现了该类化合物，其污染源还有待进一步确定[77]。已有一些证据表明这些已被广泛应用的表面活性剂具有负面的生理作用。特别是 PFOA 已受到了格外关注，它是一个潜在的老鼠发育毒素[67]，可能还是一种人体免疫遏制剂[78]。因此氟化工领域，一些主要产品的生产过程中，已经使用其他一些更易降解的化合物来代替这些表面活性剂[79]。

1.4.5 含氟化合物的分析：^{19}F NMR

$^{19}_{9}$F 是自然界唯一存在的氟同位素，它的核自旋数是 1/2，其 NMR 的灵敏度为 ^{1}H 的 80%，这就使得 ^{19}F NMR 波谱技术成为分析和阐明含氟化合物结构的很好方法[80,81]（图 1.11）。根据其不同的化学环境，有机氟化物和无机氟化物的 ^{19}F

共振化学位移可分别达 400 和 700。一般情况下用 $CFCl_3$ 作为 ^{19}F NMR 的参照标准。

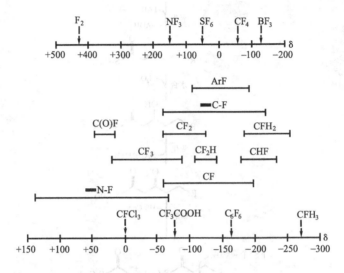

图 1.11 不同的含氟化合物和含氟基团的 ^{19}F NMR 化学位移

参考文献

1. Chambers, R.D. (1973) *Fluorine in Organic Chemistry*, John Wiley & Sons, Inc., New York.
2. Hudlicky, M. (1976) *Chemistry of Organic Fluorine Compounds – A Laboratory Manual with Comprehensive Literature Coverage*, Ellis Horwood, New York.
3. Banks, R.E. (1982) *Preparation, Properties and Industrial Applications of Organofluorine Compounds*, Ellis Horwood, New York.
4. Knunyants, I.C. and Yakobson, G.G. (1985) *Syntheses of Fluoroorganic Compounds*, Springer, Berlin.
5. Banks, R.E., Sharp, D.W.A., and Tatlow, J.C. (1986) *Fluorine: The First Hundred Years (1886–1986)*, Elsevier Sequoia, Lausanne.
6. Olah, G.A., Chambers, R.D., and Surya Prakash, G.K. (1992) *Synthetic Fluorine Chemistry*, John Wiley & Sons, Inc., New York.
7. Kitazume, T., Yamazaki, T., and Taguchi, T. (1993) *Fusso no Kagaku (Chemistry of Fluorine)*, Kodansha Scientific, Tokyo.
8. Banks, R.E., Smart, B.E., and Tatlow, J.C. (1994) *Organofluorine Chemistry*, Plenum Press, New York.
9. Smart, B.E. (ed.) (1996) Special issue on organofluorine chemistry. *Chem. Rev.*, **96**, 1557–1823.
10. Chambers, R.D. (1997) *Organofluorine Chemistry: Fluorinated Alkenes and Reactive Intermediates*, Topics in Current Chemistry, vol. 192, Springer, Berlin.
11. Chambers, R.D. (1997) *Organofluorine Chemistry: Techniques and Synthons*, Topics in Current Chemistry, vol. 193, Springer, Berlin.

12. Soloshonok, V.A. (2000) *Enantio-controlled Synthesis of Fluoro-Organic Compounds – Stereochemical Challenges and Biomedicinal Targets*, John Wiley & Sons, Inc., New York.
13. Hiyama, T. (2000) *Organofluorine Compounds: Chemistry and Applications*, Springer, Berlin.
14. Bégué, J.-P. and Bonnet-Delpon, D. (2008) *Bioorganic and Medicinal Chemistry of Fluorine*, John Wiley & Sons, Inc., New York.
15. (a) Moissan, H. (1886) *C. R. Acad. Sci.*, **102**, 1534; (b) Moissan, H. (1886) *C. R. Acad. Sci.*, **103**, 202; (c) Moissan, H. (1886) *C. R. Acad. Sci.*, **103**, 256.
16. Borodine, A. (1863) *Ann. Chem. Pharm.*, **126**, 58–62.
17. Elliott, A.J. (1994) in *Organofluorine Chemistry: Principles and Commercial Applications* (eds R.E. Banks, B.E. Smart, and J.C. Tatlow), Plenum Press, New York, pp. 145–157.
18. (a) Rhodes, R. (1986) *The Making of the Atomic Bomb*, Simon and Schuster, New York; (b) Rhodes, R. (1995) *Dark Sun: The Making of the Hydrogen Bomb*, Simon and Schuster, New York.
19. For an overview on applications of fluoroorganic compounds: (eds R.E. Banks, B.E. Smart, and J.C. Tatlow) (1994) *Organofluorine Chemistry: Principles and Commercial Applications*, Plenum Press, New York.
20. Molina, M.J. and Rowland, F.S. (1974) *Nature*, **249**, 819.
21. Banks, R.E. (1986) in *Fluorine: The First Hundred Years (1886–1986)* (eds R.E. Banks, D.W.A. Sharp, and J.C. Tatlow), Elsevier Sequoia, Lausanne, pp. 2–26.
22. Gribble, G.W. (2002) in *Handbook of Environmental Chemistry*, Part N, vol. 3, (ed. A.H. Neilson), Springer, Heidelberg, 121ff.
23. Schmedt auf der Günne, J., Mangstl, M., and Kraus, F. (2012) *Angew. Chem. Int. Ed.*, **51**, 7847–7849.
24. Harper, D.B. and O'Hagan, D. (1994) *Nat. Prod. Rep.*, **11**, 123–133.
25. (a) Olah, G.A. (2001) *A Life of Magic Chemistry*, John Wiley & Sons, Inc., New York, p. 96; (b) McLain, S.E, Benmore, C.J., Siewenie, J.E., Urquidi, J. and Turner, J.F.C. (2004) *Angew. Chem. Int. Ed.*, **43**, 1952–1955.
26. Peters, D. and Miethchen, R. (1996) *J. Fluorine Chem.*, **79**, 161–165.
27. Finkel, A.J. (1973) *Adv. Fluorine Chem.*, **7**, 199.
28. Flahaut, J. and Viel, C. (1986) in *Fluorine: The First Hundred Years (1886–1986)* (eds R.E. Banks, D.W.A. Sharp, and J.C. Tatlow), Elsevier Sequoia, Lausanne, pp. 27–43.
29. Krätz, O. (2001) *Angew. Chem. Int. Ed.*, **40**, 4604–4610.
30. Hollemann, A.F. and Wiberg, E. (1985) *Lehrbuch der Anorganischen Chemie*, 33rd edn, Walter de Gruyter, Berlin, pp. 387–448.
31. Sen, K.D. and Jorgensen, C.K. (1987) *Electronegativity*, Springer, New York.
32. Christe, K.O. (1986) *Inorg. Chem.*, **25**, 3721–3722.
33. (a) Weinland, R.F. and Lauenstein, O. (1899) *Z. Anorg. Allg. Chem.*, **20**, 40; (b) Bode, H., Jenssen, H., and Bandte, F. (1953) *Angew. Chem.*, **65**, 304; (c) Chaudhuri, M.K., Das, J.C., and Dasgupta, H.S. (1981) *J. Inorg. Nucl. Chem.*, **43**, 85.
34. (a) Groult, H. (2003) *J. Fluorine Chem.*, **119**, 173–189; (b) Groult, H., Devilliers, D., and Vogler, M. (1997) Trends in the fluorine preparation process. *Proc. Curr. Top. Electrochem.*, **4**, 23–39; (c) Rudge, A.J. (1971) in: *Industrial Electrochemical Processes*, (ed. A.T. Kuhn), Elsevier, Amsterdam, pp. 1–69.
35. Johns, K. and Stead, G. (2000) *J. Fluorine Chem.*, **104**, 5–18.
36. (a) Smart, B.E. (1994) in *Organofluorine Chemistry: Principles and Commercial Applications*, (eds R.E. Banks, B.E. Smart, and J.C. Tatlow), Plenum Press, New York, pp. 57-58: (b)Dunitz, J. D. (2004) *ChemBioChem*, **5**, 614-621.

37. Bondi, A. (1964) *J. Phys. Chem.*, **68**, 441.
38. Nagel, J.K. (1990) *J. Am. Chem. Soc.*, **112**, 4740.
39. Wavefunction (1998) Spartan SGI Version 5.1.3, Wavefunction, Inc., Irvine, CA.
40. Flükinger, P., Lüthi, H.P., Portmann, S., and Weber, J. (2002) MOLEKEL 4.2, Swiss Center for Scientific Computing, Manno.
41. (a) Wu, S. (1982) *Polymer Interface and Adhesion*, Marcel Dekker, New York; (b) Pittman, A.G. (1972) Fluoropolymers, in *High Polymers*, (ed. L.A. Wall), Chapter 13, vol. 25, John Wiley & Sons, Inc., New York.
42. Watanabe, N., Nakajima, T., and Touhara, H. (1988) *Graphite fluorides, Studies in Inorganic Chemistry*, vol. 8, Elsevier, Oxford.
43. (a) Shinoda, K., Hato, M., and Hayasaki, T. (1972) *J. Phys. Chem.*, **76**, 909; (b) Kuneida, H. and Shinoda, K. (1976) *J. Phys. Chem.*, **80**, 2468; (c) Guo, W., Brown, T.A., and Fung, B.M. (1991) *J. Phys. Chem.*, **95**, 1829.
44. (a) Russell, T.P., Rabolt, J.F., Twieg, R.J., Siemens, R.L., and Farmer, B.L. (1986) *Macromolecules*, **19**, 1135; (b) Twieg, R.J., Russell, T.P., Siemens, R., and Rabolt, J.F. (1985) *Macromolecules*, **18**, 1361; (c) Tirnberg, M.P. and Brady, J.E. (1988) *J. Am. Chem. Soc.*, **110**, 7797.
45. Caminati, W., Melandri, S., Moreschini, P., and Favero, P.G. (1999) *Angew. Chem. Int. Ed.*, **38**, 2924–2925.
46. Frisch, M.J., Trucks, G.W., Schlegel, H.B., Scuseria, G.E., Robb, M.A., Cheeseman, J.R., Zakrzewski, V.G., Montgomery, J.A. Jr., Stratmann, R.E., Burant, J.C., Dapprich, S., Millam, J.M., Daniels, A.D., Kudin, K.N., Strain, M.C., Farkas, O., Tomasi, J., Barone, V., Cossi, M., Cammi, R., Mennucci, B., Pomelli, C., Adamo, C., Clifford, S., Ochterski, J., Petersson, G.A., Ayala, P.Y., Cui, Q., Morokuma, K., Malick, D.K., Rabuck, A.D., Raghavachari, K., Foresman, J.B., Cioslowski, J., Ortiz, J.V., Stefanov, B.B., Liu, G., Liashenko, A., Piskorz, P., Komaromi, I., Gomperts, R., Martin, R.L., Fox, D.J., Keith, T., Al-Laham, M.A., Peng, C.Y., Nanayakkara, A., Gonzalez, C., Challacombe, M., Gill, P.M.W., Johnson, B., Chen, W., Wong, M.W., Andres, J.L., Gonzalez, C., Head-Gordon, M., Replogle, E.S., and Pople, J.A. (1998) Gaussian 98, Revision A.6, Gaussian, Inc., Pittsburgh, PA.
47. Meyer, E.A., Castellano, R.K., and Diederich, F. (2003) *Angew. Chem. Int. Ed.*, **42**, 1210–1250.
48. Patrick, C.R. and Prosser, G.S. (1960) *Nature*, **187**, 1021.
49. (a) Overell, J.S.W and Pawley, G.S. (1982) *Acta Crystallogr., Sect. B*, **38**, 1966–1972; (b) Williams, J.H., Cockcroft, J.K., and Fitch, A.N. (1992) *Angew. Chem.*, **104**, 1666–1669; (1992) *Angew. Chem. Int. Ed.*, **31**, 1655–1657.
50. (a) Collings, J.C., Roscoe, K.P., Thomas, R.L., Batsanov, A.S., Stimson, L.M., Howard, J.A.K., and Marder, T.B. (2001) *New J. Chem.*, **25**, 1410–1417; (b) Salonen, L.M., Ellermann, M., and Fiederich, F. (2011) *Angew. Chem. Int. Ed.*, **50**, 4808–4842.
51. (a) Beaumont, T.G. and Davis, K.M.C (1967) *J. Chem. Soc. B*, 1131–1134; (b) Lamposa, J.D., McGlinchey, M.J., and Montgomery, C. (1983) *Spectrochim. Acta, Part A*, **39**, 863–866.
52. (a) West, A.P. Jr., Mecozzi, S., and Dougherty, D.A. (1997) *J. Phys. Org. Chem.*, **10**, 347–350; (b) Hernández-Trujillo, J., Colmenares, F., Cuevas, G., and Costas, M. (1997) *Chem Phys. Lett.*, **265**, 503–507; (c) Lozman, O.R., Bushby, R.J., and Vinter, J.G. (2001) *J. Chem. Soc., Perkin Trans. 2*, 1446–1452; (d) Lorenzo, S., Lewis, G.R., and Dance, I. (2000) *New J. Chem.*, **24**, 295–304.
53. (a) Dahl, T. (1994) *Acta Chem. Scand.*, **48**, 95–106; (b) Williams, J.H. (1993)

Acc. Chem. Res., **26**, 593–598.

54. McCarthy, J. (2000) Utility of fluorine in biologically active molecules: tutorial, division of fluorine chemistry. Presented at the 219th National Meeting of the American Chemical Society, San Francisco, CA, March 26, 2000.
55. Kirsch, P. and Bremer, M. (2000) *Angew. Chem. Int. Ed.*, **39**, 4216–4235.
56. O'Hagan, D. (2008) *Chem. Soc. Rev.*, **37**, 308–319.
57. Schlosser, M. (1998) *Angew. Chem. Int. Ed.*, **37**, 1496–1513.
58. Smart, B.E. (2001) *J. Fluorine Chem.*, **109**, 3–11.
59. Rowland, F.S. (1996) *Angew. Chem. Int. Ed. Engl.*, **35**, 1786–1798.
60. Molina, M.J. and Rowland, F.S. (1974) *Nature*, **249**, 810–812.
61. Ko, M.J.W., Sze, N.-D., Rodriguez, J.M., Weisenstein, D.K., Heisey, C.W., Wayne, R.P., Biggs, P., Canosa-Mas, C.E., Sidebottom, H.W., and Treacy, J. (1994) *Geophys. Res. Lett.*, **21**, 101.
62. McCulloch, A. (2003) *J. Fluorine Chem.*, **123**, 21–29.
63. McCulloch, A. (1999) *J. Fluorine Chem.*, **100**, 163–173.
64. Paul, A., Wannere, C.S., Casalova, V., Schleyer, P.v.R., and III Schaefer, H.F. (2005) *J. Am. Chem. Soc.*, **127**, 15457–15469.
65. Sturges, W.T., Wallington, T.J., Hurley, M.D., Shine, K.P., Shira, K., Engel, A., Oram, D.E., Penkett, S.A., Mulvaney, R., and Brenninkmeijer, C.A.M. (2000) *Science*, **289**, 611–613.
66. (a) U.S. Environmental Protection Agency (2011) Global Warming Potentials of ODS Substitutes, http://www.epa.gov/docs/ozone/geninfo/gwps.html (accessed 10 September 2012); (b) Gerstell, M.F., Francisco, J.S., Yung, Y.L., Boxe, C., and Aaltonee, E.T. (2001) *Proc. Natl. Acad. Sci. U. S. A.*, **98**, 2154–2157.
67. Hogue, C. (2011) *Chem. Eng. News*, **89**(31), 31–33.
68. Ulm, K. (2000) in *Houben-Weyl: Organo-Fluorine Compounds*, (eds B. Baasner, H. Hagemann, and J.C. Tatlow), vol. E10a, Georg Thieme, Stuttgart, pp. 33–58, and references cited therein.
69. Zhu, X., Robinson, D.A., McEwan, A.R., and O'Hagan, D. (2007) *J. Am. Chem. Soc.*, **129**, 14597–14604.
70. Marais, J.S.C. (1944) *Onderstepoort J. Vet. Sci. Anim. Ind*, **20**, 67.
71. Stryer, L. (1988) *Biochemistry*, Freeman, 3rd edn., New York, pp. 373–396.
72. Peters, R.A. (1957) *Adv. Enzymol. Relat. Sub. Biochem.*, 113–159.
73. Makulova, I.D. (1965) *Gig. Tr. Prof. Zabol.*, **9**, 20–23.
74. Lailey, A.F., Hill, L., Lawston, I.W., Stanton, D., and Upshall, D.G. (1991) *Biochem. Pharmacol.*, **42**, S47–S54.
75. Lailey, A.F. (1997) *Hum. Exp. Toxicol.*, **16**, 212–216.
76. Waritz, R.S. and Kwon, B.K. (1968) *Am. Ind. Hyg. Assoc. J.*, **29**, 19–26.
77. Martin, J.W., Smithwick, M.M., Braune, B.M., Hoekstra, P.F., Muir, D.C.G., and Mabury, S.A. (2004) *Environ. Sci. Technol.*, **38**, 373–380.
78. Grandjean, P., Andersen, E.W., Budtz-Jørgensen, E., Nielsen, F., Mølbak, K., Weihe, P., and Heilmann, C. (2012) *JAMA*, **307**, 391–397.
79. Peschka, M., Fichtler, N., Hierse, W., Kirsch, P., Montenegro, E., Seidel, M., Wilken, R.D., and Knepper, T.P. (2008) *Chemosphere*, **72**, 1534–1540.
80. Fields, R. (1986) in *Fluorine: The First Hundred Years (1886–1986)* (eds R.E. Banks, D.W.A. Sharp, and J.C. Tatlow), Elsevier Sequoia, Lausanne, p. 287, and references cited therein.
81. Berger, S., Braun, S., and Kalinowski, H.-O. (1994) *19F-NMR-Spektroskopie*, NMR-Spektroskopie von Nichtmetallen, vol. 4, Georg Thieme, Stuttgart.

第一部分
复杂有机氟化物的合成

2 氟原子的引入

2.1 全氟化和选择性直接氟化

自 1886 年 Moissan 分离得到纯元素氟以后不久,他和同事们就用这个高度活泼的气体与一些有机物进行了反应。但无论是在室温条件下还是在液氮温度下进行,有时候甚至会剧烈爆炸,无法分离到反应的主要产物。

到 20 世纪 30 年代,W. Bockemüller 根据热化学理论首次对这些反应结果做了合理说明。首先是由于反应生成的高度稳定的 C—F 键而释放出来的能量(约 116 kcal·mol^{-1})大大高于 C—C 键(约 83kcal·mol^{-1})或 C—H 键(约 99kcal·mol^{-1})的断裂能[1]。第二个原因是氟气的均裂能特别低(仅 37kcal·mol^{-1}),因此即使在低温和无光照条件下也极易引发一个无法控制的自由基链式反应[2]。

20 世纪 30 年代初期,Bockemüller 首次在液相反应介质中通过对有机物直接氟化的方法,合成并鉴定了第一个脂肪族含氟化合物[3],并和热化学分析数据一起发表。为了控制氟化反应释放的巨大的反应焓,可用二氧化碳或氮气稀释氟气。将要氟化的有机底物溶解于冷的惰性溶剂中,如 CCl$_4$ 或 CF$_2$Cl$_2$。L. A. Bigelow 在美国建立了一条类似的生产线[4],主要用于研究芳烃与氟气的直接氟化反应。

一个替代方案是,将可汽化的有机物在铜筛催化下进行气相氟化。这一先驱性工作是由 K. Fredenhagen 和 G. Cadenbach 在 20 世纪 30 年代初开创[5],之后作为曼哈顿计划的一部分由 N. Fukuhara 和 L. A. Bigelow[6]继续进行(图 2.1)。气相氟化法最终成为了制备(相对)多氟代脂肪族烷烃、苯或丙酮的方法。

上述气相氟化方法的现代改进版即 LaMar(Lagow-Margrave)方法,则是采用具有不同的反应温度区域的镍制反应器,以镀银的铜屑作为催化剂(图式 2.1)。在反应过程中,随着反应的进行,慢慢增加氟气的浓度[7]。

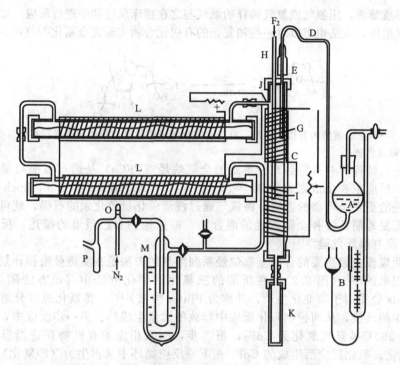

图 2.1 Fukuhara 和 Bigelow 使用的用于制备各种全氟有机化合物的氟化装置[6]。美国化学会授权

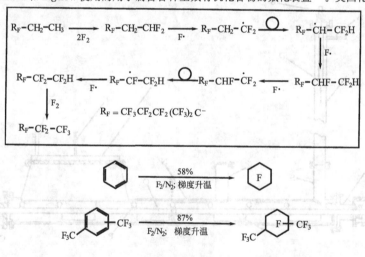

图式 2.1 各种不同烃类化合物用 LaMar 方法进行气相全氟化。顶部框图显示了烷烃直接自由基氟化的机理[8]

另一种控制氟化反应过程中产生的高反应焓的方法是将有机底物涂覆在氟化钠

粉末上形成薄膜，用氮气或氦气稀释的氟气与之在摇床反应器中进行反应。逐步缓慢增加氟气浓度，该法也可以对一些稍复杂的有机化合物实施完全氟化[9]（图式2.2）。

图式 2.2 一些复杂敏感的有机化学物，可以将其吸附于固体氟化钠表面后进行氟化反应，得到干净的全氟化产物[9]

第一次纯粹的并且得到充分鉴定的全氟烷烃（PFCs）是通过石墨与氟气反应制得的，反应主要生成四氟化碳[10]。1937年，J. H. Simons 和 L. P. Block 报道了一个改进的更安全可靠的方法；将氟气通过浸渍催化量氯化汞的石墨，就可以可控地、可重复地制备各种全氟烷烃的混合物，根据他们自己报道的描述，反应过程"稳定且没有爆炸危险"[11]。

工业规模上最重要的合成全氟烷烃系列溶剂的方法是在实施曼哈顿计划期间逐步发展起来的[12]（图2.2）。在所谓的三氟化钴氟化方法中（该方法随后被F2 Chemicals 公司用于商业化生产，并称为 Flutec 方法）[13]，将氟化过程分解为两步放热较少的反应，从而控制氟化反应中释放的大量生成热。第一步反应中，生成的 CoF_2 在 350℃ 被氟气氧化为 CoF_3；第二步，引入相应的有机物在适当温度下被 CoF_3 氟化。氟化反应后生成的 CoF_2 在下一反应循环中又再生为（即氧化）CoF_3。

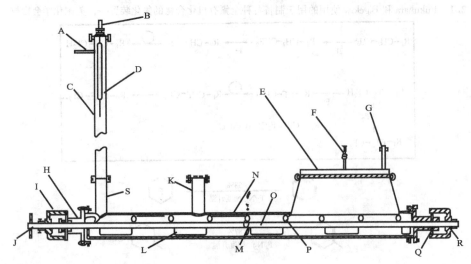

图 2.2 用 CoF_3 氟化的装置示意图[13]。美国化学会授权
  A—出口管；　　　　G—氟气入口；　　　　M—热电偶管；
  B—沉淀器顶点；　　H—反应器终端铸件；　N—反应器外壳；
  C—粉尘沉淀塔；　　I—轴承机架；　　　　O—搅拌轴；
  D—高压电极；　　　J—轴承驱动齿轮；　　P—热电偶装置；
  E—多支管入口；　　K—观察口；　　　　　Q—包装管；
  F—烃类化合物流入口；L—搅拌桨；　　　　　R—轴承杆；
  S—出口管

三氟化钴氟化方法对于有机物的工业化全氟化具有特别重要的意义。这一方法建立在 Ruff 及其同事在 20 世纪 20 年代中期的研究发现基础之上，即高价金属氟化物如 AgF_2、CoF_3 或 MnF_3 等作为高效氧化氟化试剂。典型的氟化产物分布及各种重排产物的性质表明 CoF_3 及其类似物的氟化过程包含了单电子转移和碳正离子中间体的反应机理[14]（图式 2.3）。

图式 2.3 三氟化钴（Flutec）方法：两步反应将有机物全氟化，反应机理为单电子转移和碳正离子中间体过程[8]

虽然三氟化钴氟化方法是最合适的生产全氟烷烃的工业化方法，而其他一些高价金属氟化物则是适用于实验室规模进行选择性氟化的工具。K_2PtF_6 最近被用于对 C_{60} 的选择性氟化，并得到了其部分氟化的产物 $C_{60}F_{18}$，这是用其他氟化方法难以实现的[15]（图 2.3）。这些具有特别强的氧化能力的高价金属氟化物在使用中的一个主要缺点是，它们只适用于对易汽化的有机底物的气相氟化，或者干脆不用溶剂或只以无水氟化氢作为稳定反应介质的条件下进行氟化。

对于实验室规模的氟化反应，我们可以通过选择适当的溶剂来避免由元素氟氟化时引发的自由基反应而产生焦状物。常用的溶剂体系为 $CFCl_3$-$CHCl_3$，有时再加上 10% 的乙醇来作为有效的自由基清除剂。可通过上述溶剂体系将底物稀释，降低反应温度以及用氮气、氦气稀释氟气来有效控制反应热。在这样的反应条件下，环己烷衍生物在叔碳位的轴向位置可以中等产率被选择性地氟化[16]（图式2.4），该反应机理认为是一个亲电反应过程。

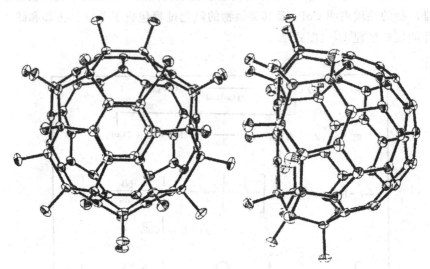

图 2.3 $C_{60}F_{18}$ 的 X 射线分子结构图。它是在无溶剂条件下于 230～330℃ 用 K_2PtF_6 将 C_{60} 选择性氟化制得的[15]

图式 2.4 通过亲电反应机理的脂肪族化合物叔碳位的直接氟化[16]

在类似条件下，氟气可以对双键选择性加成，甚至对一些复杂有机物如甾体也能进行选择性氟化加成气[17]（图式 2.5）。

图式 2.5 一些复杂有机化合物双键的选择性直接氟化[17]

5-氟尿嘧啶的合成是选择性直接氟化的工业应用最早的成功例子之一。在常用的氟化过程中，其前体化合物嘧啶是在热水中经与氮气稀释的氟气反应，生成的氟化产物，随后在含水介质中加热或用硫酸进行脱水[18]（图式 2.6）。

图式 2.6 选择性直接氟化，工业化制备 5-氟尿嘧啶[18]

尤其是到了 20 世纪 90 年代末，在对一些敏感有机底物的选择性直接氟化方法上得到了很大的发展。由 R. D. Chamhers 及其同事们提出的一些方法满足了工业生产过程中关于稳定性和可重复性的生产要求，从而实现了这些产物的商品化。由于乙腈的稳定性，使它成为了 β-二羰基化合物选择性直接氟化时最合适的溶剂，通常反应温度控制在 0~5℃。在丙二酸酯氟化时加入催化量的硝酸铜（Ⅱ）可选择性形成单氟取代的产物，几乎没有二氟化产物生成[19]（图式 2.7）。醋酸烯醇酯同样可顺利地全部转化成相应的 α-氟代酮[20]。

虽然芳香化合物也可以进行直接氟化[21]，但其反应选择性尚未达到商业化生产的要求。芳香化合物最好在酸性介质中如硫酸或甲酸中通过亲电反应机理实施氟化（图式 2.8）。这类芳环化合物大规模直接氟化工业化生产的最大障碍在于一些区域异构体以及与其他多氟或少氟副产物之间的分离。

图式 2.7 羰基化合物选择性 α-位直接氟化。催化剂铜盐催化活性是通过形成一个烯醇化酮配合物而实现的[19,20]。由于生成氟代烯醇化酮配合物在能量上是不利的，所以可避免二氟取代物的生成

图式 2.8 在酸性介质中对活化芳环化合物直接"亲电"氟化[21]

另一个控制实验室规模氟化过程中产生大量反应热的方法是采用微反应器[22]。与传统方法相比，它有如下三个优点：①对于气相和液相之间的反应有着较高的表

面/体积比,因此反应物能很好混合,温度也能很好控制,对直接氟化特别有利;②由于实际的反应体积非常小,因此反应失控或爆炸的风险大大降低;③只要有足够多的微反应器同时操作即可扩大到工业化规模生产。

通过对与 HF 氢键结合的 F_2 的结构及电荷分配的计算研究(P. Kirsch,未发表的工作,2003)提出了与一般认为的"亲电"机理不同的关于脂肪族或芳香族烃类化合物直接氟化的观点。分子轨道从头计算法表明,即使是由氟气和有极强键合能力的氟化氢所形成的复合物 F_2-HF,其生成能也是非常低的,仅为 0.38 kcal·mol^{-1}(MP2/6-31+G**//MP2/6-31+G** 理论水平,ZPE 和 BSSE 校正)[23](图式 2.9)。由于氟分子的可极化性很低,因此通过与 HF 形成的微弱氢键只能诱导产生极小部分的电荷。Rozen 和 Gal[16] 以及 Chambers 与 Spink[21a] 指出,这种极化作用太弱(对氟分子中因极化而更亲电的氟原子而言,其本征电荷 $q_F = +0.02e$),仅凭此作用难以将直接氟化反应途径由自由基反应机理转变为极性的亲电反应机理。但实验所显示的在极性质子溶剂中实现一个"干净的"氟化反应本身有力地说明这并非一个自由基反应过程。详细的机理研究表明,"亲电的"直接氟化反应的关键不是氟分子的直接极化,而是通过一个静电桥(由氢原子连接)对过渡态复合物的稳定作用所产生的极性反应途径[24]。

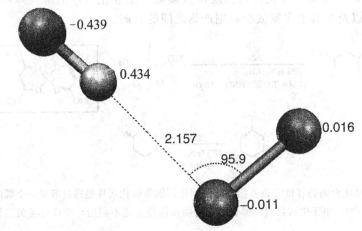

图式 2.9 F_2-HF 复合物气相结构的计算值(MP2/6-31+G**//MP2/6-31+G** 理论水平,ZPE 和 BSSE 校正)(P. Kirsch,未发表的工作,2003)[23,25]。中心氢键的键长(Å),键角(°)和诱导的 Mulliken 部分电荷(e)。F_2 中两个氟原子的本征部分电荷分别为 $-0.02e$ 和 $+0.02e$。该配合物生成时略微放热,仅为 $0.38 kcal·mol^{-1}$

2.2 电化学氟化(ECF)

电化学氟化(ECF)是制备各种全氟有机化合物的另一个重要的技术方法,它也是在实施曼哈顿计划期间发展起来的。J. H. Simons 和他的同事们在 1941 年开始了这一领域的开拓性工作,但相关工作直到1949年在其解密后才得以正式发表[26]。在电化学氟化时,有机物溶于无水HF中,在0℃时接通4.5~6.0V的直流电进行电解。有些情况下需加入添加剂以增加介质的导电性。在此电压范围下,在镍制阳极上发生氟化反应,但没有氟气逸出;而在钢制阴极上(通常就是反应器)则有氢气产生。随着氟化程度的不断提高,氟化产物在无水HF中的溶解度逐渐降低。最终在阳极周围形成与溶剂不相混溶的氟相,由于相对密度较大,而极易电解槽的底部分离出来。与CoF_3氟化不同,电化学氟化过程严重依赖有机底物在无水HF中的溶解度(对许多有机物而言,其溶解度在0℃时约为4%),因此只它适用于对一些含官能团的有机物如醚、胺、羧酸、磺酸及其衍生物的全氟化。ECF方法首次以合理的价格提供了一些有重要意义的商业化产品如三氟乙酸、三氟甲磺酸及全氟辛基磺酸等(图式2.10)。

$$\begin{array}{c}
\text{醚} \xrightarrow{\text{ECF}} \text{全氟醚} \\
R-COF \longrightarrow R_F-COF \longrightarrow 例如\ CF_3COOH \\
R-SO_2F \longrightarrow R_F-SO_2F \longrightarrow 例如\ CF_3SO_3H, C_8F_{17}SO_3H \\
R-NH_2 \longrightarrow R_F-NF_2 \\
R_2NH \longrightarrow (R_F)_2NF \\
R_3N \longrightarrow (R_F)_3N\ 例如\ N(C_3F_7)_3
\end{array}$$

图式 2.10 Simons 电化学氟化方法提供技术上可靠的转化(R_F=全氟烷基)

Simons 的电化学氟化方法后来由美国3M公司发展成为一个工业化生产方法。3M公司目前用此法可大量提供超过250种含氟化合物[27],包括含氟表面活性剂、灭火剂、全氟溶剂和人造血等。

电化学氟化反应机理的关键一步即在镍制阳极生成具有强氟化能力的高价氟化镍,对此已进行了深入的讨论[28](图2.4)。Bartlett等发现用化学方法合成的NiF_3和NiF_4在无水HF中也是非常有效的全氟化试剂[29],这一结果对上述ECF的氟化机理提供了有力的支持。

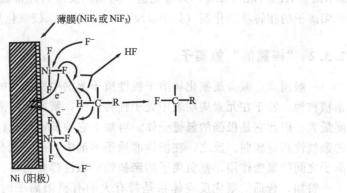

图2.4 电化学氟化的可能反应机理。有机物在阳极表面被高价氟化镍氧化氟化[28]

2.3 亲核氟化

在化学工业中，合成含氟精细化学品的最重要途径可能就是各种亲核氟化反应。在脂肪族化合物的亲核取代反应中（S_N），作为离去基团氟离子是卤素系列中最惰性的（离去能力顺序为 I＞Br＞Cl＞F），这是由于 C—F 键有很高的键能，而产生的氟离子的电荷密度最高所致。作为亲核试剂，氟离子的行为在很大程度上取决于反应环境。在质子性溶剂中它是一个特别弱的亲核物种；而在极性非质子溶剂中特别当它带有一个大的亲脂性正离子时，它却是一个很强的亲核试剂。

2.3.1 Finkelstein 交换

Finkelstein 合成氟代烷烃的关键之处是：①在脂肪族亲核取代中氟离子是一个很差的离去基团；②含氟脂肪族化合物具有较高的挥发性。反应时将烷基碘、烷基溴或对甲苯磺酸酯在极性溶剂中与碱金属氟化物共同加热，生成的易挥发的氟代烷烃不断地从反应体系中蒸馏出来[30]（图式 2.11）。在处理伯烷基氟代物时要牢记此类含偶数碳原子的氟代烷烃是有毒的，因为它们可被氧化代谢为剧毒的氟代乙酸或乙酸酯[31]。

$$R-OTs \xrightarrow[120℃]{\substack{60\%\sim80\% \\ KF,(HOCH_2CH_2)_2O;}} R-F$$

图式 2.11 对甲苯磺酸酯与氟离子的 Finkelstein 交换反应。挥发性的氟代烷烃产物不断地从反应体系中蒸馏出来[30]

由于氟化物的晶格能是随着碱金属阳离子半径的减小而逐渐增大（CsF 177.7 kcal·mol^{-1}，RbF 186.4kcal·mol^{-1}，KF 194.0kcal·mol^{-1}，NaF 218.4kcal·mol^{-1}，LiF 247.0kcal·mol^{-1}）[32]，所以碱金属氟化物的亲核反应活性顺序为 CsF＞RbF＞KF＞NaF＞LiF。为避免这一问题，反应时经常选用冠醚或具有大的亲脂性阳离子的相转移催化剂（如 $Bu_4N^+F^-$），以使亲核氟化反应更为有效。

2.3.2 "裸露的"氟离子

一般而言，碱金属氟化物溶于极性质子溶剂中所形成的氟阴离子并非是活泼的亲核物种。鉴于在元素周期表中处于独特位置，氟原子的阴离子半径最小，电荷密度最大。因此它是极强的氢键受体。再加上它的低可极化性，导致其在质子溶剂中的亲核性相对较弱。反之，在极性非质子溶剂中，由于没有氢键供体，也没有和阳离子之间的紧密作用，氟负离子的亲核性和碱性都相当强。

譬如，合适的氟化反应体系是带有大的有机阳离子的氟化物（即所谓"裸露的"氟离子）及极性的非质子溶剂如乙腈或 1,2-二甲氧基乙烷。"裸露的"氟离子的碱性很强，它可使与其配对的许多通常在固态时相当稳定的有机阳离子，如四丁基铵基阳离子，发生去质子的分解反应。对许多带有机阳离子的氟化物的晶体结构分析表明，氟离子可与阳离子如二甲氨基紧密结合，类似于氢键。这种相互作用使得这类氟化物即使在非质子溶剂（如丙酮）中其亲核性也大为降低。由于这个原因，要继续讨论一下是否真正存在所谓的"裸露的"氟离子。

与裸露的氟离子问题相对应的另一面是关于阳离子的：是否可找到真正的没有配位的锂离子，它们没有被溶剂或阴离子作用而降低活性，并因而限制其路易斯酸性。

从制备角度来看，有时难以做到从氟化物中完全除去微量的以氢键结合的水或醇，而同时又不破坏与其配对的有机阳离子。在这种情况下，氟化物可以在其合成的最后一步通过相应四氟硼酸盐的热分解反应来产生（例如制备 $Me_4N^+F^-$）。另一方法是利用动力学上不很稳定的二氟三甲基硅化物［如二氟三甲基硅三-（二甲氨基）锍盐（TASF）］或二氟三苯基锡化物作为"半裸露"氟阴离子的来源[33]。还有一个非常有效的增加裸露氟离子亲核性的方法是将电荷分散到大体积的有机阳离子上，例如：四-（二烷基氨基）鏻鎓或鏻腈离子（图式 2.12）。

图式 2.12 "裸露"氟离子的来源以及它们的合成例子［TASF：二氟三甲基硅三-(二甲氨基)锍盐］[34~39]

裸露的氟离子也能通过更易得的无水化合物之间的化学反应来现场制备：六氟苯与四丁基氰化铵反应，通过氰负离子对六氟苯的芳香亲核取代产生氟离子，其中无水氰化物的制备要容易得多[40]。溶液中的氟负离子可以分离出来或直接使用（图式2.13）。

图式2.13 由氰负离子和六氟苯反应现场生成"真正无水"的四丁基氟化铵[40]

亲脂性的四（二甲氨基）氟化鏻的一个重要的工业应用是作为相转移催化剂，用于卤素交换反应中工业化合成含氟芳环化合物。

与碱金属氟化物相比，中等活泼的四丁基氟化铵（TBAF）在 THF 中也是一个相当有效的亲核试剂，它可对环氧化物发生亲核开环反应（图式2.14）。

图式2.14 四丁基氟化铵（TBAF）对脱水六氢吡喃衍生物的环氧亲核开环反应[41]

由于氟离子的碱性很强，在它的 $S_{N}2$ 亲核反应中的主要副反应是消除反应。另一方面，它的这一性质也可应用于合成中，例如在乙腈中用催化量的 18-冠-6 和氟化钾就可将鏻盐去质子化制备相应的鏻叶立德。

2.3.3 路易斯酸促进的氟化反应

有两种基本方法可增强氟离子的亲核性。第一个方法是尽可能阻止任何去活化的氢键及其他配位作用，通过选择适当的亲脂性的配对正离子和反应介质使氟离子裸露。另一方法就是增强离去基团的离核性，离去基团一般是卤素，可用 Brφnsted 酸或路易斯酸催化活化其离核性。它们的应用可大大增加亲核反应的速率，反应的热力学趋向显然又是由较强的 C—F 键所决定的。

这一领域的先驱性工作是由 F. Swarts 从 1892 年开始的。在路易斯酸如 SbF_3、SbF_5、AgF、HgF_2 和 AlF_3 存在下，各种不同的卤代烷与 HF 反应可生成全部氟化和部分氟化烷烃的混合物，它们的比例取决于反应的条件（图式2.15）。化学当量的路易斯酸催化剂本身当然也可以作为氟离子的来源[42]。

图式2.15 路易斯酸促进的氯代烷烃的卤素交换反应制备（氢）氯氟烷烃（CFCs 和 HCFCs）

芳香化合物苄基位的催化卤素交换反应是非常容易进行的，可以用来制备许多工业上有重要应用的含氟溶剂[43,44]和含氟中间体[45]（图式 2.16）。

图式 2.16　三氯甲苯的催化亲核氟化反应及一些衍生物的合成[45]

多年来由 Swarts 发展起来的氟化方法一直成为许多重要的有机氟化学工业的基础，包括氟氯烷烃制冷剂（氟里昂 Freon，德语为 Frigen）[46]和灭火剂（哈龙），它们的工业化规模生产是从 20 世纪 30 年代开始的。氟里昂中最重要的包括 CFC-11（$CFCl_3$）、CFC-12（CF_2Cl_2）、CFC-113（$CF_2ClCFCl_2$）和 CFC-114（CF_2ClCF_2Cl）等。后来，氢氯氟烷（HCFCs）如 CFC-22（CHF_2Cl）也进入了市场。所有这些含氟化合物通常是用无水 HF 作为氟源在催化量的 $SbCl_5$ 存在下和低于 200℃的温度反应合成的。CFCs 的命名将于第 8 章中讨论。

Swarts 氟化方法在碳水化合物化学中的一个新的应用是由相应的溴代物出发合成糖基氟化物[47]（图式 2.17）。

图式 2.17　路易斯酸促进的由相应溴代物出发的亲核取代反应合成糖基氟化物。三氟甲基溴化锌的二乙腈络合物同时作为氟离子源和亲电催化剂[47]

在现代碳水化合物化学和糖化学[49]中糖基氟化物[48]是用途最广泛的合成砌块之一。在糖基化反应中它们作为糖基供体。氟离子很容易被硬路易斯酸（促进剂）

所攫取。糖基受体随后加成至所生成的共振稳定的碳正离子中间体上。许多路易斯酸都可用于催化促进此反应[50]，最常用的有 $BF_3·Et_2O$[51]、$SnCl_2$-AgOTf[52]和 Me_3SiOTf[53]，和最近开始应用的 Cp_2HfCl_2-AgOTf 体系[54]（图式 2.18）。

图式 2.18 由糖基氟化物进行糖基化的一般反应机理[50]

2.3.4 "一般氟效应"

升高反应温度，路易斯酸催化剂也可引起一定程度的分子间或分子内的卤原子迁移反应。不仅 HF 可以作为氟离子的来源，其他一些含氟脂肪族化合物如氟甲基醚也能作为氟离子源[55]（图式 2.19）。

图式 2.19 使用七氟醚作为氟离子源合成吸入性麻醉剂[55]

在由路易斯酸引发的氟转移或卤素攫取反应中，产物分布平衡有一个很明显的趋势：即一旦发生氟迁移，它们总是趋向于"集聚"到同一个碳原子上。最优先的产物是三氟甲基衍生物，其次是偕二氟甲基衍生物。这一热力学的产物控制通常被称为"一般"氟效应（图式 2.20）。

图式 2.20 路易斯酸诱导的卤素攫取反应中的"一般"氟效应。例如，在第一个例子中，形成 CF_3CCl_3 具有约 5.6 kcal·mol^{-1} 的能量优势（B3LYP/6-31G* //B3LYP/6-31G* 理论水平计算）[23]

氟原子集聚在同一个 sp³ 碳原子上具有能量优势的原因是可能生成了一个离子性的共振结构从而带来的"自稳定作用"。对此我们在 1.4.2 节中已进行了讨论。

2.3.5 胺-HF 和醚-HF 试剂

氢氟酸本身是在氟化学中使用的最具毒害性的试剂之一，其危害性甚至超过元素氟。其原因是它沸点低（19.5℃）、局部的和系统的毒性以及它的局部麻醉作用。

为了更安全、更方便地处理这个极其重要的试剂，已有多种方法用来稳定这个强烈缔合的液态 HF 的氢键网络结构。例如加入胺、醚或四烷基脲等作为"氢桥"受体（图式 2.21）。

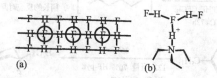

图式 2.21 强烈缔合的胺-HF 试剂的可能结构。（a）吡啶·9HF（70% HF-吡啶）的结构，它的 ¹⁹F NMR 研究显示出聚 HF 的网络结构，其中每个氟原子由四个氢原子包围[56c]。（b）复合物 Et₃N·3HF 的可能结构[57]

第一个公开发表的"温和的 HF"试剂的例子是聚氢氟酸吡啶盐（吡啶·9HF），通常称之为"Olah 试剂"[56]。该配合物含 70% 的 HF，是一个在 55℃ 时还能稳定存在的强酸性液体。它和无水 HF 一样，高毒并腐蚀玻璃，但由于其蒸气压很低，所以处理时安全得多。后来又发现改变胺与 HF 的比例，该试剂的酸性和亲核性可在很宽范围内进行调节。用聚乙烯吡啶作为固体碱可以进一步显著提高这类试剂的安全性和易操作性[58]。

除了吡啶作为氢键受体外，其他一些复合物如 Et₃N·3HF[57,59]、Bu₄N⁺（H₂F₃）⁻[60]也已有广泛的实际应用，它们是中性甚至弱碱性的，而且不会在液面以上形成 HF 蒸气压。NEt₃·3HF（b.p.78℃，在 1.5mbar 压力下不分解）不腐蚀玻璃，因此它可在玻璃仪器中在较高温度下进行反应。

最近的一个发展是 HF-二烷基醚配合物，例如 Me₂O·2HF[61]，它更酸性一些[61]。

正是由于这些试剂的出现，在制备有机氟化物时我们可以不再使用无水 HF，这个最有害的试剂可被上述"温和的 HF"试剂所替代，其酸性和亲核性可以根据需要进行调节。

2.3.6 氢氟化、卤氟化和环氧开环

许多胺-HF 试剂依然具有足够的酸性去加成到碳碳双键或三键生成相应的氢氟加成产物。Olah 试剂（70% HF-吡啶）[56]或 HF-聚乙烯基吡啶[58]的毒性较小，

因而替代无水 HF 得到了广泛的应用。选择适当的共溶剂，可以调控 Olah 试剂的反应活性，进而可以对含有多个双键的体系进行高度选择性的部分氢氟化反应[62] (图式 2.22)。

图式 2.22 Olah 试剂及 HF-聚乙烯基吡啶（PVPHF）应用于烯烃或炔烃的氢氟化加成反应[56a,58,62]

重键的卤氟化反应并不需要强酸性的氟化试剂。因此与氢氟化反应相比，用于此类反应的胺-HF 试剂的选择范围更广。引发这反应的亲电试剂也很多，如酸性的 Olah 试剂[56b]或几乎中性的 NEt$_3$·3HF[62]被普遍用做氟离子来源，而最常用的亲电试剂则为 NBS 或 NIS（图式 2.23）。卤氟加成的反式产物表明生成了一个桥式三元环中间体，它随后被氟离子进攻而开环[64]。有时候初步生成的 1-氟-2-卤代烷烃进一步与氟化银反应而现场得到相应的 1,2-二氟代烷烃。

图式 2.23 卤氟化反应的机理 [X$^+$ = 亲电试剂，如：N-卤代丁二酰亚胺、(MeSSMe$_2$)$^+$ BF$_4^-$、NPSP)。若 X 为 Br 或 I，在它可现场被 AgF 中的氟离子取代[64~66]

一些非卤亲电试剂如二甲基(甲硫基)四氟硼酸锍盐[(MeSSMe$_2$)$^+$BF$_4^-$][65]和 N-苯硒基邻苯二甲酰亚胺(NPSP)也可用于此类反应[66]。苯硒基可在随后的反应中脱除，若用间氯过氧苯甲酸(MCPBA)则得到相应氟代烯烃；若用自由基还原则得到氟代烷烃(图式 2.24)。

图式 2.24 卤氟化反应及一些类似机理的反应例子[56b,63~66]

另一个机理上相关的反应是炔烃衍生物与 NO$^+$BF$_4^-$ 在 70%HF-吡啶作用下的全氟化加成反应[67] (图式 2.25)。

图式 2.25 由 NO$^+$ 引发的二苯乙炔氟化加成反应生成 1,2-二苯基四氟乙烷[67]

胺-HF 试剂也可用于环氧化合物的开环反应制备 β-氟醇。利用此类试剂不同的酸性和亲核性可以控制反应的立体选择性[68]。用中性的或稍有碱性的试剂,则开环过程就是类似于 S_{N2} 亲核过程,氟离子进攻具有更高电正性的碳原子[69];而若用较酸性的试剂则第一步是对环氧的氧原子质子化,随后发生亲核性开环(类似于 S_{N1} 反应)[70](图式 2.26)。

图式 2.26 用酸性的 70%HF-吡啶试剂进行环氧开环反应,其选择性较差并导致低聚副产物的生成[71]

用温和的但更有选择性的试剂如 $NEt_3 \cdot 3HF$ 或 KHF_2-18-冠-6 进行环氧开环反应的速度较慢,但可被一些亲电的过渡金属配合物所催化。在手性 Salen 催化剂存在下可以合成手性氟醇[71]。这类对映选择性的反应,已经在含氟药物化合物的合成中引起人们巨大的兴趣(图式 2.27)。

图式 2.27 手性路易斯酸催化下环氧化合物对映选择性的开环[71]

2.4 含氟芳香化合物的合成和反应活性

2.4.1 含氟芳香化合物的合成

含氟芳香化合物[72]作为农药和医药合成的前体化合物[73]，已经得到了广泛的应用，每年的产量大约为数千吨[74]。目前在医学临床试验的药物中，超过20%是有着含氟芳环结构的，在某些类型的新开发农用化学品中，含氟化合物比例甚至超过50%。

2.4.2 还原芳构化

全氟芳香化合物可以由容易得到的全氟脂环化合物的还原芳构化反应来制备[75]。通过与炽热的铁粉或氧化铁（500℃）反应脱氟。还原反应后，金属表面可用通入氢气还原再生而重复使用。这一方法已被放大成连续化的工业化生产，应用于生产各种全氟芳环化合物（图式2.28）。

图式2.28 由全氟脂环化合物脱氟芳构化生产全氟芳环化合物的工业化生产过程。含氟脂环化合物可由 CoF_3 氟化得到[76]

铁以外的其他还原试剂也可以使全氟脂环化合物芳构化或部分不饱和化。光化学活化的汞（NH_3-Hg^*，Hg^*：光激发的汞）也可作为还原剂，但最终得到氨解产物[77]。其他还有一些配合物催化剂，它们甚至可在室温下进行催化脱氟反应[8,78]（图式2.29）。

2.4.3 Balz-Schiemann 反应

Balz-Schiemann反应是将氟原子选择性地引入芳香化合物特定位置的最早方法之一，可以追溯到20世纪20年代[79]。分离得到的四氟化硼芳基重氮盐加热至120℃发

图式 2.29 在温和条件下实现还原脱氟-芳构化，它们适合于在实验室条件下合成相应全氟芳烃和烯烃。Hg*：光激发汞；Cp*：五甲基环戊二烯基[77,78]

生分解生成相应的含氟芳香化合物。由于该重氮盐声名狼藉的危险性质（易爆），Balz-Schiemann 反应仅局限于小量产品的制备反应中。将重氮盐和惰性固体介质如海砂混合以稀释其浓度是控制该反应剧烈放热的最便捷的方法。除了对实验人员的安全威胁外，这个反应的重复性也很差。

近年来，该方法已进行了一些改进可以适合较大规模生产，重氮盐不再分离出来，而是在 0～5℃下和 HF 水溶液或 70% HF-吡啶中用相应的芳胺与 $NaNO_2$ 反应来现场制备，所得重氮盐溶液直接加热至 55～160℃进行分解得到产物[56c,80,81]（图式 2.30）。

图式 2.30 四氟化硼芳基重氮化合物的 Balz-Schiemann 氟化反应。最近该反应改在 70% HF-吡啶中进行，并不再分离易爆炸的重氮盐[79~81]

2.4.4 氟甲酸酯方法

氟甲酸酯方法是另一种工业化生产氟代芳烃的方法。苯酚先和氟甲酰氯反应，生成的氟甲酸酯经催化脱羰得到氟代产物，该脱羰过程是在气相状态下，由炽热的金属铂催化完成的[82]（图式 2.31）。最近法国 Rhodia 公司完成了对此方法的改进，使其更为环保，它用苯酚与 CO_2 和 HF 经催化反应生成氟甲酸芳酯，在脱羰过程中则用较为廉价的铝基材料代替昂贵的金属铂催化剂。

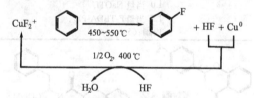

图式 2.31 从苯酚出发经过氟甲酸酯中间体来选择性合成含氟芳香族化合物。根据不同取代基的特性，在最优化的反应条件下该反应产率可达定量[82]

2.4.5 过渡金属催化的芳香化合物的氟化反应

经典的 Balz-Schiemann 合成法的缺点之一是反应生成大量的废液或固体废弃物如 $NaBF_4$、NaCl 或 HCl。由 DuPont 公司开发的一个方法[83]是在氧气存在下用铜催化 HF 对，芳环化合物在铜催化下进行氧化氟化（图式 2.32）。

图式 2.32 苯的氧化氟化反应。其氟化试剂是 CuF_2，反应后被还原的零价铜与 HF 及氧气在 400℃下反应再生成 CuF_2 可供循环使用[83]

这个反应的热力学驱动力是生成稳定的化学当量的水。反应中生成的 CuF_2 在高温（500℃）时作为氟化试剂。反应后生成的铜在 400℃左右又与 HF 和 O_2 反应，重新生成 CuF_2 而循环使用。铜试剂这样经过反应再生并不失活。这一方法适合工业化生产要求，既经济又环保地生产了许多氟化芳香化合物如氟甲苯和二氟苯等。

多数芳香化合物的氟化反应方法要求相对苛刻的反应条件。因此，在温和条件下由过渡金属催化的芳香化合物的氟化反应就成为长期探索的目标，这些芳香化合物包括芳基溴化物、三氟磺酸芳酯、芳基硼酸以及芳基锡试剂等[84]。芳香化合物在温和条件下高度位置专一性的氟化反应具有一个重要的应用，即制备正电子放射断层摄影术（PET；参见 9.8 节）所需要的 ^{18}F 标记的化合物[85]。

这一领域最早发展的方法主要是基于亲电性氟化试剂与有机金属化合物[86]，芳基锡[87]或芳基硼酸[88]的反应。尤其是银催化的芳基锡试剂的氟化反应，产率很高且能在较低温度下进行（图式 2.33 和图式 2.34）。然而，由于这类反应需要用到相对昂贵的亲电氟化试剂，因而限制了这些方法在大规模生产过程中的实际应用。

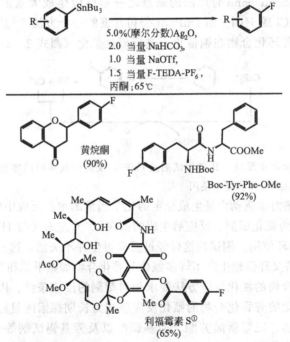

图式 2.33 银催化的氧化氟化反应机理[84a]

图式 2.34 银催化的芳基锡试剂的亲电氟化反应[87]。标注在分子结构下的名称是相应的无氟取代的母体分子

①反应条件：20%（物质的量分数）的 AgOTf，2 当量 NaOTf 和 5 当量甲醇

使用铜催化剂，芳基碘化物也能转化为氟化物，这可作为银催化反应的一个成本较低的替代方法[89]。

利用 Pd（Ⅱ）参与的催化循环向芳环引入氟是难以进行的，这是因为 Pd—F 键具有高度的稳定性，在循环的最后一步难以发生还原消除形成芳基氟化物[90]。可采用 Pd（Ⅳ）中间体作为替代方案，并使用亲电氟化试剂（见 2.6.3 节）[91]。但利用大空间位阻的膦配体和钯形成配合物[92]，实现了钯催化的芳烃氟化反应的关键性突破，并使采用便宜的碱金属氟化物代替亲电氟化试剂作为氟离子源首次成为可能（参见图式 2.35 和图式 2.36）。

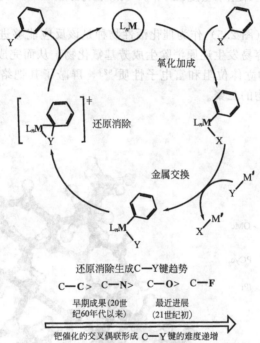

图式 2.35 过渡金属催化的芳香化合物的氟化反应的一般催化循环。L=配体，M=过渡金属（例如 Pd），M′=碱金属（例如 Cs），X=离去基团（例如 TfO⁻，I⁻，Br⁻）。图式摘自参考文献[84a]

图式 2.36

图式 2.36 三氟磺酸芳酯的氟化反应[90]。括号内的数值表示还原副产物的百分含量。其中一个例子增加了催化剂用量（配体含量按 Pd：L=1：1.5 比例调整），"Pd"的引号指 Pd 的总量，而非双核络合物量

T 型钯络合物（图 2.5）作为催化活性物种是该反应能够进行的关键，在适当反应温度下，它很容易发生还原消除生成芳基氟化物，从而完成整个催化循环。由于 BrettPhos 配体的立体位阻和富电子性质[92]，屏蔽了其钯络合物中的一个配位点，阻止了该络合物的二聚。

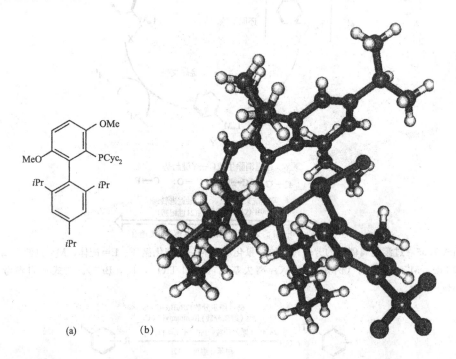

图 2.5 环己基 BrettPhos 配体（a）[92]和在发生消除反应生成芳香氟化物之前的 4-三氟甲基-2-甲基苯基钯络合物的 T 型晶体结构（b）

利用 [^{18}F] 氟离子在芳香化合物引入 ^{18}F 同位素的另一个方法是组合使用两种钯络合物[93]：由二价 Pd（Ⅱ）络合物活化芳香底物，通过亲电性的四价 Pd（Ⅳ）络合物引入氟。含氟 Pd（Ⅳ）络合物则是通过一个相应的络合物前体与 [^{18}F] 氟离子发生配体交换来制得（图式 2.37 和图式 2.38）。

图式 2.37 芳基硼酸（如 3-苄氧基苯基硼酸）生成活化的钯络合物 1（a）。经过氟离子的配体交换形成亲电性的 Pd（Ⅳ）络合物 3（b）。络合物 3 和 1 反应生成芳香氟化物 4（c）[93]

图式 2.38

图式 2.38 由 Pd（Ⅱ）-Pd（Ⅳ）活化制备 [^{18}F] 标记的芳烃化合物的例子[93]。Pd（Ⅳ）络合物 **2** 捕获 [^{18}F] 氟离子形成亲电氟化试剂 [^{18}F] **3**，随后与芳基钯络合物 **5~7** 发生氟化反应。报道的放射化合物产率是在 500 微居里（μCi）剂量下 n 次反应的平均值。Bn＝苄基；Boc＝叔丁氧羰基；MOM＝甲氧基甲基；DAM＝二（对甲氧基苯基）甲基

2.4.6 卤素交换方法

卤素交换反应是工业上合成一些特殊含氟芳香化合物最可靠的方法[94]。带有吸电子基团如卤素或硝基的芳香底物，在适当温度下与无机氟化物反应，这些基团就被氟离子亲核取代生成相应氟代芳烃。为增强无机氟化物的亲核性以使该类反应更有效，通常会在反应中添加亲脂性的相转移催化剂[34~39]（图式 2.39）。

图式 2.39 利用卤素交换方法合成氟代产物的例子[95,96]。亲脂性相转移催化剂（PTCs）如四（二甲基氨基）鏻盐等[34~39]可大大增加此类反应的速度

2.4.7 反向思维！——全氟芳烃和全氟烯烃体系的"反常的"反应活性

全氟脂肪族化合物的一个最重要的特性就是其化学稳定性，在这方面它甚至与

惰性气体相近。与此相反，大多数不饱和的含氟化合物如全氟烯烃和芳烃都是非常活泼的。通常含碳氢的烯烃化合物是非常容易与亲电试剂如质子酸等反应，而全氟烯烃在酸性条件下却是惰性的，但它们却很容易与氟离子等亲核试剂反应。如同烯烃化学中带正电荷的质子是反应的关键物种一样，对应于全氟烯烃的反应则是带负电荷的氟离子（图式2.40）。

图式 2.40 反应式表明了烯烃和全氟烯烃相反的反应活性。Nu^- = 亲核试剂，EI^+ = 亲电试剂

全氟烯烃与亲核试剂加成后生成的碳阴离子，可以与一个合适的亲电试剂结合，也可以消除其邻位一个氟离子芳构化成芳香族化合物（图式2.41）。

图式 2.41 苯和全氟苯在和亲电试剂及亲核试剂反应时相反的反应活性

所谓的"反常的"反应活性可以通过比较两类相应物种的电荷分配来说明。在"正常的"碳氢烯烃体系中，部分负电荷最大值处在其 π 体系中心，因此它成为带正电荷的亲电试剂进攻的靶子。对于全氟烯烃或芳烃而言情况相对复杂些，由于氟原子的强电负性，它的诱导效应使得负电荷分布在 π 体系的四周，而在其中心形成了一个带部分正电荷的中心，因此易受到带负电荷的亲核试剂的进攻。计算分析表明其本征的部分电荷：苯为 $q_C = -0.24e$, $q_H = +0.24e$；而全氟苯的 $q_C = +0.30e$, $q_F = -0.30e$（根据 B3LYP/6-31G* 理论水平）[23,25]。两个化合物的静电势见图 2.6。

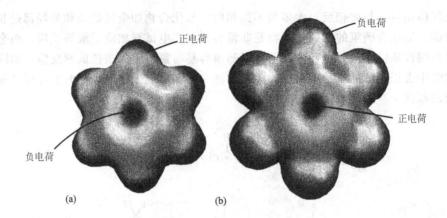

图 2.6 苯 (a) 和全氟苯 (b) 的电子等密度面的静电势能图,使我们直观地看出它们面对亲电试剂和亲核试剂进攻时的互补性 (B3LYP/6-31G* 理论水平)[23,25]

此外,全氟的 π 体系还由于氟原子的孤对电子与 sp^2 杂化的碳原子的 p 轨道的相互排斥而去稳定。因而对碳原子的亲核进攻使其重新杂化成 sp^3 状态,可部分消除其由于上述排斥所引起的排斥力。

氟离子对全氟烯烃或芳烃亲核进攻的另一驱动力是进攻所生成的二氟亚甲基由于超共轭作用而稳定。这所谓的"吸电子"的超共轭作用,也可视为前面所提到的一般氟效应的主要原因[97](图式 2.42)。

图式 2.42 左边:氟原子的孤对电子与 sp^2 杂化的碳原子的 p 轨道的排斥作用,sp^3 杂化的碳原子则部分消除了这种排斥力。右边:二氟亚甲基由于"吸电子"的超共轭作用而得到稳定

2.4.8 特殊氟效应

由联结于 sp^2 碳上氟原子的排斥去稳定效应所导致的全氟双键的特殊活性是碳氢类似物中所没有的。这一含氟烯烃和含氟芳烃所具有的特性,通常称为"特殊氟效应"(相对于前面所讲的"一般氟效应"而言)。光化学引发的(图式 2.43)或氟离子引起的(图式 2.44)含氟烯烃及芳烃的重排反应,可以归结为减少与 sp^2 杂化碳原子相连的能量上不利的氟原子数目。

sp^2: 4 F; sp^3: 1 F → sp^2: 3 F; sp^3: 2 F

图式 2.43 光引发的五氟环戊二烯[98]和六氟苯[99]的重排反应，它减少了连在 sp^2 杂化碳原子上的氟原子数

图式 2.44 氟离子引起的全氟烯烃的重排反应，减少了连在 sp^2 杂化碳原子上的氟原子数量（$R=CF_2CF_2CF_2CF_2H$）[100,101]。重排反应的热焓对于（a）为 $-5.2\text{kcal}\cdot\text{mol}^{-1}$，对于（b）为 $-15.0\text{kcal}\cdot\text{mol}^{-1}$（$R=CH_3$）。（HF/6-31G*//HF/6-31G*理论水平的计算值）[23]

氟原子和 sp^2 杂化碳原子之间的相互作用所引起的强烈去稳定作用，可从各种含氟环戊二烯化合物的酸性反映出来（图式 2.45）——尽管氟原子有很强的及累加的吸电子诱导效应（$-I_\sigma$）影响，但五氟环戊二烯的酸性[102]却和环戊二烯相似。造成这个意外结果的原因是由于五氟环戊二烯去质子后将产生一个氟化 sp^2 碳中心，而五（三氟甲基）环戊二烯则如同我们所预测的那样，比相应五氟环戊二烯的酸度要高 16 个数量级[103]。

图式 2.45 环戊二烯、五氟环戊二烯[102]和五（三氟甲基）环戊二烯[103]的酸性

2.4.9 芳香亲核取代反应

氟原子与 sp^2 碳原子的 p-π 排斥作用，使氟代芳香化合物易被亲核试剂进攻进而发生取代反应。而且氟原子的吸电子诱导效应（$-I_\sigma$）使得该碳原子更易受亲核试剂的进攻。尤其是一个芳环化合物如果带有如硝基或氰基等吸电子取代基时，则其邻、对位的氟原子即使在非常温和的反应条件下也极易经过一个共振稳定的

Meisenheimer 配合物中间体而被各种亲核试剂所取代（图式 2.46）。卤素被亲核取代的难易顺序为 F＞Cl＞Br＞I，正好与脂肪族亲核取代中的顺序相反。

图式 2.46 芳香氟化物的亲核取代，该反应经由一个共振稳定的 Meisenheimer 配合物中间体
资料来源：V. Reiffenrath, 1998, 未发表的工作

即使没有吸电子基团（—M）存在，芳香氟化物的氟原子也可被取代。它们被取代的趋势随芳环中氟原子数的增加而增加。而全氟芳环化合物如六氟苯、五氟吡啶可以和各种不同的亲核试剂发生反应（图式 2.47）。

图式 2.47 六氟苯的氟原子全部被亲核取代。反应得以顺利进行的驱动力来自于苯硫酚阴离子的强亲核性以及生成具有较高晶格能的 NaF（上）[104]，或通过生成挥发性的 Me_3SiF 除去竞争的亲核性氟离子（下）[105]

与烃类化合物化学类似，全氟芳环化合物中第二个氟原子被取代时也具有高度的区域选择性（图式 2.48）。对六氟苯而言，第二个被取代的氟原子一定发生在第一个取代基的对位。对于全氟萘也有相同的趋向[106]。

图式 2.48 全氟芳香化合物的氟原子被分步亲核取代的区域选择性[107~109]

对此种选择性可以归结为如下几个原因[106]。生成的带有负电荷的加成物中间体（和芳香族化合物亲电取代反应中的 Σ-复合物相类似）必须相对稳定。这个稳定化作用应该来自于剩余氟原子的共同诱导作用的结果。而且这种诱导作用必须克服 sp^2 杂化的碳原子和与之相连的氟原子之间强烈的 p-π 排斥所引起的去稳定作用，而当亲核进攻在取代基的邻、对位时这种诱导稳定作用表现得最为明显。邻位氟原子对亲核取代所生成的带负电荷中间体（图式 2.41）具有最大的稳定作用，其次是间位，对位氟原子的稳定化作用最小（图式 2.49）。

图式 2.49 全氟苯体系中第二次亲核取代反应的区域选择性。邻位氟原子对亲核加成生成的带负电荷的中间体有最大的稳定作用，其次是间位，对位的稳定作用最小。因此芳环的第二次取代反应只有发生在第一次取代的对位时（框内），有两个邻位和两个间位氟原子，所以有最大的稳定性。Nu^- = 亲核试剂；X = 第一个取代基，如 OMe, NMe_2[106]

全氟芳香族化合物芳环的不同位置对亲核取代反应的不同敏感性的系统研究，已经被作为一种相当有用的工具，用于组合法合成（含氟）芳香化合物。Chambers 和他的同事们以全氟吡啶的反应为例阐明了这一规律的实用性[110]（图式 2.50）。在这一反应体系，用溴取代了部分氟原子之后，使之对硬的和软的亲核试剂的反应活性差异被进一步区分开来。

对于某些不太活泼的芳香化合物，它们含较少氟原子或较少的诱导活化基团，在较高反应温度下其氟原子也可被亲核取代[111]（图式 2.51）。

图式 2.50 全氟吡啶的各种不同化学转化[110]

图式 2.51 对部分氟化底物的氟原子的亲核取代反应是一些药物合成的重要工具。例如合成 (S)-诺氟西丁 [(S)-norfluoxetine]，它是一个 5-羟色胺再吸收的抑制剂[111]

2.4.10 由过渡金属活化碳氟键

由于 C—F 键特别牢固，所以用过渡金属来催化活化含氟烷烃或芳烃并非易事。但高度贫电子化合物如 2,4,6-三氟吡啶、五氟吡啶或六氟苯等，其中的 C—F 键则可被化学当量的镍试剂如双(三乙基膦)镍(0)试剂所活化[112]（图式 2.52）。最近 Herrmann 和他的同事们[113]报道了一个改进的 Kumada-Corriu 交叉偶联反应[114]，他们用 Ni 卡宾配合物催化剂，实现了氟苯与芳基格氏试剂的偶联。根据 Hammett 相对速率常数分析，该反应起始步骤是氟代芳烃首先被氧化加成至 Ni(0) 配合物上。全氟芳香镍络合物也可以用来引发硼酸与全氟芳烃之间的 Suzuki 类型的反应[115]。

图式 2.52 用过渡金属催化剂促进的芳香化合物 C—F 键的活化及其后续反应。(a)：贫电子含氟芳香化合物与 Ni (0) 配合物的化学当量反应[112]。(b)：Ni (0) 卡宾配合物催化的芳香格氏试剂与氟苯的 Kumada-Corriu 偶联反应[113]

2.4.10.1 含氟芳烃的亲电活化芳基化反应

氟离子和含铝或含硅亲电试剂之间的强烈亲和性可被用来活化含氟芳烃，这一特点使得含氟芳烃可以作为亲电芳基化试剂。尽管这类反应仅适用于分子内芳基化，但它对于复杂的多环芳烃化合物（PAHs）来说是非常有价值的合成工具，在材料科学领域将多环芳烃化合物（PAHs）作为有机半导体是很感兴趣的（图式 2.53）。

图式 2.53 含氟芳烃的亲电环合反应合成多环芳烃化合物，采用亲氟的铝或硅亲电试剂[116,117]

2.4.11 通过邻位金属化活化氟代芳烃

芳环化合物上的吸电子基团可增加芳环上其余氢原子的热力学酸度。它们可被强碱（如 LDA，BuLi）或超强碱（如 BuLi-KOtBu）所攫取[118]，形成芳基金属化物。金属原子（通常是锂原子）被带有孤对电子的邻位基团的静电作用和给电子相互作用所稳定（图式 2.54）。我们所观察到的某些带有适当取代基的芳环化合物的选择性邻位金属化反应，通常是由动力学驱动引发的[119]。对于联苯体系，位置导向效应使得锂化反应也无例外地发生在相邻苯基的邻位[120]。

图式 2.54 带有吸电子取代基的芳环化合物发生定向的邻位锂化反应（X＝CONiPr$_2$、OMe、NMe$_2$、F、OCF$_3$）。反应产物受到具有孤电子对的基团 X 与邻位锂的相互作用而稳定[118,120]

图式 2.55 氟苯的邻位锂化及随后消去 LiF 生成苯炔

图式 2.56 通过含氟苯炔合成含氟萘衍生物[124,125]

定向的邻位金属化反应可由烷氧基或二异丙氨基等基团所引发,它们通过 σ-供电子作用来稳定金属-有机物种[121]。氟原子也是一个高效的邻位导向和增强邻位质子酸性的取代基[122]。许多芳基锂在室温甚至更高温度都是稳定的,但邻氟芳基锂只能存在于低温。若超过 −30℃ 即剧烈分解成相应的苯炔和 LiF[123](图式 2.55)。反应的动力是生成高晶格能的 LiF(247kcal·mol^{-1})。

通过消除 LiF 生成苯炔的方法已被应用于一些含氟萘衍生物的合成上,这类化合物用其他方法是很难制备的[124,125](图式 2.56)。

邻位金属化不仅对于含氟芳烃衍生化是一个很有价值的合成工具,芳基锂本身也能转化为许多有用的合成中间体。通过选择适当的碱和溶剂可将卤代芳烃进行一系列高选择性的化学转化,这是其他方法所难以做到的[126](图式 2.57)。

图式 2.57 通过选择不同的碱-溶剂组合对含氟芳烃选择性衍生化。如有额外的稳定化作用,如两个邻位氟原子,则该化合物还会发生金属交换反应[(b)和(c)]。选择适当的溶剂,这种倾向有时候(c)也可被抑制[126]

邻位金属化反应有时会发生金属交换反应，即所谓的"卤原子迁移"从而导致一些非常特殊的意外反应产物生成。起始的没有（或仅有一个）邻位导向基团的金属化产物，通过金属交换后，可以得到带有两个可提供稳定化作用邻位基团的产物。在具有较强配位能力的溶剂如 THF 中更有可能产生这种影响。若反应介质改为乙醚，则会导致有机金属物种高度簇集并降低其反应活性，因而抑制了金属交换反应[127]。

有时候，由于不同取代基团的邻位导向作用强弱顺序问题，难以直接得到所希望的取代产物。在此情况下就要采用保护基团的策略，暂时屏蔽中间体产物中酸性最强的部位。三甲基硅基是一个非常方便的保护基团，反应后它又很易被无机氟化物除去（如在 DMF 中使用 CsF）[128]（图式 2.58）。

图式 2.58 利用三甲基硅基保护基，由邻氟三氟甲苯经过几步化学转化，合成含氟液晶化合物[128]

2.5 官能团的转化

2.5.1 羟基转化成氟

第一个由醇直接转变为氟代烷的尝试可追溯到 1782 年，但没取得成功，当年 Scheele 用 CaF$_2$ 与硫酸反应生成的氟化氢气体直接与乙醇反应[129]。尽管经历了早期一些失败的尝试，这一难题最终得以解决，自 20 世纪 20 年代以来，发展出了许多成功的制备方法可以方便地解决这一合成难题。

2.5.1.1 两步法活化-氟化反应

采用离核性的离去基团活化醇的首例报道可以追溯到 19 世纪早期。1835 年，Dumas 和 Peligot[130]通过缓慢加热硫酸二甲酯和氟化钾的混合物（"chauffant doucement"）成功地制备了一氟甲烷。随后，用同样方法制备得到了氟乙烷[131]和其他的氟代烷烃。如今，采用离核性更强的离去基团例如甲基磺酸基、对甲苯磺酸基和三氟甲基磺酸基活化醇类化合物，继之以氟离子进行构型完全反转的 S_N2 亲核取代反应，已经成为一个标准方法，尤其是对立体化学有明确要求的氟化反应（图式 2.59）。

图式 2.59 具有手性中心的底物活化-氟化反应的例子[132,133]

2.5.1.2 α,α-二氟烷基胺试剂和 α-氟代烯胺试剂

把羟基转化为氟原子的一个更便捷的方法就是通过一步法活化-取代反应——将醇与特别贫电子的含氟试剂作用，含氟试剂先与之缩合，同时释放出氟离子。接下来，释放出的氟离子亲核取代现场形成的离去基团。立体化学上，该过程会使中心碳原子构型完全反转。

这类氟化试剂的最早的例子就是由 Yarovenko 等人[134]和 Ishikawa 及其合作者[135]发现的 α,α-二氟烷基胺类试剂。这类试剂可以很方便地由二甲胺分别与三氟氯乙烯或六氟丙烯反应来制备，所得 α,α-二氟烷基胺可以相当有效地将脂肪醇转化为氟代烷烃（图式 2.60）。由 Ghosez 及其同事[136]发现的 α-氟代烯胺试剂是一类更为稳定的氟化试剂，使用该试剂实现了几例高选择性的羟基氟化反应（图式 2.61）。这种试剂的一个优点是它在中性的条件下发生反应，因而适用于对酸敏感底物的转化。

图式 2.60 最常用的含氟胺类试剂及其合成。(a) 基于全氟丙烯的氟化试剂是 α,α-二氟烷基胺和两个 α-氟代烯胺异构体的平衡混合物。(b) 二甲基(2-氯-1,2-二氟乙烯基)胺的组成更为确定。(c) α-氟代烯胺氟化试剂的合成[134~136]

图式 2.61 α,α-二氟烷基胺或 α-氟代烯胺试剂氟化醇类化合物的例子。利用 α-氟代烯胺合成含氟环烷烃、含氟类固醇、含氟萜烯及含氟糖类化合物[136,137]

反应机理中最初的缩合反应也是由于与 sp^2 碳相连的氟原子的相对不稳定性而驱动的（图式 2.62）。在 α-氟代烯胺当中，具有 p-供电子作用的二烷基氨基基团的 $+I_\pi$ 效应进一步增强了氟原子和双键之间的 p-π 去稳定化作用。当醇与 α-氟代烯胺加成后，将烯胺 α 位的 sp^2 中心转化为一个非常富电子的 sp^3 中心，进而在二甲基氨基和烷氧基基团共同的 π-给电子作用促进下释放出氟离子。随之生成的亚胺酸酯作为一个离核性的离去基团被氟离子所取代。所有以 α-氟代烯胺为氟化试剂时最主要的副反应是消除反应，在烯丙基体系中，还易发生重排。

图式 2.62 α-氟代烯胺试剂的活化和反应机理。由氟离子取代亚胺酸酯离去基团并且导致构型完全反转的 $S_{N}2$ 机理

最近发展的一种相同类型的氟化试剂是 2,2-二氟-1,3-二甲基咪唑烷（DFI），由于在活性中心有两个氮原子的稳定作用，使其具有更高的反应活性[138]（图式 2.63）。通过与廉价的光气反应，接着发生亲核氟化，DFI 可以在工业化生产中被循环利用。

图式 2.63 氟化试剂 2,2-二氟-1,3-二甲基咪唑烷（DFI）的反应及其活化机理[138]

2.5.1.3 四氟化硫、DAST 和相关试剂

四氟化硫（SF_4）或许是用途最广泛的对羟基进行一步氟化转化试剂[139]。四氟化硫首先把醇转化为一个具有离核性基团的共价中间体，随后该离去基团被上一

步反应过程中释放出的氟离子取代，并发生构型翻转（S_{N_2} 机理）。四氟化硫转化为亚磺酰氟，在这一反应中只有两个氟原子得以利用（图式 2.64）。

$$R\text{—}OH \xrightarrow{SF_4} R\text{—}O\text{—}SF_3 \xrightarrow[\text{的}S_{N_2}\text{反应}]{\text{构型反转}} R\text{—}F + HF + SOF_2$$

图式 2.64 醇与四氟化硫反应生成氟代烷烃、氢氟酸和亚磺酰氟

尽管用途广泛，但四氟化硫也有一些主要的缺点。它是剧毒的气体（熔点 -121℃，沸点 -38℃），因此必须在高压釜内加压条件下进行操作[140]。为克服这些困难，用二烷基氨基取代四氟化硫中一个氟原子，合成了一些挥发性较低的四氟化硫类似物（图式 2.65）。

图式 2.65 二乙基氨基三氟化硫（DAST）的合成[141]，吗啉基三氟化硫（MOST），以及双(2-甲氧基乙基)氨基三氟化硫（BAST）[空气产品公司（Air Products, Inc.）的商标名为 Deoxofluor] 及其衍生物

N,N-二乙基氨基三氟化硫（DAST）（沸点 46～47℃）[141]的活性比四氟化硫稍低，但是对于小规模的反应，其操作要比四氟化硫方便很多（图式 2.66）。但由于 S—N 键的相对不稳定性，当 DAST 加热至约 50℃以上时可能会剧烈爆炸。

图式 2.66 DAST 及其类似物参与的醇类化合物氟化反应的例子[62,141,142]

由于反应中形成碳正离子中间体，DAST 及其类似物对醇类化合物氟化过程中常见的副反应是消除反应和碳链骨架的重排反应[141]。

为获得能在大规模反应中可以安全操作的氟化试剂，其他衍生物如吗啉基三氟化硫（MOST）和甲氧乙基类似物双（2-甲氧基乙基）氨基三氟化硫（Deoxo-Fluor™）被先后开发出来[142]。Deoxo-Fluor 在较高的温度下也会分解，但是它分解时不会发生热失控反应而导致爆炸。这使得该试剂可安全的应用于含氟药物和先进材料的工业生产过程中。

相比于四氟化硫，DAST 及其类似物的活性较低，这可归因于它们本身的立体位阻比较大，并且二烷基氨基部分的诱导效应较弱。这一点可以从在空间拥挤的位置上不能用 DAST 及其类似物对羟基进行氟化转化而清楚地反映出来[143]（图式 2.67）。

图式 2.67 用 DAST 不能对空间上拥挤的核糖衍生物进行氟化，但通过两步法的活化-氟化过程成功实现了氟化反应[143]

DAST 的一个手性衍生物，(S)-2-(甲氧甲基)-1-四氢吡咯基三氟化硫[144]也已制备出来，并研究了通过双重立体识别对手性醇的对映选择性的氟化反应（图式 2.68）。虽然观察到预期的立体选择性，但并不具有实际的制备意义。

图式 2.68 以手性 DAST 类似物对外消旋的三甲基硅基醚进行氟化反应，实现小部分的动力学拆分[144]

最近开发的 XtalFluor™[145]和 FluoLead™[146]氟化试剂，氟化反应中其自身转化为更稳定的锍酰亚胺盐（sulfiminium）或者完全排除了不稳定的 S—N 键，避免了 DAST 类化合物分解的危险。这两种试剂都是固体，可以在空气中使用（图式 2.69），并且它们与 DAST 的活性几乎相同。

图式 2.69

图式 2.69 氟化试剂 XtalFluor-E™，XtalFluor-M™[145] 和 FluoLead™[146] 的合成。这些试剂都是晶体，不易潮解，且无爆炸危险

2.5.1.4 胺-HF 试剂

对于叔醇的转化可以不经活化，而用无水氟化氢或其他酸性氟化物直接实现氟化（图式 2.70）。这类反应是在酸性介质下通过 S_{N1} 机理经由稳定的碳正离子中间体而进行的。氟离子的加成通常是可逆的，反应的立体化学是由热力学控制的，只与可能的产物异构体间的相对自由焓决定。

图式 2.70 以 70% HF-吡啶对甾醇叔羟基的氟化反应[147,148]

除羟基外，其他潜在离去基团如果能够形成一个足够稳定的碳正离子中间体，则也可以被酸性的胺-HF 复合物活化。由于形成的糖基碳正离子中间体的稳定性，可以很方便地由各种糖苷前体制备糖基氟化物[149,150]（图式 2.71）。

图式 2.71 以 70% HF-吡啶氟化各种活性前体合成糖基氟化物[149,150]

2.5.2 羰基转化为偕二氟亚甲基

2.5.2.1 四氟化硫、DAST 和相关试剂

四氟化硫[139]作为氟化试剂还可以将醛、酮和酯类的羰基官能团转化为偕二氟亚甲基[151]（图式 2.72）。当加入 Lewis 酸催化剂（如 BF_3）或直接用无水氟化氢为反应溶剂时，SF_4 的反应活性可以得到进一步提高。

图式 2.72 醛、酯以及酸酐与 SF_4 的反应[139a,152,153]

基于对典型副产物的谱图分析，Dmowski 推测了该反应的机理[154]。以无水氟化氢作为溶剂时，在溶剂离解平衡条件下产生 SF_3^+ 物种。强亲电性的 SF_3^+ 离子与羰基氧原子结合，使得与羰基碳原子具有高度的亲电性。然后发生氟原子从硫到碳的分子内迁移，同时释放出亚磺酰氟。生成的共振稳定（通过氟原子孤对电子的 π-给电子作用）的 α-氟代碳正离子，再与周围环境中 $(FHF)^-$ 的氟离子结合（图式 2.73）。典型的反应副产物大多为重排产物，其形成也可以由该机理进行解释。

图式 2.73 羰基化合物的氟化反应转化为相应偕二氟亚甲基类衍生物的可能机理[154]

操作上更方便的氟化试剂如：DAST、XtalFluor™ 和 Fluolead™ 也能用来氟化醛和部分酮，将其高产率地转化为偕二氟亚甲基类化合物（图式 2.74）。对于具有空间位阻的酮、酯或者酸酐，即使在剧烈条件下也不能发生反应。

图式 2.74 （a）～（d）用 DAST[141]、XtalFluor™[145] 和 Fluolead™[146] 将羰基化合物转化为偕二氟亚甲基衍生物。(e) 与 SF_4 相比，DAST 反应活性的局限性

资料来源：P. Kirsch, A. Ruhl, and R. Sander, 2002，未发表的工作

与醇类化合物的氟化反应类似，这里最重要的副反应也是消除与重排反应。以特戊醛为例（表 2.1），产物的分布与适当溶剂的选择密切相关。非极性溶剂（$CFCl_3$、戊烷或 CH_2Cl_2）有利于形成期望的氟化产物，而极性溶剂（THF 或二甘醇二甲醚）由于能够稳定阳离子中间体而利于形成消除和重排产物。

2.5.3 羧基转化为三氟甲基

在一个两步反应中，羧基可转化成三氟甲基。第一步可用较温和的氟化试剂如 α-氟代烯胺或 DAST 将羧基中的羟基转化成氟从而形成酰氟，第二步在更强烈条件

表 2.1 DAST 氟化特戊醛及生成副产物的反应机理及其溶剂依赖性[141]

溶剂	GLC 产率/%		
	10	8	9
CCl_3F	88	2	10
戊烷	87	3	10
$CHCl_3$	72	3	25
CH_2Cl_2	72	2	26
二甲苯	64	3	28
THF	65	20	15
特戊醛	60	10	30
二乙二醇二甲醚	30	32	38

下将酰氟转化成相应的三氟甲基，这一步只能用 SF_4 才能实现。而最方便的方法是用 SF_4 在无水 HF 中一步将羧基转化成三氟甲基（图式 2.75）。对许多脂肪族或芳香族羧酸化合物，即使在室温甚至更低的温度下用此方法也可以高产率地进行转化。

图式 2.75 用四氟化硫将羧酸转化为相应的三氟甲基化合物[139a]
资料来源：P. Kirch, A. Ruhl 和 R. Sander, 2002, 未发表的工作

羧酸氟化最主要的副反应是生成双(α,α-二氟烷基)醚，可能是经由一个阳离子中间体形成的（图式 2.76）。

图式 2.76 由羧酸氟化生成三氟甲基衍生物以及竞争性生成(α,α-二氟烷基)醚的反应机理[154]

2.5.4 氧化脱硫氟化

一个应用非常广泛的将各种不同官能团转化成部分氟化或全氟化衍生物的方法

就是一些含硫化合物如硫代羰基化合物、二硫戊环、二噻烷、二噻烷基锍盐的氧化脱硫氟化反应。上述氟化反应的基本方法最初是在20世纪70年代发现的[155,156]；至90年代初，此法已被系统地发展成为制备有机氟化物的颇具价值的合成工具[157~162]。

其基本概念就是首先将硫引入到有机分子中作为氟化反应的导向合成前体。该含硫化合物前体再与一些亲硫的、"软的"亲电氧化剂 [如NBS、NIS、1,3-二溴-5,5-二甲基乙内酰脲（DBH）、Br$_2$、SO$_2$Cl$_2$[157]、F$_2$[163]、IF$_5$[164]、BrF$_3$[165]、p-MeC$_6$H$_4$IF$_2$[166]、NO$^+$BF$_4^-$[160] 或 F-TEDA[167]] 在氟离子源（如50%或70% HF-吡啶[157]、HF-三聚氰胺[158]和Et$_3$N·3HF[161]）存在下进行氟化反应。亦可用电化学氧化过程替代化学氧化剂[168,169]。含硫底物通过S-卤代作用而被活化成离核性的离去基团，然后被氟负离子所取代。硫代羰基化合物的氟化脱硫反应也遵循类似的基本反应途径。

反应机理见图式2.77[156]。该机理的提出是基于构建分子模型以及对所有反应产物包括一些副反应产物的谱图分析。由于存在过量的氧化剂以及随后在含水条件进行后处理，所以反应中释放出的含硫物种（例如XSCH$_2$CH$_2$SX）是不可能稳定存在的。

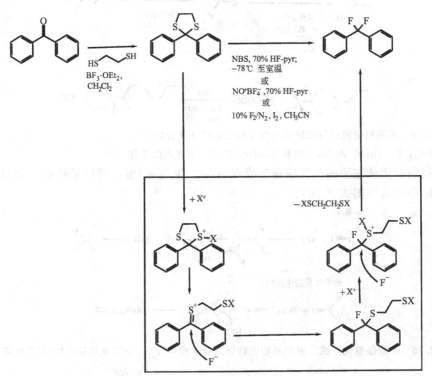

图式2.77 二硫戊环的氧化氟化脱硫反应机理[156,167]。X$^+$代表"Br$^+$"、"I$^+$"、"NO$^+$"和"F$^+$"

从"原子经济性"角度来看[170]，上述氧化脱硫氟化反应存在"原子不经济的"缺点。因为在反应过程中失去了占起始原料相当大部分的含硫保护（和活化）基团（按相对分子质量计），且不能够回收或循环再利用。

文献已经报道了许多受保护的（或活化的）羰基化合物的脱硫氟化反应的例子。其中一些反应包含有中间产物还原的步骤，这就导致生成含单氟亚甲基而不是二氟亚甲基的产物[160]。

对各种不同含硫物种（硫代羰基化合物或硫醚），可通过仔细选择亲硫氧化剂和不同酸度的反应介质而选择性地进行氧化氟化。硫代羧酸酯或黄原酸酯的硫代羰基可在中性或微酸性介质中如 $[Bu_4N^+(H_2F_3)^-]$ 以及使用相对温和的氧化剂如 NIS 进行氟化脱硫，而生成的 α,α-二氟硫醚的氧化脱硫则要求强酸性介质（70% HF-吡啶）以及更强的氧化剂 DBH（图式 2.78）。这表明硫代羰基在初步氧化氟化后生成的偕二氟亚甲基钝化了余下的硫原子，阻碍了进一步的亲硫进攻。

图式 2.78 各种不同的氟化脱硫反应实例[160,169,171,172]

在糖化学中氟化脱硫已成为不同的糖苷活化模式之间进行正交转换的方便工具[173]（图式 2.79）。

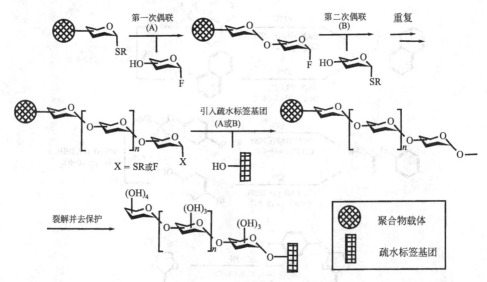

图式 2.79 用氧化氟化脱硫的方法从硫代糖苷合成氟代糖[159,166]

正交糖苷活化本质上是基于 Pearson 的软硬酸碱概念（HSAB）[174]。在以"软"的路易斯酸（例如 MeOTf-MeSSMe 体系，其中 MeSSMe$_2^+$ 作为活化物种）活化硫代糖苷为糖基供体的典型反应条件下，氟代糖是惰性的。另一方面，用"硬"路易斯酸（例如 Cp$_2$HfCl$_2$-AgOTf 体系，其中 Cp$_2$HfCl$^+$ 为活化物种）活化氟代糖时并不影响同一反应混合体系中存在的硫代糖苷（图式 2.80）。正交糖苷活化是自动化合成低聚糖过程中的重要环节[175]。

图式 2.80 聚合物（聚乙二醇）负载的"正交"糖苷活化的原理。为便于分离纯化，引入了疏水基团（如 2-三甲基硅乙基）[173]。反应条件 A 用于硫代糖苷的活化，条件 B 用于活化氟代糖

二硫代酯的脱硫氟化反应也被用于三氟甲基芳烃的"无痕"固相合成[176]，这个合成方法在药物化学中具有核心作用。固相负载的二硫代酯基转化为三氟甲基官能团是组合药物设计中一个有用的合成工具（图示 2.81）。

图式 2.81 利用以二硫代酯基作为连接基团的氟化脱硫反应在芳环引入三氟甲基取代基[176]

从 20 世纪 90 年代末开始，脱硫氟化反应已经成为一个具有重要价值的合成工具，特别是在含氟液晶合成领域[177,178]，这一方法使得我们更容易制备一些脂肪族的三氟甲基醚，近来该策略也被用做 α,α-二氟烷基醚[161a]以及全氟烷基醚[179]的合成。(图式 2.82)。

图式 2.82 黄原酸酯的氧化脱硫氟化用于合成含氟液晶（a）[178]以及二噻烷基鎓盐的氧化脱硫烷氧二氟化反应（b）[179]

二噻烷基鎓盐的烷氧脱硫二氟化反应[180]与其他已知的经由硫代羰基酯的脱硫氟化反应[161]相比有如下几个突出优点：①原料本身二噻烷基鎓盐容易制备。它们可由羧酸或酰氯出发[181]生成稳定的结晶固体，分离方便；②许多脂肪族的硫代羰基酯（亦可作为氧化脱硫氟化反应的底物）不太稳定，易消除相应的烷氧基生成更不稳定的硫代烯酮；③典型的液晶中间相的核结构，是以反式 1,4-己烷基为基础的。利用生成脂肪族二噻烷基鎓盐的反应可逆性，通过质子化以及随后在相应的烯酮和二硫缩酮间的平衡可以得到热力学上有利的反式-4-烷基环己基二噻烷基鎓盐产物。通过二硫缩酮的质子化现场生成二噻烷基鎓盐，对于合成简单的难以结晶的 2-烷基-1,3-二噻烷基鎓盐也是非常有用的。

就机理方面而言，上述反应与图式 2.77 所示的反应相比，在化学上仅有的区别就是生成一个含硫中间体——二硫代原酸酯；如果它是来自于极缺电子的全氟烷基二噻烷基鎓盐（图式 2.83），则可在室温下分离得到。对于较少氟原子取代的烷基或芳基二噻烷基鎓盐，由它们缩合生成的二硫代原酸酯是易分解的中间体，仅在低温下（不超过－50℃）稳定。随后该中间体氟化脱硫生成相应的 α,α-二氟醚。

图式 2.83 由二噻烷基鎓盐氧化脱硫烷氧二氟化反应合成具有 α,α-二氟醚连接的液晶材料。中间体二硫代原酸酯仅在约－50℃的低温时稳定[161a]

利用氧化脱硫氟化反应，二噻烷基鎓盐还是将除酯以外的其他羧酸衍生物转化为偕二氟甲基类似物的有用试剂。如果脱硫氟化反应在其他的氧、氮亲核试剂存在下进行，则以适中到良好的产率得到相应的 α,α-二氟烷基化合物（图式 2.84）。

最近 O'Hagan 和他的同事们发现脱硫氟化反应不仅是合成有机化学家的好工具，它也是自然界中酶催化的将氟离子引入二级代谢产物的（以非氧化的方式）唯

图式 2.84 在各种不同氧、氮亲核试剂存在下二噻烷基锍盐的氟化脱硫反应生成各种不同的 α,α-二氟烷基化产物（R=n-C$_3$H$_7$ 或 n-C$_5$H$_{11}$）[161b]

一已知途径[182]（图式 2.85）。这个酶反应途径的关键步骤是三烷基硫锍离子 [S-腺苷甲硫氨酸（SAM）] 与无机氟化合物发生亲核取代反应，反应中蛋氨酸成为离去基团。

图式 2.85 生物氟化脱硫反应及后续的酶催化转化。SAM＝S-腺苷甲硫氨酸，5′-FDA＝5′-氟代脱氧腺苷，NAD$^+$＝烟酰胺腺嘌呤二核苷酸，PLP＝磷酸吡哆醛[182]

2.6 "亲电"氟化

Fried 和 Subo[183]在 20 世纪 50 年代发现引入氟原子后的 9α-氟可的松醋酸酯的药疗得到极大增强。这一结果激起了人们对含氟药物的强烈兴趣。有机氟化学中仍欠缺一个通用的、能够在温和条件下对敏感的有机底物进行亲电氟化的合成方法。

2.6.1 二氟化氙

XeF_2是最早用于亲电氟化的试剂之一[184]，它本身为固体，操作方便，可在一些对氧化不敏感的溶剂如CH_3CN、CH_2Cl_2中使用。XeF_2的反应活性主要取决于其极强的氧化能力，导致它的反应模式更倾向于氧化氟化而非亲电氟化。利用二氟化氙不仅可使芳香化合物发生典型的"亲电"氟化反应，某些羧酸也可发生类似于 Hunsdiecker 脱羧氟化反应，对某些羰基化合物还可发生氟化重排而生成二氟甲基醚[185~187]（图式 2.86）。

图式 2.86 二氟化氙的氟化反应（A = 催化量的 SiF_4 作为路易斯酸）[185~187]

2.6.2 高氯酰氟和次氟化物

第一个用于工业合成的亲电氟化试剂是高氯酰氟（$FClO_3$）[188]（图式 2.87），它是气体（m.p. $-147.8℃$，b.p. $-46.7℃$），在高达 500℃时仍然稳定[189]。它在 20 世纪 60 年代初就开始被用于含氟药物特别是含氟甾体的合成。

$$KClO_4 + 2HF + SbF_5 \xrightarrow{40\sim50℃} FClO_3 + KSbF_6 + H_2O$$

图式 2.87 高氯酰氟的合成[189]

$FClO_3$ 的反应活性源于氟原子与最高价态的高电负性的氯原子相连。尽管 $FClO_3$ 可以选择性地合成一些复杂的有机化合物如含氟甾体（图式 2.88），但由于其很高的氧化势，在与有机溶剂混合后经常具有爆炸危险。特别是当氟氯酸与醇类化合物接触后可生成对振动极为敏感的高氯酸酯。

图式 2.88 $FClO_3$ 的亲电氟化反应合成含氟甾体

另一类较强的亲电氟化试剂是次氟化物或"OF"试剂，此类试剂的氟原子被高电负性的含氧基团所活化，在使用时危险性相对较小[190]。这类试剂中最常见的是 CH_3CO_2F（m.p. $-96℃$，b.p. 约 $53℃$）[191]，CF_3CO_2F[192] 和 CF_3OF[193]（图式 2.89），它们都是具有高毒性的低沸点液体或气体。除有毒外，它们在与有机溶剂接触时也有爆炸危险，因此也不足以安全地用于工业生产。

图式 2.89 各种 OF 试剂用于合成的实例以及 N-芳基乙酰胺的选择性邻位氟化的反应机理[194]

过氧乙酰氟作为氟化试剂具有特别的重要性，这是因为它可被用来快速合成含有 ^{18}F 的放射药物用于医疗诊断，而 ^{18}F 能够发射正电子，其半衰期只有 109.7min（图式 2.90）。过氧乙酰氟可以很方便地通过"干柱"法合成，即将气态的 F_2 或 $^{18}F^{19}F$ 通过一个填充有溶剂化的 $KOAc \cdot 2HOAc$ 的柱子[195]。

图式 2.90 [^{18}F] 2-氟脱氧葡萄糖的合成[196]

2.6.3 "NF"试剂

到20世纪80年代末，在寻找危害较小的亲电氟化试剂的研究过程中，经过不懈的努力，合成出各种不同类型的所谓"NF"试剂[197~199]（图式2.91）。关于这些试剂的基本概念是建立在20世纪50年代后期的一些研究工作的基础之上，即N-氟代胺例如N-氟代全氟哌啶[200]，以及稍后NF_4^+和N_2F^+[201]的合成。NF试剂的氟化能力来自于与电负性的氮原子相连的氟，有时在同一分子中还存在强吸电子基团如羰基、磺酰基或者含有不稳定的正电荷进一步活化氟原子。与以前的亲电氟化试剂相比，这些NF试剂的最大优点就在于它们大多数是固体、不易挥发，不会爆炸。这些商品化的试剂（图式2.91）在随后的几年中促进了大量的亲电氟化研究工作的展开[202]。

图式2.91 最重要的商品化的NF亲电试剂及其合成方法[202]

亲电氟化反应的机理在相当长一段时间里都是一个有争议的问题[187]〔是真实的氟正离子"F^+"转移，还是一个两步的单电子/氟自由基转移问题（图式2.92）〕。但是普遍认为由于气相生成氟正离子"F^+"的热焓极高（热焓为420 kcal·mol^{-1}），不太可能是一个真正的"亲电"机理。另外一个通过亲电的氟原子的纯粹的$S_{N}2$途径也可排除[203b]。对于NF试剂在不同条件下反应的产物分布进行详细研究的结果表明，它是一个两步的反应机理，即首先发生单电子转移，随后进行氟自由基转移[199b]（图式2.93）。

图式2.92 亲电氟化的可能机理——单电子转移加上氟自由基转移或S_N2亲核取代反应的两步反应的机理[203]

图式 2.93 N-氟化吡啶盐的亲电氟化反应机理[199b]

另外一个支持两步反应机理的证据是观察到不同 NF 试剂的第一还原电势与其氟化能力的相关性[204]（图式 2.94）。循环伏安法的系统研究不仅反映出各类 NF 试剂的不同反应活性范围，而且发现在这类试剂的基本结构上引入适当的取代基（如吸电子或供电子基团）还可进一步调整其氟化能力。

图式 2.94 各种不同亲电氟化试剂的还原峰值电位 $E_{p,red}$ [单位：伏，标准甘汞电极（SCE）为参比电极]；1~5mmol·L^{-1} CH$_3$CN-0.1mol·L^{-1} Bu$_4$N$^+$BF$_4^-$ 或 CF$_3$SO$_3^-$ [204b]

最近通过 QM/MM 模拟了络合了钛原子的丙二酸酯与 NF 试剂 Selectfluor™（F-TEDA）的一个简单类似物之间的亲电氟化反应，该研究对单电子转移/氟转移的反应机理赋予了新的理念[205]。在亲电的氟原子接近碳亲核试剂的过程中，首先是一个电子从亲核试剂转移到 NF 试剂 Selectfluor 上，随后氟再转移到亲核试剂上。有趣的是，只有在极性溶剂（如乙腈）中才能形成氟自由基转移的过渡态。如果模拟反应是在真空中进行，则发生电子转移后反应就停止了。

除了可以通过选择不同电性的（吸电子或供电子）取代基来改造 NF 试剂的反应活性以外，Umemoto 及其同事又报道了一种可以增加氟化反应选择性的方法，它特别适用于苯酚和芳氨基甲酸酯的邻位氟化[199b,206]。在 N-氟代-2-磺酸吡啶盐的氟化反应中，由于 π-π 授-受相互作用及氢键作用使得亲电的氟原子趋向于特定的反应位置（图式 2.95）。

图式 2.95 利用 N-氟代-2-磺酸吡啶盐对苯酚的直接邻位氟化[206]

迄今所知的所有 NF 试剂的最主要的缺点就是相对其较大的相对分子质量而言，"活化"氟原子的含量太低。例如，对于 Selectfluor，活化氟与其相对分子质量之比仅为 5.4%，而 NFTh 为 8.0%，NFPy 为 6.0%。解决这一问题的方法就是合成更"紧凑"的氟化试剂[207]。途径之一是将两个或更多个吡啶盐单元结合到一个分子中（如化合物 **11**，其商品名为 Synfluor）。另一途径是将两个 N—F 键引入同一分子如二氮双环辛烷（DABCO）中（如化合物 **12**）[208]，该体系的氟化能力也显著增强了。可惜的是，这个体系中仅有一个氟原子可用于亲电氟化，而另一个氟原子只是通过其靠近活性中心的正电荷起到增强试剂氟化能力的作用（图式 2.96）。

图式 2.96 提高了分子中亲电氟原子比重的亲电氟化试剂。氟原子对相对分子质量的比例分别为：**11**：11.2%；**12**：理论值为 12.8%，但 **12** 仅有一个氟原子是活化的，所以其实际"活化"氟比例仅为 6.4%[207,208]

类似的增强氟化活性的例子是 Selectfluor 的 N-羟基类似物（**13**）[209]，其商品名是 Accufluor。此外，还有许多氟化能力不同的 NF 试剂（图式 2.97）。它们氟化能力的强弱通常采取选择在其母体结构如 DABCO、吡啶或磺酰胺接上电负性不同的取代基来加以调控[210]。

图式 2.97 不同反应活性的 NF 氟化试剂

以 Selectfluor（F-TEDA-BF$_4$）为例，NF 试剂对富电子双键、烯醇和烯醚底物的氟化反应见图式 2.98。不稳定的碳阴离子（如苯基格氏试剂）亲电氟化反应的产率通常比较低，这主要是因为存在竞争性的氧化副反应。

图式 2.98 各种底物与不同 NF 氟化试剂的反应[199b,211,212]

尽管芳香化合物的亲电氟化反应可以通过许多 NF 试剂进行（图式 2.99），但还存在一个主要问题，即反应缺少足够的选择性，由于异构体产物的沸点非常接近，因而难以分离纯化。因此，用 NF 试剂或元素氟来氟化芳环化合物仅有几个应用特例。对于大规模的工业生产，氟卤交换和 Balz-Schiemann 反应依然是首选。

硫醚与一当量 NF 试剂的反应经由含氟-Pummerer 重排生成了 α-氟代硫醚[215]（图式 2.100）。使用适当过量的氟化试剂，反应可以生成 α-氟代亚砜和 α-氟代砜[215]。苯硫基基团在氟化反应后可被除去，因此它在某些天然产物的氟化过程中可被用做选择性氟化的定位基团[217]。

图式 2.99 芳香化合物的亲电氟化反应[199b,206,213,214]

图式 2.100 利用 NF 试剂对硫醚的 α-氟代[215~217]

用 F-TEDA-BF$_4$ 也可以经亲电反应机理对脂肪烃直接进行选择性氟化[218]。根据不同的反应条件,可得到氟代烷烃或 Ritter 反应产物(即酰胺类化合物)(图式 2.101)。缩短反应时间有利于氟代烷的生成,而在乙腈中与 F-TEDA-BF$_4$ 长时间加热则有利于生成乙酰胺类化合物,特别是在有额外的路易斯酸催化剂如 BF$_3$·OEt$_2$ 存在情况下则更是如此[219]。

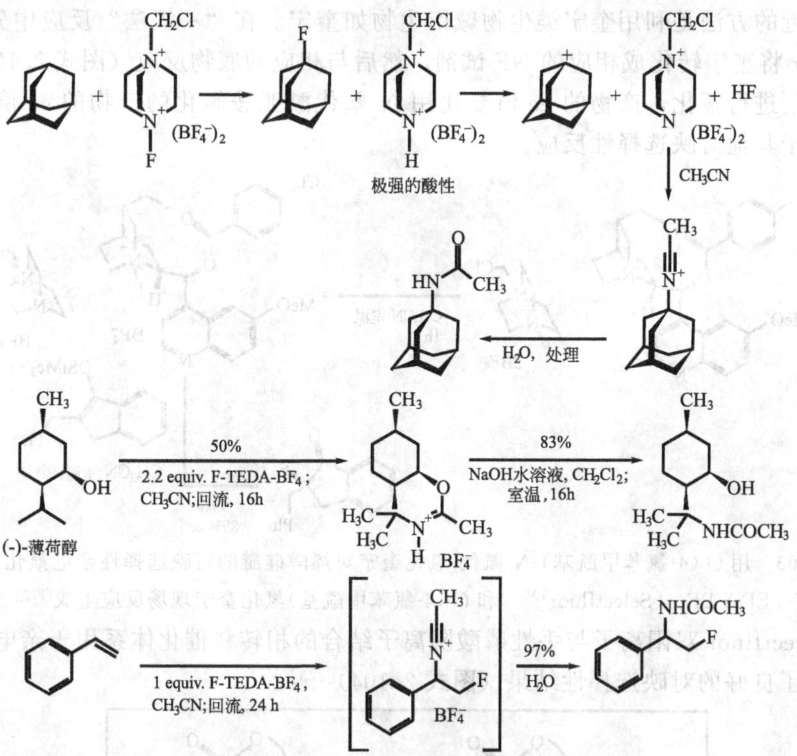

图式 2.101 乙腈中 NF 试剂的 Ritter 反应和对脂肪族化合物的氟化[218,219]

尽管用各种手性 NF 试剂能够对映选择性地得到亲电氟化反应产物[220]，但 ee 值都不高，远低于"真正的"亲电加成反应所期望的结果。其原因就在于亲电氟化反应的特殊机理：通常，首先发生电子转移产生一个短寿命的自由基中间体，而它在构型上不稳定并发生消旋化。

第一代手性 NF 试剂是 N-氟代内磺酰胺，它是由樟脑内磺酰胺或磺酰羧酸内酰亚胺衍生而来（图式 2.102）。

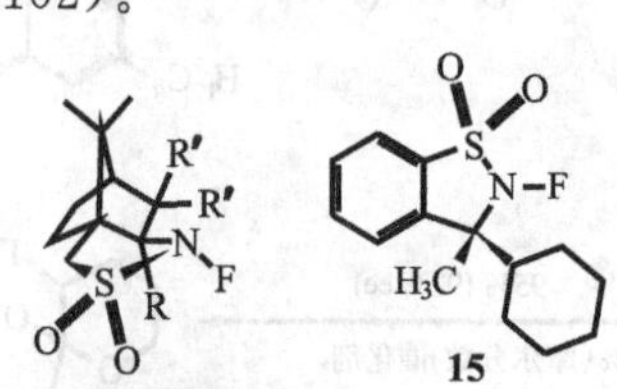

14a: R, R′ ═ H
14b: R ═ CH₃, R′ ═ H
14c: R ═ H, R′ ═ Cl
14d: R ═ H, R′ ═ OCH₃

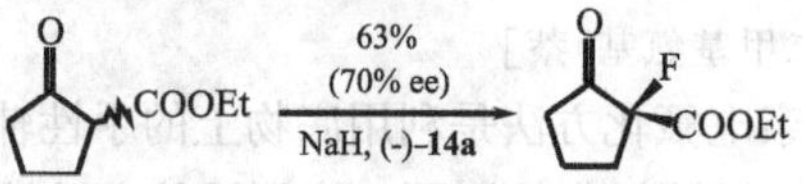

图式 2.102 第一代非荷电的手性亲电氟化试剂：N-氟代樟脑内磺酰胺（**14a-d**）[197a] 和 N-氟内磺酰胺（**15**）[221]

最近的方法是利用奎宁类生物碱衍生物如奎宁。在"一锅法"反应中先用 Selectfluor 将奎宁转化成相应的 NF 试剂, 然后与相应的底物反应 (图式 2.103)。用此类试剂进行氟化, 产物的 ee 值要比用 N-氟代酰亚胺氟化的产物的 ee 值高, 但仍然低于其他对映选择性反应。

图式 2.103 用 O-(4-氯苯甲酰基)-N-氟代-氢化奎宁对烯醇硅醚的对映选择性亲电氟化。该氟化试剂由 F-TEDA-BF$_4$ (Selectfluor™) 和 O-(4-氯苯甲酰基)氢化奎宁现场反应生成[222]

Selectfluor 双阳离子与手性磷酸阴离子结合的相转移催化体系用于亲电氟化反应取得了良好的对映选择性结果 (图式 2.104)[223]。

图式 2.104 使用手性的阴离子相转移催化剂进行的对映选择性的亲电氟化反应[33] [吸酸剂 (Proton Sponge) = 1,8-双(二甲基氨基)萘]

另一个对映选择性的亲电氟化方法是利用底物上的手性辅助基团, 这就把对映选择性氟化转化为一个非对映选择性氟化的问题。该领域的突破性工作始于 1992 年, 由 Davis 小组完成[224], 他们用 N-氟代邻苯二磺酰亚胺 (NFTh) 作为亲电氟化试剂, 对经

Evans 噁唑啉酮手性辅基[225]改造过的烯醇酰亚胺进行氟化（图式 2.105）。

图式 2.105 通过 Evans 噁唑啉酮作为手性辅基合成 α-氟羰基化合物。R_1＝H，Ph；R_2＝CH_3，iPr；R_3＝nBu，tBu，Bn，Ph[224,225]

在亲电氟化过程中，利用薄荷醇衍生物也是获得非对映选择性的一个较经济的方法[226]。根据亲核中心取代基大小，不仅可改变其氟化反应的立体选择性，甚至能够完全反转（见表 2.2）。

表 2.2 利用薄荷醇衍生物作为手性辅基[226]

R	A : B
Me	3.8 : 1
Et	1 : 2
Pr	1 : 2
CH_2Ph	1 : 1.6

在前列腺素的含氟类似物的合成过程中又发现另外一个非对映选择性亲电氟化的例子[227]。在此反应中，底物的凹形结构及其连接的大体积的四氢吡喃保护基团阻碍了氟化试剂从该分子的凹面进攻（图 2.7）。

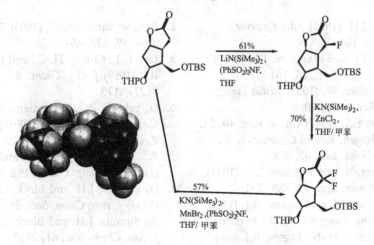

图 2.7 由邻近的手性中心决定氟化反应位点的非对映选择性[227]

一个最近的 β-酮酸酯对映选择性亲电氟化方法是基于底物与手性钛催化剂在中

性条件下配位而发生烯醇化[228]。手性的钛 TADDOL 配合物催化剂 （TADDOL：$\alpha,\alpha,\alpha',\alpha'$-四芳基-2,2-二甲基-1,3-二氧-4,5-二甲醇）[229,230]与 β-酮酯配位，使之烯醇化后顺利发生亲电氟化（图式 2.106）。前手性的烯醇化底物的一面被 TADDOL 配体中大体积的萘基所遮挡，阻碍了 F-TEDA 从该面亲电进攻。

图式 2.106 β-酮酸酯的不对称氟化反应，催化剂：手性钛 TADDOL 复合物。Np：1-萘基，R：Et，R'：2,4,6-三异丙基苄基[228]

有几篇综述文章概括了其他对映选择性亲电氟化的方法[231]。包括脯氨酸衍生物作为手性添加剂用于脂肪醛的氟化反应[232]以及手性钯络合物用于对映选择性的制备含氟吲哚酮化合物[233,234]。

参考文献

1. Tedder, J.M. (1961) *Adv. Fluorine Chem.*, **2**, 104.
2. Lagow, R.J. and Margrave, J.L. (1979) *Prog. Inorg. Chem.*, **26**, 161.
3. Bockemüller, W. (1933) *Justus Liebigs Ann. Chem.*, **506**, 20.
4. Bigelow, L.A. (1947) *Chem. Rev.*, **40**, 51.
5. Fredenhagen, K. and Cadenbach, G. (1934) *Chem. Ber.*, **67**, 928.
6. Fukuhara, N. and Bigelow, L.A. (1941) *J. Am. Chem. Soc.*, **63**, 788–791.
7. (a) Margrave, J. and Lagow, R.J. (1970) *Chem. Eng. News*, **63**, 40; (b) Persico, D.F., Huang, H.-N., Lagow, R.J., and Clark, L.C. (1985) *J. Org. Chem.*, **50**, 5156.
8. Review: Sandford, G. (2003) *Tetrahedron*, **59**, 437–454.
9. Lin, T.-J., Chang, H.-C., and Lagow, R.J. (1999) *J. Org. Chem.*, **64**, 8127–8129.
10. (a) Lebeau, P. and Damiens, A. (1926) *C. R. Acad. Sci.*, **182**, 1340; (b) Lebeau, P. and Damiens, A. (1930) *C. R. Acad. Sci.*, **191**, 939; (c) Ruff, O. and Keim, R. (1930) *Z. Anorg. Chem.*, **192**, 249.
11. (a) Simons, J.H. and Block, L.P. (1937) *J. Am. Chem. Soc.*, **59**, 1407; (b) Simons, J.H. and Block, L.P. (1939) *J. Am. Chem. Soc.*, **61**, 2962.
12. Stacey, M. and Tatlow, J.C. (1960) *Adv. Fluorine Chem.*, **1**, 166.

13. Burford, W.B., Fowler, R.D. III, Hamilton, J.M., Anderson, H.C., Jr., Weber, C.E., and Sweet, R.G. (1947) *Ind. Eng. Chem.*, **39**, 319–329.
14. (a) Chambers, R.D., Clark, D.T., Holmes, T.F., Musgrave, W.K.R, and Ritchie, I. (1974) *J. Chem. Soc., Perkin Trans. 1*, 114; (b) Burdon, J. (1987) *J. Fluorine Chem.*, **35**, 15; (c) Burdon, J. and Creasey, J.C., Proctor, L.D., Plevey, R.G., Yeoman, J.R.N (1991) *J. Chem. Soc., Perkin Trans. 2*, 445.
15. (a) Neretin, I.S., Lyssenko, K.A., Antipin, M.Y., Slovokhotov, Y.L., Boltalina, O.V., Troshin, P.A., Lukonin, A.Y., Sidorov, L.N., and Taylor, R. (2000) *Angew. Chem. Int. Ed.*, **39**, 3273–3276; (b) Boltalina, O.V., Markov, V.Y., Taylor, R., and Waugh, M.P. (1996) *Chem. Commun.*, 2549.
16. Rozen, S. and Gal, C. (1987) *J. Org. Chem.*, **52**, 2769.
17. (a) Rozen, S., Brand, M. (1986) *J. Org. Chem.*, **51**, 3607–3611; (b) Barton, D.H., Lister-James, J., Hesse, R.H., and Pechet, M.M., Rozen, S. (1982) *J. Chem. Soc., Perkin Trans. 1*, 1105–1110.
18. Schuman, P.D., Tarrant, P., Warner, D.A., and Westmoreland, G. (1971) US Patent 3,954,758; *Chem. Abstr.*, **85**, (1976) 123964.
19. Chambers, R.D. and Hutchinson, J. (1998) *J. Fluorine Chem.*, **92**, 45–52.
20. Chambers, R.D. and Hutchinson, J. (1998) *J. Fluorine Chem.*, **92**, 229–232.
21. (a) Chambers, R.D., Skinner, C.J., Hutchinson, J., and Thomson, J. (1996) *J. Chem. Soc., Perkin Trans. 1*, 605; (b) Chambers, R.D., Greenhall, M.P., Hutchinson, J., Moillet, J.S., and Thomson, J. (1996) *Abstr. Am. Chem. Soc.*, **211**, O11-FLUO.
22. Chambers, R.D. and Spink, R.C.H. (1999) *J. Chem. Soc., Chem. Commun.*, 883–884.
23. Frisch, M.J., Trucks, G.W., Schlegel, H.B., Scuseria, G.E., Robb, M.A., Cheeseman, J.R., Zakrzewski, V.G., Montgomery, J.A., Stratmann, R.E., Jr.,, Burant, J.C., Dapprich, S., Millam, J.M., Daniels, A.D., Kudin, K.N., Strain, M.C., Farkas, O., Tomasi, J., Barone, V., Cossi, M., Cammi, R., Mennucci, B., Pomelli, C., Adamo, C., Clifford, S., Ochterski, J., Petersson, G.A., Ayala, P.Y., Cui, Q., Morokuma, K., Malick, D.K., Rabuck, A.D., Raghavachari, K., Foresman, J.B., Cioslowski, J., Ortiz, J.V., Stefanov, B.B., Liu, G., Liashenko, A., Piskorz, P., Komaromi, I., Gomperts, R., Martin, R.L., Fox, D.J., Keith, T., Al-Laham, M.A., Peng, C.Y., Nanayakkara, A., Gonzalez, C., Challacombe, M., Gill, P.M.W., Johnson, B., Chen, W., Wong, M.W., Andres, J.L., Gonzalez, C., Head-Gordon, M., Replogle, E.S., and Pople, J.A. (1998) Gaussian 98, Revision A.6, Gaussian, Inc., Pittsburgh, PA.
24. Fukaya, H. and Morokuma, K. (2003) *J. Org. Chem.*, **68**, 8170–8178.
25. Flükinger, P., Lüthi, H.P., Portmann, S., and Weber, J. (2002) MOLEKEL 4.2, Swiss Center for Scientific Computing, Manno.
26. (a) Simons, J.H. (1949) *J. Electrochem. Soc.*, **95**, 47; (b) Simons, J.H., Francis, H.T., and Hogg, J.A. (1949) *J. Electrochem. Soc.*, **95**, 53; (c) Simons, J.H. and Harland, W.J. (1949) *J. Electrochem. Soc.*, **95**, 55; (d) Simons, J.H., Pearlson, W.H., Brice, T.J., Wilson, W.A., and Dresdner, R.D. (1949) *J. Electrochem. Soc.*, **95**, 59; (e) Simons, J.H., Dresdner, R.D. (1949) *J. Electrochem. Soc.*, **95**, 64.
27. Pearlson, W.H. (1986) *J. Fluorine Chem.*, **29**, J. H. Simons Memorial Issue.
28. Sartori, P. and Ignatiev, N. (1998) *J. Fluorine Chem.*, **87**, 157–162, and references cited therein.
29. Bartlett, N., Chambers, R.D., Roche,

A. J., Spink, R. C. H., Chacon, L., and Whalen, J. M. (1996) *J. Chem. Soc., Chem Commun.*, 1049.
30. Schwetlick, K. (2001) *Organikum*, 21st edn, Wiley-VCH Verlag GmbH, Weinheim.
31. Pattison, F.L.M. and Norman, J.J. (1959) *J. Am. Chem. Soc.*, 79, 2311.
32. Huheey, J.E. (1988) *Anorganische Chemie*, Walter de Gruyter, Berlin, p. 72.
33. García Martínez, A., Osío Barcina, J., Rys, A.Z., and Subramanian, L.R. (1992) *Tetrahedron Lett.*, 33, 7787.
34. Middleton, W.J. (1974) US Patent 3,940,402; *Chem. Abstr.*, 85, 1976, 6388.
35. Kolomeitsev, A.A., Bissky, G., Kirsch, P., and Röschenthaler, G.-V. (2000) *J. Fluorine Chem.*, 103, 159–161.
36. (a) Issleib, K. and Lischewski, M. (1973) *Synth. Inorg. Met. Org. Chem.*, 3, 255–266; (b) Koidan, G.N., Marchenko, A.P., Kudryavtsev, A.A., and Pinchuk, A.M. (1982) *J. Gen. Chem. USSR*, 52, 1779–1787; (c) Marchenko, A.P., Koidan, G.N., Povolotskii, M.I., and Pinchuk, A.M. (1983) *J. Gen. Chem. USSR*, 53, 1364–1368.
37. Schwesinger, R., Link, R., Thiele, G., Rotter, H., Honert, D., Limbach, H.-H., and Männle, F. (1991) *Angew. Chem. Int. Ed. Engl.*, 30, 1372–1375.
38. Link, R. and Schwesinger, R. (1992) *Angew. Chem. Int. Ed. Engl.*, 31, 850.
39. Henrich, M., Marhold, A., Kolomeitsev, A.A., Kalinovich, N., and Röschenthaler, G.-V. (2003) *Tetrahedron Lett.*, 44, 5795–5798.
40. (a) Sun, H. and DiMagno, S.G. (2005) *J. Am. Chem. Soc.*, 127, 2050–2051; (b) Sun, H. and Dimagno, S.G. (2006) *Angew. Chem. Int. Ed.*, 45, 2720–2725.
41. Gordon, D.M. and Danishefsky, S.J. (1990) *Carbohydr. Res.*, 206, 361–366.
42. Christe, K.O., Dixon, D.A., McLemore, D., Wilson, W.W., Sheehy, J.A., and Boatz, J.A. (2000) *J. Fluorine Chem.*, 101, 151–153.
43. Maul, J.J., Ostrowski, P.J., Ublacker, G.A., Linclau, B., and Curran, D.P. (1999) *Top. Curr. Chem.*, 206, 79–105.
44. Legros, J., Crousse, B., Bonnet-Delpon, D., Begué, J.-P., and Maruta, M. (2002) *Tetrahedron*, 58, 4067–4070.
45. First synthesis of trifluoroacetic acid: (a) Swarts, F. (1926) *Bull. Soc. Chim. Belg.*, 35, 412; (b) Swarts, F. (1926) *Bull. Soc. Chim. Belg.*, 12, 679; (c) Swarts, F. (1927) *Bull. Soc. Chim. Belg.*, 13, 175.
46. (a) Midgley, T., Henne, A.L., and McNary, R.R. (1931) US Patent 1,833,847; *Chem. Abstr.*, 26, 1932, 9395; (b) Midgley, T., Henne, A.L., and McNary, R.R. (1933) US Patent 1,930,129; *Chem. Abstr.*, 28, 1934, 1142; (c) Midgley, T., Henne, A.L., and McNary, R.R. (1930) Patent GB 359,997; *Chem. Abstr.*, 27, 1933, 2340.
47. (a) Teichmann, M., Descotes, G., and Lafont, D. (1993) *Synthesis*, 889; (b) Goggin, K.D., Lambert, J.F., and Walinsky, S.W. (1994) *Synlett*, 162; (c) Miethchen, R., Hager, C., and Hein, M. (1997) *Synthesis*, 159.
48. Review: Yokoyama, M. (2000) *Carbohydr. Res.*, 327, 5–14.
49. Lindhorst, T.K. (2000) *Essentials of Carbohydrate Chemistry and Biochemistry*, Wiley-VCH Verlag GmbH, Weinheim.
50. Review: Toshima, K. (2000) *Carbohydr. Res.*, 327, 15–26.
51. Kunz, H. and Sanger, W. (1985) *Helv. Chim. Acta*, 68, 283.
52. Mukaiyama, T., Murai, Y., and Shoda, S. (1981) *Chem. Lett.*, 431.
53. Hashimoto, S., Hayashi, M., and Noyori, R. (1984) *Tetrahedron Lett.*, 25, 1379.
54. (a) Matsumoto, T., Maeta, H., Suzuki, K., and Tsuchihashi, G. (1988) *Tetrahedron Lett.*, 29, 3567; (b) Suzuki, K., Maeta, H., Matsumoto, T., and Tsuchihashi, G. (1988) *Tetrahedron Lett.*, 29, 3571.
55. Ramig, K. (2002) *Synthesis*, 2627–2631.
56. (a) Olah, G.A., Nojima, M., and Kerekes, I. (1973) *Synthesis*, 779–780; (b) Olah, G.A., Nojima, M., and

Kerekes, I. (1973) *Synthesis*, 780–783; (c) Olah, G.A., Welsh, J.T., Vankar, Y.D., Nojima, M., Kerekes, I., and Olah, J.A. (1979) *J. Org. Chem.*, **44**, 3872–3881.

57. Review: McClinton, M.A. (1995) *Aldrichim. Acta*, **28**, 31–35.
58. Olah, G.A., Li, X.-Y., Wang, Q., and Prakash, G.K.S. (1993) *Synthesis*, 693–699.
59. Franz, R. (1980) *J. Fluorine Chem.*, **15**, 423.
60. Cousseau, J. and Albert, P. (1986) *Bull. Soc. Chim. Fr.*, 910–915.
61. Bucsi, I., Török, B., Iza Marco, A., Rasul, G., Prakash, G.K.S., and Olah, G.A. (2002) *J. Am. Chem. Soc.*, **124**, 7728–7736.
62. (a) Kirsch, P. and Tarumi, K. (1998) *Angew. Chem. Int. Ed.*, **37**, 484–489; (b) Kirsch, P., Heckmeier, M., and Tarumi, K. (1999) *Liq. Cryst.*, **26**, 449–452.
63. (a) Chehidi, I., Chaabouni, M.M., and Baklouti, A. (1989) *Tetrahedron Lett.*, **30**, 3167; (b) Hedhli, A. and Baklouti, A. (1994) *J. Org. Chem.*, **59**, 3278.
64. Zupan, M. (1977) *J. Fluorine Chem.*, **9**, 177–185.
65. (a) Haufe, G., Alvernhe, G., Anker, D., Laurent, A., and Saluzzo, C. (1992) *J. Org. Chem.*, **57**, 714; (b) Haufe, G., Alvernhe, G., Anker, D., Laurent, A., and Saluzzo, C. (1988) *Tetrahedron Lett.*, **29**, 231.
66. (a) Sauzzo, C., Alvernhe, G., Anker, D., and Haufe, G. (1990) *Tetrahedron Lett.*, **31**, 663; (b) Saluzzo, C., Alvernhe, G., Anker, D., and Haufe, G. (1990) *Tetrahedron Lett.*, **31**, 2127.
67. York, C., Prakash, G.K.S., and Olah, G.A. (1994) *J. Org. Chem.*, **59**, 6493–6494.
68. (a) Giudicelli, M.B., Picq, D., and Veyron, B. (1990) *Tetrahedron Lett.*, **31**, 6527; (b) Umezawa, J., Takahashi, O., Furuhashi, K., and Nohira, H. (1993) *Tetrahedron: Asymmetry*, **4**, 2053; (c) Sattler, A. and Haufe, G. (1994) *J. Fluorine Chem.*, **69**, 185, and references cited therein.
69. Sulser, U., Widmer, J., and Goeth, H. (1977) *Helv. Chim. Acta*, **60**, 1676.
70. (a) Bonini, C. and Righi, G. (1994) *Synthesis*, 225; (b) Skupin, R. and Haufe, G. (1998) *J. Fluorine Chem.*, **92**, 157–165.
71. Bruns, S. and Haufe, G. (2000) *J. Fluorine Chem.*, **104**, 247–254.
72. Review: Brooke, G.M. (1997) *J. Fluorine Chem.*, **86**, 1–76.
73. Hewitt, C.D. and Silvester, M.J. (1988) *Aldrichim. Acta*, **21**, 3.
74. Banks, R.E., Smart, B.E., and Tatlow, J.C. (1994) *Organofluorine Chemistry: Principles and Commercial Applications*, Plenum, New York.
75. (a) Coe, P.L., Patrick, C.R., and Tatlow, J.C. (1960) *Tetrahedron*, **9**, 240; (b) Gething, B., Patrick, C.R., and Tatlow, J.C. (1961) *J. Chem. Soc.*, 1574; (c) Gething, B., Patrick, C.R., and Tatlow, J.C. (1962) *J. Chem. Soc.*, 186; (d) Letchford, B.R., Patrick, C.R., and Tatlow, J.C. (1964) *Tetrahedron*, **20**, 1381; (e) Harrison, D., Stacey, M., Stephens, R., Tatlow, J.C. (1963) *Tetrahedron*, **19**, 1893.
76. (a) Gething, B., Patrick, C.R., Tatlow, J.C., Banks, R.E., Barbour, A.K., and Tipping, A.E. (1959) *Nature*, **183**, 586; (b) Barbour, A.B. (1969) *Chem. Ber.*, **5**, 260.
77. Burdeniuk, J., Siegbahn, P.E.M., and Crabtree, R.H. (1998) *New J. Chem.*, 503.
78. (a) Beck, C.M., Park, Y.J., Crabtree, R.H. (1998) *Chem. Commun.*, 693; (b) Sung, K. and Lagow, R.J. (1998) *J. Chem. Soc., Perkin Trans. 1*, 637; (c) Kipplinger, J.L. and Richmond, T.G. (1996) *J. Am. Chem. Soc.*, **118**, 1805; (d) Burdeniuk, J. and Crabtree, R.H. (1996) *J. Am. Chem. Soc.*, **118**, 2525; (e) Burdeniuk, J., Crabtree, R.H. (1998)

Organometallics, **17**, 1582.
79. Balz, G. and Schiemann, G. (1927) *Chem. Ber.*, **60**, 1186.
80. Krackow, M. (1989) EP Patent 330,420; *Chem. Abstr.*, 112, 1990, 35424.
81. Yoneda, N. and Fukuhara, T. (1996) *Tetrahedron*, **52**, 23–36.
82. (a) Christe, K.O. and Pavlath, A.E. (1965) *J. Org. Chem.*, **30**, 3170; (b) Christe, K.O. and Pavlath, A.E. (1965) *J. Org. Chem.*, **30**, 4104; (c) Christe, K.O. and Pavlath, A.E. (1966) *J. Org. Chem.*, **31**, 559.
83. (a) Subramanian, M.A. and Manzer, L.E. (2002) *Science*, **297**, 1665; (b) Subramanian, M.A. (2000) US Patent 6,166,273; *Chem. Abstr.*, **134**, 2000, 41972.
84. Reviews: (a) Furuya, T., Kamlet, A.S., and Ritter, T. (2011) *Nature*, **473**, 470–477; (b) Hollingworth, C. and Gouverneur, V. (2012) *Chem. Commun.*, **48**, 2929–2942.
85. Patterson, J.C. and Mosley, M.L. (2005) *Mol. Imaging Biol.*, **7**, 197–200.
86. (a) Anbarasan, P., Neumann, H., and Beller, M. (2010) *Angew. Chem. Int. Ed.*, **49**, 2219–2222; (b) Yamada, S., Gavryushin, A., Knochel, P. (2010) *Angew. Chem. Int. Ed.*, **49**, 2215–2218.
87. Tang, P., Furuya, T., and Ritter, T. (2010) *J. Am. Chem. Soc.*, **132**, 12150–12154.
88. Furuya, T. and Ritter, T. (2009) *Org. Lett.*, **11**, 2860–2863.
89. Fier, P.S. and Hartwig, J.F. (2012) *J. Am. Chem. Soc.*, **134**, 10795–10798.
90. Grushin, V.V. (2002) *Chem. Eur. J.*, **8**, 1006–1014.
91. (a) Hull, K.L., Anani, W.Q., and Sanford, M.S. (2006) *J. Am. Chem. Soc.*, **128**, 7134–7135; (b) Furuya, T. and Ritter, T. (2008) *J. Am. Chem. Soc.*, **130**, 10060–10061.
92. Fors, B.P., Davis, N.R., and Buchwald, S.L. (2009) *J. Am. Chem. Soc.*, **131**, 5766–5768.
93. Lee, E., Kamlet, A.S., Powers, D.C., Neumann, C.N., Boursalian, G.B., Furuya, T., Choi, D.C., Hooker, J.M., and Ritter, T. (2011) *Science*, **334**, 639–642.
94. (a) Clark, J.H., Wails, D., and Bastock, T.W. 1996 *Aromatic Fluorination*, CRC Press, Boca Raton, FL; (b) Adams, D.J. and Clark, J.H. (1999) *Chem. Soc. Rev.*, **28**, 225–231; (c) Sasson, Y., Negussie, S., Royz, M., and Mushkin, N. (1996) *J. Chem. Soc., Chem. Commun.*, 297–298; (d) Christe, K.O., Wilson, W.W., Wilson, R.D., Bau, R., and Feng, J. (1990) *J. Am. Chem. Soc.*, **112**, 7619–7625.
95. Fuller, G. (1965) *J. Chem. Soc.*, 6264–6267.
96. Prescott, W. (1978) *Chem. Ind. (London)*, 56.
97. Farnham, W.B., Smart, B.E., Middleton, W.J., Calabrese, J.C., Dixon, D.A. (1985) *J. Am. Chem. Soc.*, **107**, 4565–4567, and references cited therein.
98. Paprott, G., Lehmann, S., and Seppelt, K. (1988) *Chem. Ber.*, **121**, 727–734.
99. (a) Camaggi, G., Gozzo, F., Cevidalli, G. (1966) *J. Chem. Soc., Chem. Commun.*, 313; (b) Haller, I. (1966) *J. Am. Chem. Soc.*, **88**, 2070; (c) Camaggi, G., Gozzo, F. (1969) *J. Chem. Soc. C*, 489; (d) Review on hexafluorobenzene photochemistry: Lemal, D.M. (2001) *Acc. Chem. Res.*, **34**, 662–671.
100. Banks, R.E., Barlow, M.G., Deem, W.R., Haszeldine, R.N., and Taylor, D.R. (1966) *J. Chem. Soc. C*, 981–984.
101. Filyakova, T.I., Zapevalov, A.Y., Kodess, M.I., Kurykin, M.A., and German, L.S. (1994) *Russ. Chem. Bull.*, **43**, 1526–1531.
102. Papprot, G. and Seppelt, K. (1984) *J. Am. Chem. Soc.*, **106**, 4060.
103. Laganis, E.D. and Lemal, D.M. (1980) *J. Am. Chem. Soc.*, **102**, 6633.
104. MacNicol, D.D., Mallinson, P.R.,

Murphy, A., and Sym, G.J. (1982) *Tetrahedron Lett.*, **40**, 4131–4134.
105. Weiss, R., Pomrehn, B., Hampel, F., and Bauer, W. (1995) *Angew. Chem. Int. Ed. Engl. Engl.*, **34**, 1319–1321.
106. Chambers, R.D., Seabury, M.J., Williams, D.L.H., and Hughes, N. (1988) *J. Chem. Soc., Perkin Trans. 1*, 251–254.
107. Platonov, E.V., Haas, A., Schelvis, M., Lieb, M., Dvornikova, K.V., and Osina, O.I. (2002) *J. Fluorine Chem.*, **116**, 3–8, and references cited therein.
108. Kobayashi, H., Sonoda, T., Takuma, K., Honda, N., and Nakata, T. (1985) *J. Fluorine Chem.*, **27**, 1–22.
109. Kirsch, A. (1993) Tetrakis-, Hexakis- und Oktakis(dialkylamino)naphthaline als Elektron-Donor-Verbindungen: Synthese und Eigenschaften PhD thesis, University of Heidelberg.
110. (a) Chambers, R.D., Hall, C.W., Hutchinson, J., and Millar, R.W. (1998) *J. Chem. Soc., Perkin Trans. 1*, 1705–1713; (b) Chambers, R.D., Hassan, M.A., Hoskin, P.R., Kenwright, A., Richmond, P., and Sandford, G. (2001) *J. Fluorine Chem.*, **111**, 135–146; (c) Revesz, L., Di Padova, F.E., Buhl, T., Feifel, R., Gram, H., Hiestand, P., Manning, U., Wolf, R., and Zimmerlin, A.G. (2002) *Bioorg. Med. Chem. Lett.*, **12**, 2109–2112.
111. Robertson, D.W., Krushinski, J.H., Fuller, R.W., and Leander, J.D. (1988) *J. Med. Chem.*, **7**, 1412–1417.
112. Braun, T., Foxon, S.P., Perutz, R.N., and Walton, P.H. (1999) *Angew. Chem. Int. Ed.*, **38**, 3326–3329.
113. Böhm, V.P.W., Gstöttmayr, C.W.K., Weskamp, T., and Herrmann, W.A. (2001) *Angew. Chem. Int. Ed.*, **40**, 3387–3389.
114. (a) Tamao, K., Sumitani, K., and Kumada, M. (1972) *J. Am. Chem. Soc.*, **94**, 4374–4376; (b) Corriu, R.J.P and Masse, J.P. (1972) *J. Chem. Soc., Chem. Commun.*, 144.
115. Schaub, T., Backes, M., and Radius, U. (2006) *J. Am. Chem. Soc.*, **128**, 15964–15965.
116. Amsharov, K.Y. and Merz, P. (2012) *J. Org. Chem.*, **77**, 5445–5448.
117. Allemann, O., Duttwyler, S., Romanato, P., Baldridge, K.K., and Siegel, J.S. (2011) *Science*, **332**, 574–577.
118. (a) Lochmann, L., Pospíšil, J., and Lím, D. (1966) *Tetrahedron Lett.*, **7**, 257–262; (b) Mongin, F., Maggi, R., and Schlosser, M. (1996) *Chimia*, **50**, 650–652; (c) Schlosser, M. (1988) *Pure Appl. Chem.*, **60**, 1627.
119. van Eikema Hommes, N.J.R. and Schleyer, P.v.R. (1992) *Angew. Chem. Int. Ed. Engl.*, **31**, 755.
120. (a) Pauluth, D. and Haas, H. (1992) DE Patent 4,219,281; *Chem. Abstr.*, **120**, 1994, 269832; (b) Snieckus, V. (1994) *Pure Appl. Chem.*, **66**, 2155–2158.
121. Snieckus, V. (1990) *Chem. Rev.*, **90**, 879–933, and references cited therein.
122. Coe, P.L., Waring, A.J., and Yarwood, T.D. (1995) *J. Chem. Soc., Perkin Trans.*, **1**, 2729–2737.
123. Wittig, G. and Pohmer, L. (1956) *Chem. Ber.*, **89**, 1334.
124. (a) Yudin, A.K., Martyn, L.J.P, Pandiaraju, S., Zheng, J., and Lough, A. (2000) *Org. Lett.*, **2**, 41–44; (b) Martyn, L.J.P, Pandiaraju, S., and Yudin, A.K. (2000) *J. Organomet. Chem.*, **603**, 98–104.
125. Schlosser, M. and Castagnetti, E. (2001) *Eur. J. Org. Chem.*, 3991–3997.
126. (a) Schlosser, M. (2001) *Eur. J. Org. Chem.*, 3975–3984; (b) Schlosser, M. (2005) *Angew. Chem. Int. Ed.*, **44**, 376–393.
127. Gschwend, H.W. and Rodriguez, H.R. (1979) *Org. React.*, **26**, 1.
128. Kirsch, P., Reiffenrath, V., and Bremer, M. (1999) *Synlett*, 389–396.
129. Banks, R.E. and Tatlow, J.C. (1986) in *Fluorine: The First Hundred Years (1886–1986)* (eds R.E. Banks, D.W.A.

130. (a) Dumas, J. and Péligot, E. (1835) *Ann. Pharm.*, **15**, 246; (b) Dumas, J. and Péligot, E. (1836) *Ann. Chim. Phys.*, **61**, 193.
131. (a) Frémy, E. (1854) *Justus Liebigs Ann. Chem.*, **92**, 246; (b) Frémy, E. (1856) *Ann. Chim. Phys.*, **47**, 5.
132. Marson, C.M. and Melling, R.C. (1998) *Chem. Commun.*, 1223–1224.
133. Szarek, W.A., Hay, G.W., and Doboszewski, B. (1985) *J. Chem. Soc., Chem. Commun.*, 663–664.
134. Yarovenko, N.N., Raksha, M.A., Shemanina, V.N., and Vasileva, A.S. (1957) *J. Gen. Chem. USSR*, **27**, 2246.
135. Takaoka, A., Iwakiri, H., and Ishikawa, N. (1979) *Bull. Chem. Soc. Jpn.*, **52**, 3377–3380.
136. Muneyama, F., Frisque-Hesbain, A.-M., Devos, A., and Ghosez, L. (1989) *Tetrahedron Lett.*, **30**, 3077–3080.
137. Ernst, B. and Winkler, T. (1989) *Tetrahedron Lett.*, **30**, 3081.
138. Hayashi, H., Sonoda, H., Fukumura, K., and Nagata, T. (2002) *Chem. Commun.*, 1618–1619.
139. Reviews: (a) Wang, C.-L. J. (1985) *Org. React.*, **34**, 319–400; (b) Boswell, G.A. Pipka, W.C., Jr., Schribner, R.M., and Tullock, C.W. (1972) *Org. React.*, **21**, 1.
140. Nickson, T.E. (1991) *J. Fluorine Chem.*, **55**, 169–172.
141. Middleton, W.J. (1975) *J. Org. Chem.*, **40**, 574–578.
142. Lal, G.S., Pez, G.P., Pesaresi, R.J., Prozonic, F.M., and Cheng, H. (1999) *J. Org. Chem.*, **64**, 7048–7054.
143. Su, T.-L., Klein, R.S., and Fox, J.J. (1982) *J. Org. Chem.*, **47**, 1506–1509.
144. Hann, G.L. and Sampson, P. (1989) *J. Chem. Soc., Chem. Commun.*, 1650–1651.
145. (a) Beaulieu, F., Beauregard, L.-P., Courchesne, G., Couturier, M., LaFlamme, F., and L'Heureux, A. (2009) *Org. Lett.*, **11**, 5050–5053; (b) L'Heureux, A., Beaulieux, F., Bennett, C., Bill, D.R., Clayton, S., LaFlamme, F., Mirmehrabi, M., Tadayon, S., Tovell, D., and Couturier, M. (2010) *J. Org. Chem.*, **75**, 3401–3410.
146. Umemoto, T., Singh, R.P., Xu, Y., and Saito, N. (2010) *J. Am. Chem. Soc.*, **132**, 18199–18205.
147. Parish, E.J. and Schroepfer, G.J., Jr., (1980) *J. Org. Chem.*, **45**, 4034.
148. Ambles, A. and Jacquesy, R. (1976) *Tetrahedron Lett.*, **17**, 1083.
149. Hayashi, M., Hashimoto, S., and Noyori, R. (1984) *Chem. Lett.*, 1747.
150. Palme, M. and Vasella, A. (1995) *Helv. Chim. Acta*, **78**, 959.
151. Additional methods are reviewed in: Tozer, M.J. and Herpin, T.F. (1996) *Tetrahedron*, **52**, 8619–8683.
152. Alekseeva, L.A., Belous, V.M., and Yagupolskii, L.M. (1974) *J. Org. Chem. USSR*, **10**, 1063–1068.
153. Kunshenko, B.V., Alekseeva, L.A., and Yagupolskii, L.M. (1974) *J. Org. Chem. USSR*, **10**, 1715.
154. Dmowski, W. (1986) *J. Fluorine Chem.*, **32**, 255–282.
155. Kollonitsch, J., Marburg, S., and Perkins, L.M. (1976) *J. Org. Chem.*, **41**, 3107–3111.
156. Sondej, S.C. and Katzenellenbogen, J.A. (1986) *J. Org. Chem.*, **51**, 3508–3513.
157. Prakash, G.K.S., Hoole, D., Reddy, V.P., and Olah, G.A. (1993) *Synlett*, 691–693.
158. Kuroboshi, M. and Hiyama, T. (1994) *J. Fluorine Chem.*, **69**, 127–128.
159. Chambers, R.D., Sandford, G., Sparrowhawk, M.E., and Atherton, M.J. (1996) *J. Chem. Soc., Perkin Trans. 1*, 1941–1944.
160. York, C., Prakash, G.K.S., and Olah, G.A. (1996) *Tetrahedron*, **52**, 9–14.
161. (a) Kirsch, P., Bremer, M., Taugerbeck, A., and Wallmichrath, T. (2001) *Angew.*

Chem. Int. Ed., **40**, 1480–1484; (b) Kirsch, P. and Taugerbeck, A. (2002) *Eur. J. Org. Chem.*, 3923–3926.

162. Review: Shimizu, M. and Hiyama, T. (2005) *Angew. Chem. Int. Ed.*, **44**, 214–231.

163. Eremenko, L.T., Oreshko, G.V., and Fadeev, M.A. (1989) *Bull. Acad. Sci. USSR Div. Chem. Sci.*, **38**, 101–104.

164. (a) Yoneda, N. and Fukuhara, T. (2001) *Chem. Lett.*, 222–223; (b) Ayuba, S., Yoneda, N., Fukuhara, T., and Hara, S. (2002) *Bull. Chem. Soc. Jpn.*, **75**, 1597–1603.

165. (a) Rozen, S. and Mishani, E. (1993) *J. Chem. Soc., Chem. Commun.*, 1761–1762; (b) Sasson, R., Hagooly, A., and Rozen, S. (2003) *Org. Lett.*, **5**, 769–771.

166. Caddick, C., Gazzard, L., Motherwell, W.B., and Wilkinson, J.A. (1996) *Tetrahedron*, **52**, 149–156.

167. Reddy, V.P., Alleti, R., Perambuduru, M.K., Welz-Biermann, U., Buchholz, H., and Prakash, G.K.S. (2005) *Chem. Commun.*, 654–656.

168. Laurent, E., Marquet, B., Roze, C., and Ventalon, F. (1998) *J. Fluorine Chem.*, **87**, 215–220.

169. Ishii, H., Yamada, N., and Fuchigami, T. (2001) *Tetrahedron*, **57**, 9067–9072.

170. Trost, B.M. (1991) *Science*, **254**, 1471–1477.

171. Kuroboshi, M. and Hiyama, T. (1992) *Chem. Lett.*, 827–830.

172. Kuroboshi, M., Suzuki, K., and Hiyama, T. (1992) *Tetrahedron Lett.*, **29**, 4173–4176.

173. Ito, Y., Kanie, O., and Ogawa, T. (1996) *Angew. Chem. Int. Ed. Engl.*, **35**, 2510–2512.

174. (a) Pearson, R.G. (1963) *J. Am. Chem. Soc.*, **85**, 3533–3539; (b) Pearson, R.G. and Songstad, J. (1967) *J. Am. Chem. Soc.*, **89**, 1827–1836.

175. Seeberger, P.H. (2003) *Chem. Commun.*, 1115–1121, and references cited therein.

176. Döbele, M., Wiehn, M.S., and Bräse, S. (2011) *Angew. Chem. Int. Ed.*, **50**, 11533–11535.

177. Hird, M., Toyne, K.J., Slaney, A.J., Goodby, J.W., and Gray, G.W. (1993) *J. Chem. Soc., Perkin Trans. 2*, 2337–2349.

178. (a) Kuroboshi, M., Kanie, K., and Hiyama, T. (2001) *Adv. Synth. Catal.*, **343**, 235–250; (b) Kanie, K., Tanaka, Y., Suzuki, K., Kuroboshi, M., and Hiyama, T. (2000) *Bull. Chem. Soc. Jpn.*, **73**, 471–484; (c) Kanie, K., Takehara, S., and Hiyama, T. (2000) *Bull. Chem. Soc. Jpn.*, **73**, 1875–1892.

179. Sevenard, D.V., Kirsch, P., Lork, E., and Röschenthaler, G.-V. (2003) *Tetrahedron Lett.*, **44**, 5995–5998.

180. (a) Okuyama, T. (1982) *Tetrahedron Lett.*, **23**, 2665–2666; (b) Stahl, I. (1985) *Chem. Ber.*, **118**, 1798–1808; (c) Klaveness, J. and Undheim, K. (1983) *Acta Chem. Scand., Ser. B*, **37**, 687–691; (d) Klaveness, J., Rise, F., and Undheim, K. (1986) *Acta Chem. Scand., Ser. B*, **40**, 373–380.

181. Mayr, H., Henninger, J., and Siegmund, T. (1996) *Res. Chem. Intermed.*, **22**, 821–838.

182. (a) Schaffrath, C., Cobb, S.L., and O'Hagan, D. (2002) *Angew. Chem. Int. Ed.*, **41**, 3913–3915; (b) Zhu, X., Robinson, D.A., McEwan, A.R., O'Hagan, D. (2007) *J. Am. Chem. Soc.*, **129**, 14597–14604.

183. Fried, J. and Subo, E.F. (1954) *J. Am. Chem. Soc.*, **76**, 1455.

184. Reviews: (a) Tius, M.A. (1995) *Tetrahedron*, **51**, 6605–6634; (b) Bardin, V.V., Yagupolskii, Y.L., (1989) in *New Fluorinating Agents in Organic Synthesis*, (eds L. German, S. Zemskov) Springer, Berlin.

185. Filler, R. (1978) *Isr. J. Chem.*, **17**, 71.

186. Eisenberg, M. and DesMarteau, D.D. (1970) *Inorg. Nucl. Chem. Lett.*, **6**,

29–34.
187. Tamura, M., Takagi, T., Quan, H., and Sekiya, A. (1999) *J. Fluorine Chem.*, **98**, 163–166.
188. Djerassi, C. (1963) *Steroid Reactions*, Holden Day, San Francisco, CA.
189. Sharts, C.M. and Sheppard, W.A. (1974) *Org. React.*, **21**, 125.
190. Rozen, S. (1996) *Chem. Rev.*, **96**, 1717–1736.
191. (a) Hebel, D., Lerman, O., and Rozen, S. (1985) *J. Fluorine Chem.*, **30**, 141; (b) Appelman, E.H., Mendelsohn, M.H., and Kim, H. (1985) *J. Am. Chem. Soc.*, **107**, 6515.
192. Rozen, S. and Menahem, Y. (1980) *J. Fluorine Chem.*, **16**, 19.
193. (a) Barton, D.H.R, Godhino, L.S., Hesse, R.H., and Pechet, M.M. (1968) *J. Chem. Soc., Chem. Commun.*, 804; (b) Barton, D.H.R, Danks, L.J., Ganguly, A.K., Hesse, R.H., Tarzia, G., and Pechet, M.M. (1969) *J. Chem. Soc., Chem. Commun.*, 227.
194. Fifolt, M.J., Olczak, R.T., and Mundhenke, R.F. (1985) *J. Org. Chem.*, **50**, 4576.
195. (a) Jewett, D.M., Potocki, J.F., and Ehrenkaufer, R.E. (1984) *Synth. Commun.*, **14**, 45; (b) Jewett, D.M., Potocki, J.F., and Ehrenkaufer, R.E. (1984) *J. Fluorine Chem.*, **24**, 477.
196. Dax, K., Glanzer, B.I., Schulz, G., and Vyplel, H. (1987) *Carbohydr. Res.*, **162**, 13.
197. (a) Differding, E. and Lang, R.W. (1988) *Tetrahedron Lett.*, **29**, 6087; (b) Banks, R.E. (1998) *J. Fluorine Chem.*, **87**, 1–17, and references cited therein.
198. (a) Davis, F.A. and Han, W. (1991) *Tetrahedron Lett.*, **32**, 1631; (b) Davis, F.A., Han, W., and Murphy, C.K. (1995) *J. Org. Chem.*, **60**, 4730.
199. (a) Umemoto, T., Kawada, K., and Tomita, K. (1986) *Tetrahedron Lett.*, **27**, 4465–4468; (b) Umemoto, T., Fukami, S., Tomizawa, G., Harasawa, K., Kawada, K., and Tomita, K. (1990) *J. Am. Chem. Soc.*, **112**, 8563–8575.
200. Banks, R.E. and Williamson, G.E. (1964) *Chem. Ind. (London)*, 1864.
201. Olah, G.A., Hartz, N., Rasul, G., Wang, Q., Prakash, G.K.S., Casanova, J., and Christe, K.O. (1994) *J. Am. Chem. Soc.*, **116**, 5671–5673.
202. Reviews: (a) Lal, S.G., Pez, G.P., and Syvret, R.G. (1996) *Chem. Rev.*, **96**, 1737; (b) Taylor, S.D., Kotoris, C.C., and Hum, G., *Tetrahedron* 1999, **55**, 12431–12477; (c) Nyffeler, P.T., Durón, S.G., Burkart, M.D., Vincent, S.P., and Wong, C.-H. (2004) *Angew. Chem. Int. Ed.*, **44**, 192–212.
203. (a) Differding, E. and Rüegg, G.M. (1991) *Tetrahedron Lett.*, **31**, 3815–3818, and references cited therein; (b) Christe, K.O. (1984) *J. Fluorine Chem.*, **25**, 269–273; (c) Cartwright, M.M. and Wolf, A.A. (1984) *J. Fluorine Chem.*, **25**, 263–267.
204. (a) Differding, E. and Bersier, P.M. (1992) *Tetrahedron*, **48**, 1595–1604; (b) Gilicinski, A.G., Pez, G.P., Syvret, R.G., and Lal, G.S. (1992) *J. Fluorine Chem.*, **59**, 157–162.
205. Piana, S., Devillers, I., Togni, A., and Rothlisberger, U. (2002) *Angew. Chem. Int. Ed*, **41**, 979–982.
206. Umemoto, T. and Tomizawa, G. (1995) *J. Org. Chem.*, **60**, 6563.
207. Umemoto, T., Nagayoshi, M., Adachi, K., and Tomizawa, G. (1998) *J. Org. Chem.*, **63**, 3379.
208. Umemoto, T. and Nagayoshi, M. (1996) *Bull. Chem. Soc. Jpn.*, **69**, 2287.
209. Stavber, S., Zupan, M., Poss, A.J., and Shia, G.A. (1995) *Tetrahedron Lett.*, **36**, 6769.
210. Resnati, G. and DesMarteau, D.D. (1991) *J. Org. Chem.*, **56**, 4925–4929.
211. Umemoto, T., Tomita, K., and Kawada, K. (1990) *Org. Synth.*, **69**, 129–143.
212. Taniguchi, N. and Tanaka, A. (1969) JP Patent 08231512; *Chem. Abstr.*, **125**, 1996, 328526.

213. Chung, Y., Duerr, B.F., McKelvey, T.A., Nanjappan, P., and Czarnik, A.W. (1989) *J. Org. Chem.*, **54**, 1018–1032.
214. Sato, T. (1989) JP Patent 01277236; *Chem. Abstr.*, **113**, 1990, 49688.
215. Umemoto, T. and Tomizawa, G. (1990) *Bull. Chem. Soc. Jpn.*, **59**, 3625.
216. Lal, G.S. (1993) *J. Org. Chem.*, **58**, 2791.
217. Lal, G.S. (1995) *Synth. Commun.*, **25**, 725.
218. Chambers, R.D., Kenwright, A.M., Parsons, M., Sandford, G., and Moilliet, J.S. (2002) *J. Chem. Soc., Perkin Trans. 1*, 2190–2197.
219. Banks, R.E., Lawrence, N.J., Besheesh M.K., Popplewell, A.L., and Pritchard, R.G. (1996) *J. Chem. Soc., Chem. Commun.*, 1629.
220. Reviews: (a) Davis, F.A., Qi, H., and Sundarababu, G. 1999 Asymmetric fluorination, in *Enantiocontrolled Synthesis of Fluoro-Organic Compounds: Stereochallenges and Biomedical Targets*, (ed. V.A. Soloshonok) John Wiley & Sons, Inc., New York, pp. 1–32; (b) Resnati, G. (1993) *Tetrahedron*, **49**, 9385.
221. (a) Takeuchi, Y., Suzuki, T., Satoh, A., and Shiragami, T., Shibata, N. (1999) *J. Org. Chem.*, **64**, 5708–5711; (b) Kakuda, H., Suzuki, T., Takeuchi, Y., and Shiro, M. (1997) *J. Chem. Soc., Chem. Commun.*, 85.
222. (a) Shibata, N., Suzuki, E., and Takeuchi, Y. (2000) *J. Am. Chem. Soc.*, **122**, 10728–10729; (b) for a similar approach: Cahard, D., Audouard, C., Plaquevent, J.-C., Toupet, L., and Roques, N. (2001) *Tetrahedron Lett.*, **42**, 1867–1869.
223. Rauniyar, V., Lackner, A.D., Hamilton, G.L., and Toste, F.D. (2011) *Science*, **334**. 1681–1684.
224. (a) Davis, F.A. and Han, W. (1992) *Tetrahedron Lett.*, **33**, 1153; (b) Davis, F.A. and Qi, H. (1996) *Tetrahedron Lett.*, **37**, 4345; (c) Davis, F.A., Kasu, P.V.N, Sundarababu, G. and Qi, H. (1997) *J. Org. Chem.*, **62**, 7546; (d) Davis, F.A. and Kasu, P.V.N (1998) *Tetrahedron Lett.*, **39**, 6135.
225. Evans, D.A., Britton, T.C., Ellman, J.A., and Dorrow, R.L. (1990) *J. Am. Chem. Soc.*, **112**, 4011.
226. (a) Ihara, M., Kai, T., Taniguchi, N., and Fukumoto, K. (1990) *J. Chem. Soc., Perkin Trans. 1*, 2357; (b) Ihara, M., Taniguchi, N., Kai, T., Satoh, K., and Fukumoto, K. (1992) *J. Chem. Soc., Perkin Trans. 1*, 221.
227. Nakano, N., Makino, M., Morizawa, Y., and Matsumura, Y. (1996) *Angew. Chem. Int. Ed. Engl.*, **35**, 1019–1021.
228. Hintermann, L. and Togni, A. (2000) *Angew. Chem. Int. Ed.*, **39**, 4359–4362.
229. Review: Seebach, D., Beck, A.K., Heckel, A. (2001) *Angew. Chem. Int. Ed.*, **40**, 92–138.
230. Frantz, R., Hintermann, L., Perseghini, M., Broggini, D., and Togni, A. (2003) *Org. Lett.*, **5**, 1709–1712.
231. (a) Prakash, G.K.S and Beier, P. (2006) *Angew. Chem. Int. Ed.*, **45**, 2172–2174; (b) Pihko, P.M. (2006) *Angew. Chem. Int. Ed.*, **45**, 544–547; (c) Brunet, V.A., O'Hagan, D. (2008) *Angew. Chem. Int. Ed.*, **47**, 1179–1182.
232. (a) Marigo, M., Fielenbach, D., Braunton, A., Kjœrsgaard, A., and Jørgensen, K.A. (2005) *Angew. Chem. Int. Ed.*, **44**, 3703–3706; (b) Steiner, D.D., Mase, N., and Barbas, C.F., III, (2005) *Angew. Chem. Int. Ed.*, **44**, 3706–3710.
233. Hamashima, Y., Suzuki, T., Takano, H., Shimura, Y., and Sodeoka, M. (2005) *J. Am. Chem. Soc.*, **127**, 10164–10165.
234. (a) Gouverneur, V., (2009) *Science*, **325**, 1630–1631; (b) Watson, D.A., Su, M., Teverovskiy, G., Zhang, Y., García-Fortanet, J., Kinzel, T., and Buchwald, S.L. (2009) *Science*, **325**, 1661–1664.

3
全氟烷基化

3.1 自由基全氟烷基化

卤代烷可以和许多不同的亲核试剂发生亲电基化反应，然而全氟溴代烷和碘代烷却不会发生类似的亲电全氟烷基化反应（图 3.1）。例如全氟碘代烷与脂肪醇盐不会发生类似的亲电取代反应而生产期望的烷基全氟烷基醚（类似于 Williamson 醚合成法），而大多是还原了该碘化物而生成相应的氢氟碳烷[1]。相反，全氟碘代烷或溴代烷常被用做亲电的碘化或溴化试剂[2]。

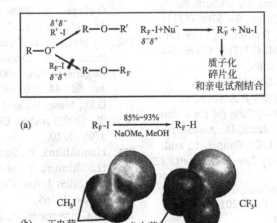

图 3.1 (a) 卤代烷和全氟卤代烷相反的亲电反应性能。(b) 碘甲烷和三氟碘甲烷的静电势能图。碘甲烷分子中各原子的部分电荷分别为 q_C：$-0.84e$，q_H：$+0.26e$，q_I：$+0.07e$，而在全氟碘甲烷中分别为 q_C：$+0.93e$，q_F：$-0.34e$，q_I：$+0.09e$ { [B3LYP/6-31G* (C, H, F)，LANL2DZ (I) //AM1（AM=有源矩阵）理论水平]}[3,4]

乍看起来，这个意外的反应是由于全氟烷基的吸电子诱导效应使分子中的部分电荷发生反转（与碘代烷相比）。然而在某些亲核试剂（例如：硫酚盐、共振稳定的碳阴离子或烯胺）存在时，全氟卤代烷的行为有时很奇怪，表面上看使人联想到亲电活性（图式 3.1）。这种活性强烈依赖于溶剂、光照或氧化还原体系如甲基紫精的存在。

$$O_2N\text{—}\bigcirc\text{—}SNa \xrightarrow[\text{室温,18h}]{F_7C_3I,DMF;} O_2N\text{—}\bigcirc\text{—}SC_3F_7 + O_2N\text{—}\bigcirc\text{—}SS\text{—}\bigcirc\text{—}NO_2$$
$$(60\%)$$

图式 3.1 一些可被氧化的亲核试剂对全氟卤代烷的反应活性表明了由单电子转移引发的反应机理（P. Kirsch 和 A. Hahn, 1998, 未发表的工作）

更进一步考察其优化的反应条件并分析反应副产物的谱图，表明上述反应很可能是一个链式反应，该反应涉及由电化学产生并再生全氟烷基自由基的过程[5]（图式 3.2）。与烷基自由基相反，全氟烷基自由基本质上是相当亲电性的。因此，全氟烷基自由基反应途径有时看起来像是模拟对全氟碘代烷或溴代烷的亲核取代反应。

$$R_F\text{-I} \xrightarrow{Nu^-\ Nu^{\bullet}} [R_F\text{-I}]^{-\bullet} \xrightarrow{I^-} R_F^{\bullet} \xrightarrow{Nu^-} [R_F\text{-Nu}]^{-\bullet} \xrightarrow{R_F\text{-I}} R_F\text{-Nu}$$

引发　　　　　　　　　增长

$$n\text{-}F_{13}C_6I + Na^+Me_2C\!=\!\!NO_2^- \xrightarrow[\text{室温,3h}]{89\%\ h\nu,DMF;} n\text{-}F_{13}C_6Me_2CNO_2 + NaI$$

图式 3.2 全氟卤代烷对可被氧化的亲核试剂（例如 Nu = [Me$_2$CNO$_2$]）的全氟烷基化反应的机理。反应表面上模拟亲电反应途径，对卤素原子进行亲核（S$_N$）取代[6]

3.1.1 全氟烷基自由基的结构、性质和反应活性

从热力学角度看，全氟烷基自由基比烷基自由基更不稳定。然而，在动力学上有几个因素可以显著地增强它的稳定性。

两种方式可以终止一个全氟烷基自由基：①二聚；②发生涉及 C—C 键断裂或非常稳定的 C—F 键断裂的自由基转移。由于 C—C 或 C—F 键的键能较高，第二种情况需要有较高的活化能。对于一个伯碳全氟烷基自由基，第一种情况是最普通的，也常用于一些合成反应中。对于仲碳以及叔碳全氟烷基自由基，特别是后者，由于其中心碳原子被氟原子所形成的保护层所屏蔽，有着很长的寿命。这影响了它们的二聚或通过自由基转移发生歧化。这类高度稳定的全氟烷基自由基中最著名例子就是 Scherer 自由基 **3** 和 **4**[7]（图 3.2）。其中自由基 **3** 在 100℃ 的半衰期是 1h，它发生 β-断裂生成两个烯烃异构体 **5** 和 **6** 以及一个 CF$_3$ 自由基。这一碎片化反应可以用来制备 CF$_3$ 自由基。如果全氟烯烃 **1** 或 **2** 与 **3** 共热，它们与现场生成的 CF$_3$ 反应生成更为稳定的自由基 **4**。它在室温和 1.3atm 压力下与 100% 的氟气混合长达 300h 以上也不反应。

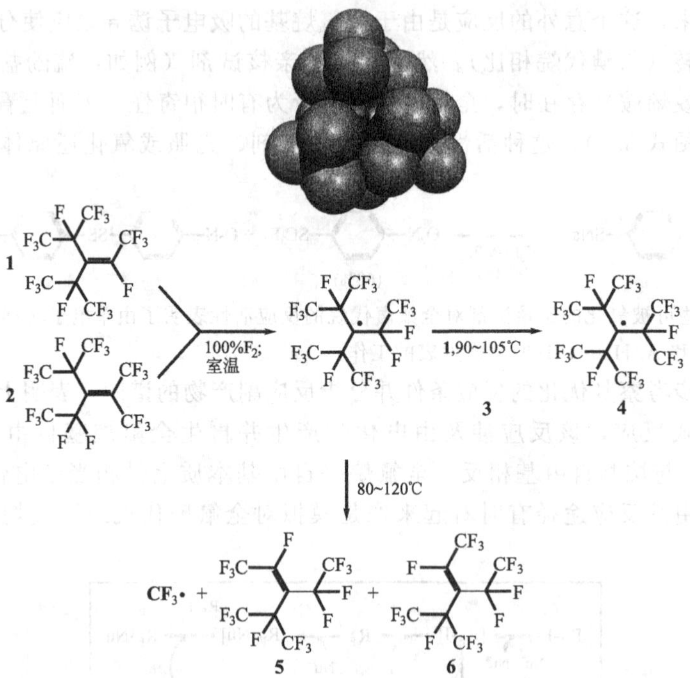

图 3.2 空间特别拥挤的高度长寿命 Scherer 全氟烷基自由基 3 和 4 的合成。上图顶端显示的是表明了自由基 3 的结构的 AM1 模型[7]

由于氟原子强的 σ-吸电子作用和 π-供电子作用决定了全氟烷基自由基的结构与活性，两种作用相互影响，关系复杂。甲基自由基是平面的，但含氟甲基自由基却是三角锥形的[8]，三角锥形程度及反转能垒随氟化程度的增加而增加[9]。计算得出 $CH_2F\cdot$，$CHF_2\cdot$ 和 $CF_3\cdot$ 的反转能垒分别约为 $1 kcal\cdot mol^{-1}$，$7 kcal\cdot mol^{-1}$ 和 $25 kcal\cdot mol^{-1}$[10]。

全氟烷基自由基的活性也可以通过"反向思维"来加以总结。作为一个基点，甲基自由基与三氟甲基自由基的绝对电负性（作为一个反应活性的度量）[11]并没有明显差别。但是烷基自由基的亲核性由伯至叔逐渐增加，而全氟烷基自由基却与之相反——它们是亲电性由伯至叔逐渐增加。

3.1.2 全氟烷基自由基在制备上的有用反应

全氟烷基自由基要在合成中有所应用，它们首先必须在生成时并不受反应体系中存在的其他官能团的影响。由于这些自由基本质上的亲电性，与它们反应的底物或是易极化的（即'软的'）σ电子体系（如硫酚盐、硒化物或膦化物），或是富电子的 π-体系（如烯烃或一些芳香化合物）。

全氟烷基自由基最方便的来源是全氟卤代烷，通过光化学或电化学过程可产生相应的自由基[12]。虽然电化学活化可通过对全氟碘代烷的氧化或还原来实现，但最普通的方法还是还原方法（图式 3.3）。还原法产生自由基也能在一些辅助自由基源（如硅烷，锡烷）存在下用光化学方法引发。

$$\text{光化学活化} \quad R_F\text{-I} \xrightarrow[\text{或} h\nu]{\Delta} R_F\cdot + I\cdot$$

$$\text{还原活化} \quad R_F\text{-I} \xrightarrow[I^-]{e^-} R_F\cdot \xrightarrow{H_2C=CH_2} R_FCH_2CH_2\cdot \xrightarrow{R_F\text{-I}} R_FCH_2CH_2I$$

$$\text{自由基引发剂活化} \quad In_{(s)} \xrightarrow{\Delta,60℃} In\cdot \xrightarrow{R_F\text{-I}} R_F\cdot$$

图式 3.3 全氟碘代烷的自由基链式反应的活化机理

其他一些产生全氟烷基自由基的方法包括全氟酰基过氧化物的热裂解或光化学的裂解[13]及全氟烷磺酰溴的光化学裂解反应[14]。由全氟酰氯与硫代吡啶酮-N-氧化物现场反应生成的Barton酯也已被用做全氟烷基自由基的方便来源[15]（图式3.4）。

$$R_FSO_2Br \xrightarrow{h\nu} R_FSO_2\cdot + Br\cdot \xrightarrow[-Br\cdot]{-SO_2} \boldsymbol{R_F\cdot}$$

$$(R_FCOO)_2 \xrightarrow{\Delta \text{或} h\nu} 2R_FCOO \xrightarrow{-2CO_2} \boldsymbol{2R_F\cdot}$$

图式 3.4 其他一些产生全氟烷基自由基的常用方法[13~15]。全氟双酰基过氧化物裂解的活化能约为24kcal·mol^{-1}，室温下其半衰期约5h

早在20世纪40年代，Emeleus和Haszeldine[16]就已发现全氟碘代烷不仅能在光照条件下产生全氟烷基自由基，而且还易与各种烯烃反应生成1∶1的加成产物和调聚产物[17]。此类自由基链式反应也可以通过加热引发（图式3.5）。全氟碘代烷和烯烃的加成反应是合成部分氟化的烷烃、聚合物、调聚物及它们的衍生物的一个非常重要的方法[18]。通过这种方法还可以合成一些全氟烷基取代的芳香化合物[19]。

$$CF_3I + CH_2=CH_2 \xrightarrow{250℃, 48h} CF_3CH_2CH_2I(75\%) + \text{高分子量调聚物}(25\%)$$

$$CF_3I + CH_2=CHCH_3 \xrightarrow[h\nu]{98\%} CF_3CH_2CHICH_3$$

$$n\text{-}F_7C_3I + CH_2=CHCOOEt \xrightarrow[h\nu,254nm,24h]{100\%} n\text{-}F_7C_3\text{-}CH_2CHICOOEt$$

$$CF_3I + nCF_2=CF_2 \xrightarrow{h\nu} CF_3(CF_2CF_2)_nI$$

图式 3.5

```
                    比例=10:1  94%(n=1), 4%(n=2)
                         5:1  81%(n=1)
                         1:1  16%(n=1),10%(n=2),5%(n=3),63%(n>3)
                        10:1  混合物n=10~20
```

$n\text{-}F_{15}C_7I +$ ⬡ $\xrightarrow[250℃,15h]{62\%}$ ⬡$-C_7F_{15}$

$CF_3I +$ ⬡ $\xrightarrow[hv,Hg,100h]{65\%}$ ⬡$-CF_3$

图式 3.5 光或热引发的全氟碘代烷或溴代烷与烯烃或芳烃的自由基加成反应[10]

受 Kharash 的 CCl_4 对烯烃的自由基加成研究工作的启发，同样的方法也应用于全氟卤代烷[12]。研究发现，在较低的温度以及自由基引发剂存在下，全氟卤代烷能够高度选择性地与烯烃发生加成反应[21]（图式 3.6）。

$n\text{-}F_{13}C_6I + CH_2\!=\!CHOAc \xrightarrow[\text{AIBN; 80℃,} \atop 1h]{91\%} n\text{-}F_{13}C_6\text{-}CH_2CHIOAc$

$n\text{-}F_{13}C_6I + CH_2\!=\!CHCH_2Ac \xrightarrow[\text{DBP; 89℃,} \atop 1h]{94\%} n\text{-}F_{13}C_6\text{-}CH_2CHICH_2Ac$

$n\text{-}F_7C_3I +$ ⬡ $\xrightarrow[\text{AIBN; 68℃,} \atop 21h]{80\%}$ ⬡(I)(C_3F_7) 顺式:反式=1:1

图式 3.6 全氟碘代烷与各种不同烯烃的自由基加成反应[10]

全氟碘代烷在还原条件下对烯烃的自由基加成是一个全氟烷基化的好方法，具有很多优点，特别适合于实验室合成工作（图式 3.7）。许多还原剂都可被用于引发此反应，包括一些金属参与的非均相的反应和一些低价金属盐或连二亚硫酸盐[22]引发的均相反应[10]。采用特殊的还原剂，缺电子烯烃与全氟碘代烷反应可高产率地得到对双键的氢化全氟烷基化加成产物[23]。

$Cl(CF_2)_4I + CH_2\!=\!CHC_4H_9 \xrightarrow[\text{Fe,DMF;} \atop 80℃,2h]{85\%} Cl(CF_2)_4\text{-}CH_2CHIC_4H_9$

$n\text{-}F_{13}C_6I + CH_2\!=\!CHCH_2OAc \xrightarrow[\text{YbCl}_3, Zn \atop \text{THF; 50℃}]{95\%} n\text{-}F_{13}C_6\text{-}CH_2CHICH_2OAc$

$n\text{-}F_9C_4I + CH_2\!=\!CHC_4H_9 \xrightarrow[\text{Na}_2S_2O_4, \text{NaHCO}_3, \atop H_2O, CH_3CN, \atop 0℃,1h]{90\%} n\text{-}F_9C_4\text{-}CH_2CHIC_4H_9$

$n\text{-}F_{13}C_6I + CH_2\!=\!CHCOOEt \xrightarrow[\text{溴吡啶钴(III)肟} \atop Zn; 20℃]{72\%} n\text{-}F_{13}C_6\text{-}CH_2CH_2COOEt$

（糖基底物） $\xrightarrow[R_FI, Na_2S_2O_4, \atop NaHCO_3, CH_3CN, \atop H_2O; r.t.]{75\%\sim 80\%}$ （产物）

$R_F=Cl(CF_2)_4, Cl(CF_2)_6, n\text{-}F_{13}C_6, n\text{-}F_{17}C_8$

图式 3.7 还原引发的全氟碘代烷与烯烃的加成反应[10,24]

通过还原和氧化方法产生全氟烷基自由基的反应也被成功用于芳香化合物的全氟烷基化[25]（图式 3.8）。对于还原剂引发的反应，形成自由基阴离子的单电子转移（SET），既可以由还原剂（如 $HOCH_2SO_2Na$）[26]也可由富电子芳香底物本身所引发[27]。由氧化剂引发的反应则可以使许多缺电子的芳香化合物如喹啉等发生全氟烷基化。

图式 3.8 各种不同芳（杂）环化合物用还原和氧化方法引发的自由基全氟烷基化反应[10]

图式 3.9 全氟碘代烷与烯胺的全氟烷基化反应[28]

共振稳定的碳阴离子如烯胺[28]是通过单电子转移引发的自由基全氟烷基化反应的理想底物（图式 3.9）。

对于非共振稳定的烯醇负离子，此类自由基反应不能自发地进行，但它可用三乙基硼来有效地引发。如果在烯醇离子上带有手性辅基，可得到非对映选择性相当好的全氟烷基化产物（图式 3.10）。

在 2011 年，MacMillan 小组和 Baran 小组开发了一个非专一性的"后期"自由基三氟甲基化的新方法，作用合成工具特别适用于组合化学中新药物筛选（图式 3.11 和图式 3.12）。使用含金属钌的光催化剂的光化学方法[31]或采用三氟甲基亚磺酸钠（Langlois 试剂）和过氧叔丁醇组合[32]，可以在非常温和的条件下产生亲电的三氟甲基自由基。

图式 3.10 全氟卤代烷和带有手性辅基[30]的底物进行对映选择性的全氟烷基化反应[29]

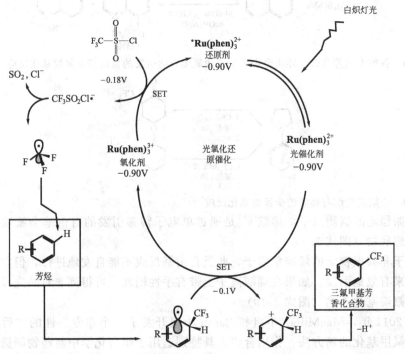

图式 3.11 Ru(phen)$_3^{2+}$ 催化的自由基三氟甲基化反应的光催化循环[31]（phen=邻二氮杂菲配体）

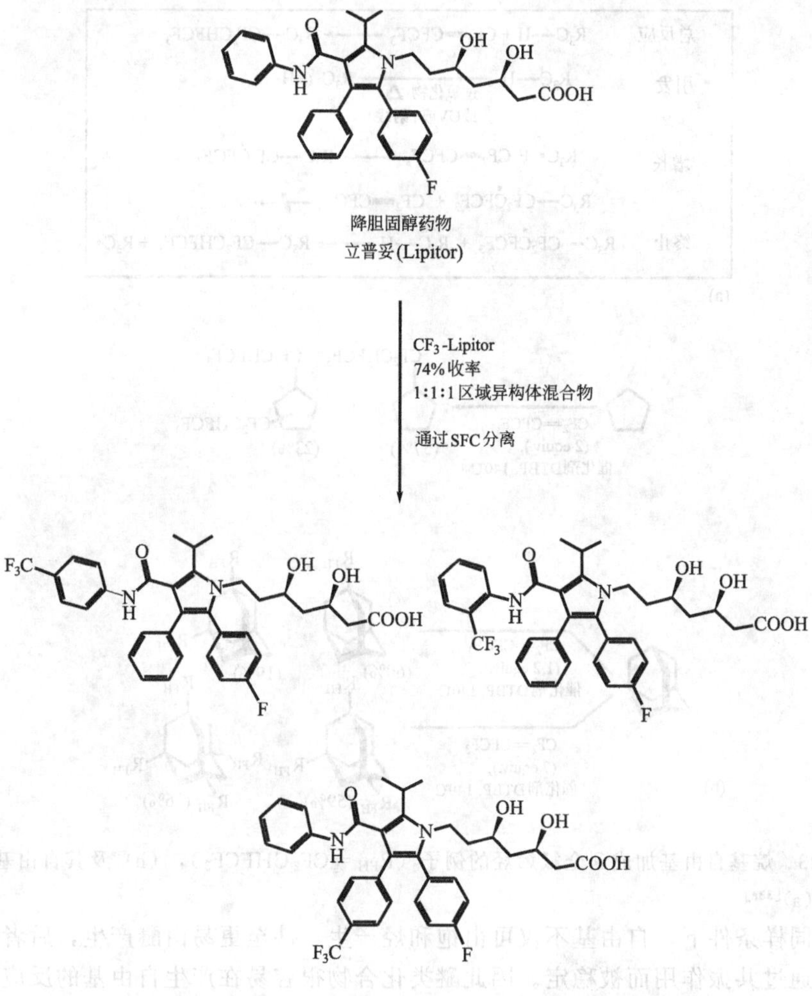

图式 3.12 后期三氟甲基化用于快速合成和筛选各种含三氟甲基的立普妥（Lipitor）类似物[31]（SFC 意为超临界流体色谱）

3.1.3 烷基自由基对全氟烯烃的"逆向"自由基加成反应

Chambers 和 Sandford 的研究小组详细研究了亲核性的烷基自由基"反转"加成到多氟代的亲电烯烃的反应[33]。烷基自由基可由烷烃通过引发剂（如 DBPO，过氧化二苯甲酰）或 γ 射线辐射直接产生。如图式 3.13 所示，烷基自由基通过链转移机理可以顺利地和全氟烯烃（如全氟丙烯和五氟丙烯）发生加成反应。尤其是通过选择适当的反应温度和反应物的用量，可以对具有伯、仲、叔氢原子的脂肪族体系实施高区域选择性的全氟烷基化反应。实际上，这类反应最重要的先决条件是必须在反应体系中彻底除氧，因为即使存在极少量的氧也会阻断自由基反应的链增长过程。

图式 3.13 烷基自由基加成到全氟烯烃的例子（$R_{FH} = CF_2CHFCF_3$），(b) 及其自由基链式反应机理 (a)[33a]

在同样条件下，自由基不仅可由饱和烃产生，甚至更易由醚产生，后者生成的自由基通过共振作用而被稳定。因此醚类化合物很容易在产生自由基的反应条件下与全氟烯烃发生氟烷基化反应（见图式 3.14）。

图式 3.14 共振稳定的 α-氧烷基自由基 (a) 和在 γ 射线辐射下的醚对全氟丙烯的自由基加成 (b)[33a]

醇的 α 位氟烷基化甚至更容易[33b]。α-羟基自由基也是共振稳定的。由于其亲核性，它们对全氟丙烯的反应活性很高，并在链增长过程中也具有足够的活性（图式 3.15）。

图式 3.15　α-羟基烷基自由基对全氟丙烯的加成反应[33b]

3.2　亲核全氟烷基化

各种亲核性的全氟烷基化反应对中试级别合成精细化学品和药物具有重要作用。对于亲核全氟烷基化反应，首先要产生一个较为稳定的全氟烷基碳阴离子或全氟烷基金属化物种，随后再与合适的亲电试剂反应[34]。

3.2.1　含氟碳负离子的性质、稳定性和反应活性

原则上，可以用通常生成烷基或芳基阴离子一样的方法来产生全氟烷基负离子，如：可以通过用强碱对适当的弱酸前体去质子化，也可以通过卤素（通常为碘、溴）-金属交换（图式 3.16）的还原方法来产生。另外一种也是"全氟化合物领域"所独有的方法，即氟离子或其他阴离子加成到全氟烯烃产生全氟烷基阴离子。

所有的全氟烷基碳阴离子因含氟取代基的吸电子诱导效应（$-I_\sigma$）而被稳定。同时，α-氟代碳阴离子又因α-氟原子的孤电子对和碳阴离子中心的 p-π 电子的排斥作用（$+I_\pi$）而去稳定。这种去稳定化作用可以从 CHF_3 比其他卤仿相对较弱的酸性而反映出来，各种卤仿的 pK_a 值依次为 CHF_3 30.5，$CHCl_3$ 22.4，$CHBr_3$ 22.7，而 CH_4 则为 68～70[35]。

对于 β-氟代碳阴离子，吸电子超共轭效应[36]可对该碳负离子起到稳定化作用。例如，全氟叔丁基阴离子的负电荷并不是全部集中于中心碳原子上，而是高度分散到所有 β-氟原子上[34]（图式 3.17）。

脱卤金属化反应
$$R_FX + RM \longrightarrow R_FM + RX$$
$$Ar_FX + RM \longrightarrow Ar_FM + RX$$

转金属作用
$$R_FM^1 + M^2X \longrightarrow R_FM^2 + M^1X$$
$$Ar_FM^1 + M^2X \longrightarrow Ar_FM^2 + M^1X$$

脱氢金属化反应
$$R_FH + MB \xrightarrow{S} R_FM \cdot S + BH$$
$$Ar_FH + MB \longrightarrow Ar_FM + BH$$

氟离子加成
$$F_2C=CFR_F + MF \longrightarrow F_3CCMFR_F$$

(a)

$$CF_3H + KOtBu + DMF \xrightarrow{-tBuOH} H_3C\underset{CF_3}{\overset{CH_3}{N}}\underset{H}{\overset{OK}{C}} \xrightarrow{R_2C=O, DMF} \underset{HO}{\overset{RR}{\underset{}{C}}} CF_3$$

"$R_FM \cdot S$"

(b)

图式 3.16 (a) 产生含氟碳负离子和全氟烷基金属化物的一些基本方法 [R_F =（全）氟烷基，Ar_F =（全）氟芳基，M = 金属，X = 卤素，B = 碱，S = 溶剂]。(b) 特别不稳定的三氟甲基阴离子可与适当溶剂如 DMF 形成加成物而得到稳定，通过类卤仿反应而成为"CF_3^-"来源

(a) 稳定化 $-I_\sigma$
$+I_\pi$ 去稳定化

(b) 稳定化 $-I_\sigma$
稳定化 吸电子超共轭作用
F^-

图式 3.17 含氟碳阴离子的稳定化和去稳定化影响：α-氟代碳阴离子 (a) 受 $-I_\sigma$ 的影响而稳定，但受 $+I_\pi$ 的影响而去稳定；β-氟代碳阴离子 (b) 同样受 $-I_\sigma$ 效应影响而稳定，且吸电子超共轭效应提供额外的稳定化作用

3.2.2 全氟烷基金属化合物

如果碳阴离子并非处于"自由的"状态，而是和金属离子（同时又是一个硬的路易斯酸，如锂或镁）键合的，由于巨大晶格能的释放驱动（LiF 的晶格能 247 kcal·mol^{-1}），将强烈促使全氟烷基或全氟芳基金属化物分解（图式 3.18）。如有 β-氟原子，则发生 β-氟消除，产生全氟末端烯烃。若仅有 α-氟原子，例如 CF_3Li（事实上它从没有被确切地观察到），则发生 α-氟消除而生成二氟卡宾。全氟芳基锂即使在低温条件下（一般 $-40 \sim -20$℃，取决于不同的底物）也能发生消除，产生相应的芳炔和氟化锂，并伴随大量放热（参见 2.4 节）。

正如已在 2.4 章节中讨论过的，氟离子是很容易和全氟烯烃发生加成反应的，这是由于在该过程中，氟原子取代的 sp^2 碳转化成了 sp^3 碳，从而消除了 p-π 排斥引起的张力。全氟丙烯或其他全氟烯烃的加成反应是高度区域选择性的，它总是生

成负电荷的碳中心上连有最多碳原子的阴离子。该反应特性可看做是类似于烯烃卤化氢加成反应（烯烃的质子化作为先决步骤）的马尔科夫尼可夫规则，但加成方向相反。这个原因是每新产生一个全氟烷基基团就能通过吸电子超共轭效应额外增加对碳负离子的稳定化作用（图式3.19）。

图式 3.18 不同类型氟碳金属化合物的裂解途径

图式 3.19 各种不同全氟烯烃与氟离子加成反应的区域选择性和生成碳负离子的相对稳定性是由所生成碳阴离子的 β-氟原子数来控制的，它们通过 $-I_\sigma$ 效应及吸电子超共轭效应共同稳定负电荷

全氟1,3-二甲基环丁基阴离子的 X 射线结构分析清楚地显示出这种"吸电子"超共轭效应[37]。阴离子中心与环丁基处在同一平面，所测键长表明较强的吸电子超共轭效应的贡献。利用从头计算方法对模型化合物的计算也得到相同的基本结构（图式3.20），这也体现了这个计算方法学作为理解和阐明有机氟化学研究中非常独特的反应活性和结构的得力工具的价值。

不仅氟离子很容易加成至全氟烯烃，而且碳负离子本身也容易对全氟烯烃进行加成反应。以催化量 CsF 处理全氟烯烃有时可以生成各种复杂的低聚物混合物（与烯烃阳离子齐聚相对应，图式3.21）。

图式 3.20 全氟 1,3-二甲基环丁基三-(二甲基氨基)硫鎓盐（TAS$^+$）的合成和结构（a）。对模型阴离子的 Mulliken 计算（b）得出的部分电荷分布值 $q(e)$ 表明了吸电子超共轭效应（c）[38]

图式 3.21 氟化铯催化的四氟乙烯的调聚反应[39]

另一方面，生成五-三氟甲基环戊二烯阴离子的例子，深刻说明这类反应也可用于高度选择性的"一锅法"合成复杂含氟化合物[41]，而以往这类化合物的合成需要经过繁杂的多步反应过程[40]（图式 3.22）。

氟离子加成到全氟烯烃所产生的全氟烷基碳阴离子也能用于一些制备反应，通过对脂肪族[43]或芳香族的亲核取代反应，在适当底物分子中选择性地引入全氟烷基基团。对于芳香底物而言，离核性的离去基团通常是氟离子，因此只要催化量的氟离子反应即可进行。这个催化剂（即氟离子）既可以是一个无机氟化物（如 CsF）也可以在电化学反应过程中由全氟烯烃自身经过还原-脱氟来产生[44]（图式 3.23）。

图式 3.22 通过氟离子加成引发的分子内环化反应，"一锅法"合成五-三氟甲基环戊二烯基铯[41]。环合过程被认为是经由电环化反应机理，最后通过单电子转移（SET）过程失去"CF_3^+"正离子碎片，该电子来自对能量有利的溶剂分子[42]

图式 3.23 通过氟离子加成而产生的全氟烷基阴离子对脂肪族或芳香族底物的亲核全氟烷基化反应[44,45] [TDAE＝四（二甲基氨基）乙烯]

长碳链全氟烷基锂化合物通常是在非常低的温度（≤－78℃）下现场制备的，并立即和适当的亲电底物（通常为羰基化合物，如醛、酮[46]或酯[47]）直接反应（图式 3.24）。若这个羰基化合物是手性的，则可以得到具有一定对映异构体过量的产物[48]。三氟甲基锂迄今还是未知的，因为它发生即时的 α-消除生成二氟卡宾。相类似的镁化合物（格氏试剂）CF_3MgX 已被制得，但即使在很低的温度下它仍极不稳定，因此没有任何合成方面的应用价值。

图式 3.24 现场制备全氟烷基锂及其反应[48]

另一方面，含氟芳基锂盐有很高的合成价值，它已在 2.4 节中讨论过。虽然邻氟芳基锂化合物（它们通常通过邻位金属化得到）必须在低于 $-40\,^\circ\mathrm{C}$ 的低温下进行操作，但其他含氟芳基锂或镁化合物可在较高的温度下合成，因为它们不会发生瞬时的、爆炸性的邻位消除反应生成热力学上高度稳定的金属氟化合物和相应的苯炔。

如果金属离子是"软"的路易斯酸，如锌、镉或者铜，则由于碳-金属键更多的共价键特征（图式 3.25）[49]，相应的全氟烷基金属化合物得以稳定。特别是一价铜的氟烷基化合物，能很方便地在较高温度下被分离处理和进行反应。

图式 3.25 (a) 三氟甲基锌和镉试剂的合成机理（X, Y＝Br, Cl; M＝Zn, Cd）；(b) 现场金属交换法制备三氟甲基铜

稳定性略差的三氟甲基锌[50]也可以用做亲核三氟甲基的来源，它既可以直接分离出来，也可以用全氟烷基碘化物和锌在 DMF 或 THF 中通过超声处理现场生成。全氟烷基有机锌化合物可用于 Barbier 类型的反应[51]，钯催化交叉偶联反

应[52]及烯烃的氢化全氟烷基化反应[53] (图式 3.26)。

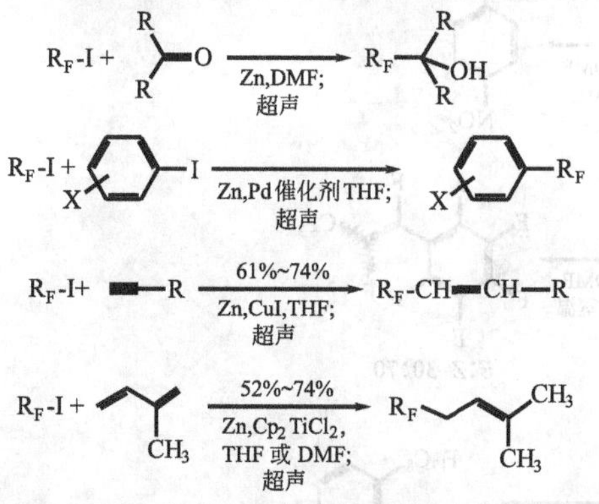

R_F-I + R-C(=O)-R $\xrightarrow[\text{超声}]{\text{Zn,DMF;}}$ R_F-C(R)(R)-OH

R_F-I + X-C₆H₄-I $\xrightarrow[\text{超声}]{\text{Zn,Pd 催化剂 THF;}}$ X-C₆H₄-R_F

R_F-I + ≡-R $\xrightarrow[\text{超声}]{\text{61%～74%} \atop \text{Zn,CuI,THF;}}$ R_F-CH=CH-R

R_F-I + CH₂=CH-CH₃ $\xrightarrow[\text{超声}]{\text{52%～74%} \atop \text{Zn,Cp}_2\text{TiCl}_2, \text{THF 或 DMF;}}$ R_F-CH₂-CH(CH₃)-CH₃

图式 3.26 用超声方法现场制备全氟烷基锌并用于各种类型的合成反应[53]

三氟甲基铜（Ⅰ）可用两种方法制备并进行反应：一价铜盐与三氟乙酸盐在 150℃下加热脱羧，或用铜粉与 CF_3I 反应。即使是看起来相当稳定的 CF_3Cu，也有证据表明存在着与溶剂和温度相关的 CF_3Cu（Ⅰ）和 CF_2-CuF 复合物之间的平衡。这种平衡能用来逐步构建一个长链的全氟烷基铜（Ⅰ）配合物，它是通过二氟卡宾插入的机理进行的（图式 3.27）。添加化学计量的 HMPA 可以稳定 CF_3Cu，能够阻断这个卡宾插入反应。

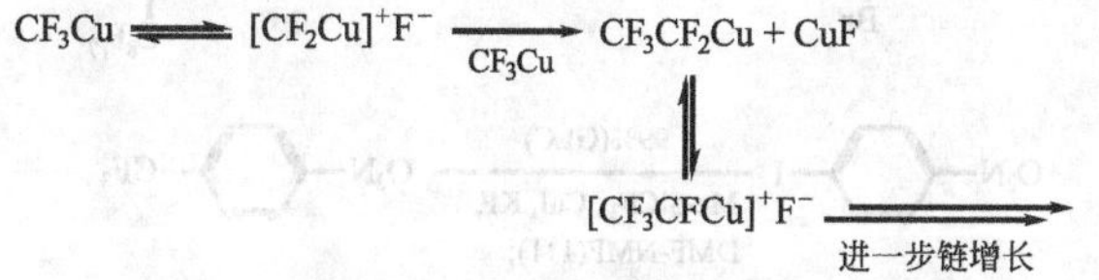

$CF_3Cu \rightleftharpoons [CF_2Cu]^+F^- \xrightarrow{CF_3Cu} CF_3CF_2Cu + CuF$

$\updownarrow$

$[CF_3CFCu]^+F^- \xrightarrow{\text{进一步链增长}}$

图式 3.27 通过二氟卡宾插入机理获得（长链）全氟烷基铜（Ⅰ）[54]

全氟烷基铜试剂常被用于与芳基溴或碘化物的交叉偶联反应，生成相应的全氟烷基取代的芳香化合物。铜促进的三氟甲基化反应的一个缺点就是反应中伴随生成全氟乙基衍生物，而该副产物在反应后处理及产品纯化过程中很难被除去。这个杂质的生成就是由于前面所提到的卡宾插入而引起的，对此我们可以降低反应温度或优化溶剂（如加入 HMPA）来抑制其生成。采用 Me_3SiCF_3 试剂[2c]作为亲核三氟甲基的来源，在 DMF 和 NMP（N-甲基吡咯烷酮）混合溶剂中与氟化钾和碘化亚铜作用现场生成 CF_3Cu[55]，可以使反应在特别温和的条件下进行。同样的方法（利用 $Me_3SiC_2F_5$ 试剂）也成功地应用在芳基碘化物的全氟乙基化反应中（图式 3.28）。采用三氟甲基的铜（Ⅰ）-卡宾络合物通常能得到更高的产率（图示 3.29）[56]。

首例真正的芳基碘化物的催化三氟甲基化反应报道于 2009 年，该方法采用了铜（Ⅰ）-邻菲啰啉络合物作为催化剂[58]。反应被认为是首先产生三氟甲基铜（Ⅰ）配合物，紧接着与芳基碘化物发生氧化加成（倾向于与贫电子底物）形成一个三价的芳基铜（Ⅲ）中间体[59]。

铜促进的碘代芳烃和全氟碘代烷之间的交叉偶联反应的机理和卤代芳烃与有机

图式 3.28 全氟烷基铜（Ⅰ）和芳基碘化物或全氟碘代烯烃的交叉偶联反应[54,55,57]。前两个反应的 CF_3Cu 是由三氟甲基镉和铜（Ⅰ）盐通过金属交换产生的

亲核性阴离子的铜盐（如 CuCN）之间偶联反应的机理类似[60]（图式 3.30）。反应首先生成一个溶剂化的全氟烷基铜（Ⅰ）配合物。其随后与碘代芳烃配位并发生的配体交换[61]。反应中可能涉及几步电子转移过程。该反应的效率在很大程度上取决于溶剂对铜（Ⅰ）配合物的溶剂化能力。以 DMF、吡啶、DMSO 等为溶剂时，反应可给出最高的产率。由于该铜（Ⅰ）配合物对水解不敏感，因此反应能够包容没有保护的羧基、氨基或羟基基团的存在。反应中芳环上卤素取代基的离去活性依次为 $I>Br\gg Cl$。

图式 3.29 铜（Ⅰ）催化的芳基碘化物的三氟甲基化反应[56]

图式 3.30 铜促进的全氟碘代烷和碘代芳烃偶联反应的可能机理[61]

除芳基碘化物外，芳基硼酸也能转化为相应的全氟烷基取代的芳香化合物（图式 3.31）。该反应可以由 Cu（Ⅱ）-邻菲啰啉配合物和氧化剂（如空气中的氧）共同促进，以全氟烷基硅烷（如 Me_3SiCF_3）作为全氟烷基供体[62]；或者用单质铜来促进，并用全氟碘代烷作为全氟烷基供体[63]。

图式 3.31 各种铜物种催化的硼酸的氧化全氟烷基化反应：(a) 全氟烷基硅烷为全氟烷基供体和铜（Ⅱ）催化剂[62]以及 (b) 全氟碘代烷为供体和金属铜（0）促进剂[63]。两个例子中的氧化剂均为空气中的氧

到目前为止，所有铜促进的全氟烷基化反应只对芳基碘化物起作用。相反，由 Buchwald 及其同事在 2010 年报道的钯催化的体系将催化全氟烷基化反应的底物范围拓展到了各种芳基氯化物[64]。在该氟化反应体系中（参见 2.4.5 节），其催化剂是 BrettPhos 钯（Ⅱ）物种（图式 3.32）[65]。

图式 3.32 钯催化的芳基氯化物的三氟甲基化反应[64]

Pawelke[66]和 Petrov[67]发现了不用金属对全氟碘代烷进行还原亲核活化的替代方法。在低温下用有机还原试剂 TDAE［四-(二甲氨基)-乙烯］处理全氟碘代

烷，所产生的类似"R_F^-"的物种（可能是一个 R_FI 和 TDAE 之间的电荷转移配合物 $R_FI\cdots TDAE$）可被各种亲电试剂捕获，如与 Me_3SiCl 反应生成 Ruppert-Prakash 试剂 Me_3SiCF_3，或与羰基化合物反应生成醇（图式 3.33）。

$R_F = CF_3, C_2F_5, n\text{-}C_3F_7, i\text{-}C_3F_7, n\text{-}C_4F_9$

图式 3.33 利用 TDAE 对全氟碘代烷的还原亲核活化方法进行亲核全氟烷基化反应[66,67]

从原子经济性观点来看，生成 CF_3^- 离子的最有效的方法是用强碱将廉价的 CHF_3 去质子化[68]。但这一方法有两大问题，首先是 CHF_3 沸点很低（-82.2℃），因此产生了（至少在实验室的制备级别）进行气体操作的问题；其次是为防止 CF_3^- 分解，三氟甲基负离子一旦生成以后，要立即将其捕获并使之稳定。尤其是第二个问题，导致多年来将 CHF_3 直接应用于相应化合物的合成制备的设想一直未能实现[69]。经过对这一挑战性课题坚持不懈地研究[70]，终于发现如果以 DMF 为溶剂并与强碱 [KOtBu, KN(SiMe$_3$)$_2$, DMSO/KH] 配合使用，产生的 CF_3^- 能够被 DMF 捕获，所生成稳定的半缩醛胺可被用做亲核的三氟甲基阴离子的储存库[71]（图式 3.34）。

图式 3.34 利用 CHF_3 与 DMF 结合作为亲核的 CF_3^- 来源及其在合成上的应用[68]。使用不同的碱体系时的产率：KOtBu 95%，KN(SiMe$_3$)$_2$ 79%，N(SiMe$_3$)$_3$ (1.5 equiv.)-Me$_4$NF(1.5 equiv.) 72%

这一 CHF$_3$-DMF 方法又进一步拓展到了使用全氟半缩氨醛（可方便地用三氟乙醛的甲基半缩醛与吗啡啉或 N-苄基哌嗪反应制备）作为三氟甲基化试剂，它们是制备各种含氟有机化合物的有用起始原料，本身稳定而且也不昂贵[72]（图式 3.35）。

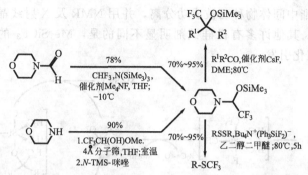

图式 3.35 三氟乙醛半缩氨醛的合成及其作为亲核三氟甲基化试剂的反应（TMS＝三甲基硅基）[68]

3.2.3 全氟烷基硅烷

最近几年，Me$_3$SiCF$_3$ 及其全氟同系物（Me$_3$SiR$_F$）可能已经是最常用的亲核全氟烷基化试剂[73]。被称为 Ruppert-Prakash 试剂的 Me$_3$SiCF$_3$ 是由 Ruppert 及其同事于 1984 年首次合成的[2c]，但它作为亲核三氟甲基化试剂的非凡价值则是后来由 Prakash 及其同事们所认识并系统地发展起来的[74]。这一类化合物很容易制备，性质稳定，实验容易操作（Me$_3$SiCF$_3$ b. p. 54～55℃），能进行多种反应。它可用 CF$_3$I 或 CF$_3$Br 在各种还原剂如 P（NMe$_2$）$_3$[75]、TDAE[66,67] 或铝[76] 存在下与 Me$_3$SiCl 反应制得。也有文献报道通过电化学还原的方法使 CF$_3$Br 与 Me$_3$SiCl 反应来制备 CF$_3$SiMe$_3$[77]（图式 3.36）。

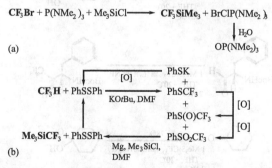

图式 3.36 三甲基三氟甲基硅烷（Me$_3$SiCF$_3$，Ruppert-Prakash 试剂）的制备。（a）Rupper 等人的原始方法[2c]，该法采用破坏臭氧层的 CF$_3$Br 作为原料，反应后生成等量的具有致癌性 HMPA。（b）最近的合成方法是以廉价的 CHF$_3$ 作为原料，利用 PhSSPh 进行循环催化[78]，该法具有工业生产应用前景

在氟离子、叔丁基氧负离子或其他路易斯碱[79]催化下，Me_3SiCF_3 可高产率地转化为"CF_3^-"并与众多亲电底物反应。这一反应机理是生成一个"类碳负离子"烷氧三甲基三氟甲基硅酯阴离子物种，它随后在一个由少量的氟离子（摩尔分数 5%～10%）引发的自催化的链反应过程中将 CF_3^- 基团转移至羰基[74]（图式 3.37）。某些硅酯中间体物种已被成功分离，并用 NMR 及 X 射线晶体衍射进行了分析鉴定[80,81]。其他许多有机硅试剂明显不同的是，Me_3SiCF_3 的加成反应不能被路易斯酸所催化引发。

图式 3.37 Me_3SiCF_3 对羰基化合物亲核三氟甲基化的反应机理[68,74]

三氟甲基对醛、酮和其他羰基化合物的亲核加成反应[82]首先生成相应的三甲基硅醚，随后被水解成相应的醇。由于反应条件非常温和，因此这一方法被广泛应用，甚至对一些敏感底物也同样适用。与许多其他方法相比，利用硅试剂进行氟离子引发的全氟烷基化反应，同样也适用于容易发生烯醇化的羰基化合物。对 α,β-不饱和底物，则优先发生羰基上的 1,2-加成反应[73b]。若氧原子上配位了一个较大的路易斯酸，如三-[2,6-二(叔丁基)苯酚]铝（ATPH），则可选择性地得到 1,4-加成产物[82f]（图式 3.38）。

图式 3.38 Me₃SiCF₃ 与各类羰基化合物的反应。ATPH = 三-8[2,6-二(叔丁基)苯酚]铝[73b,74,82]

自从 1989 年出现关于 Me₃SiCF₃ 应用的首次报道[74]以来，这一方法已被广泛用于合成许多天然产物的三氟甲基化的类似物，如碳水化合物、核苷[83]和甾体的三氟甲基化反应（图式 3.39）。

图式 3.39 利用 Me₃SiCF₃ 合成含有三氟甲基的糖类及甾体类衍生物[84]

抗疟疾药物化合物-青蒿素的三氟甲基化反应是该试剂在药物化学中的最新应用，目的是提高这一天然产物的药理性质[85]（图式 3.40）。

在较低的反应温度下，利用手性氟离子源[86]（至少在理论上）可以实现对前手性的羰基化合物对映选择性的亲核三氟甲基化反应（G. K. S. Prakash 和

A. K. Yudin，1993，未发表的成果)[87]（图式 3.41）。但迄今为止，利用这一方法所得产物的对映体过量值（ee）还是较低的。

图式 3.40 青蒿素的亲核三氟甲基化反应生成动力学控制的初始产物 β-三甲基硅基醚，然后脱硅基保护后生成热力学稳定的产物 α-三氟甲基半缩酮产物[85]

图式 3.41 前手性羰基化合物与手性氟离子源反应得到对映选择性的三氟甲基化产物[87]

如果用非极性的溶剂如甲苯、戊烷或二氯甲烷代替常用的极性溶剂来作为此类反应的介质，可以将各种各样的酯（芳酯、脂肪类酯、烯醇化的或非烯醇化的酯）完全转化成相应的三氟甲基酮类化合物[88]（图式 3.42）。

尽管大多数的羰基化合物本身已具有足够的亲电活性与 Me_3SiCF_3 发生反应，然而许多含氮亲电试剂却必须用某种方法予以活化，以增加其亲电活性，使其易受亲核进攻。亚硝基苯这一最简单的羰基化合物的杂原子类似物，很容易与 Me_3SiCF_3 反应，生成一个类似于羰基化合物加成反应的产物[89]。在同样条件下，亚胺却没有足够的活性。它们必须被活化，可以通过立体张力如利用氮杂环丙烯[90]，或者也可以用吸电子基团连在亚胺氮原子上如硝酮[91]或连在亚胺的亲电碳原子上[92]。非活化的亚胺，在 N-三甲基硅基咪唑作为活化剂时方可与 Me_3SiCF_3 反应，但仅得到低至中等产率的产物[93]（图式 3.43）。

图式 3.42 Me₃SiCF₃ 与酯反应制备三氟甲基酮[88]

图式 3.43 氮亲电试剂、亚胺及相应化合物的三氟甲基化反应（TMS＝三甲基硅基）[89~93]

利用对甲苯磺酰基可对亚胺进行活化，该基团在完成了三氟甲基化的加成反应后可被除去，最后生成 α-三氟甲基胺类化合物[94]。N-亚磺酰氨基也能活化亚胺官能团。因此，借助于易得的手性 N-亚磺酰基亚胺，就可完成高非对映选择性的三氟甲基化反应。生成的亚磺酰基胺很容易被水解而转化成带有三氟甲基的手性胺，这种含氟手性胺化合物在药物化学中是颇受重视的中间体[95]（图式 3.44）。最近发展的一个方法是使用相转移催化剂来克服 Ruppert-Prakash 试剂（Me₃SiCF₃）对亚胺的低反应活性[96]。

运用类似的合成方法，Me₃SiCF₃ 也可用于许多含硫亲电试剂的亲核三氟甲基化反应（图式 3.45）。还有其他的亲核三氟甲基化方法，Prakash 及其同事发现，将三甲基砜用醇盐处理时也可以作为亲核的 CF_3^- 的等价物[78]。

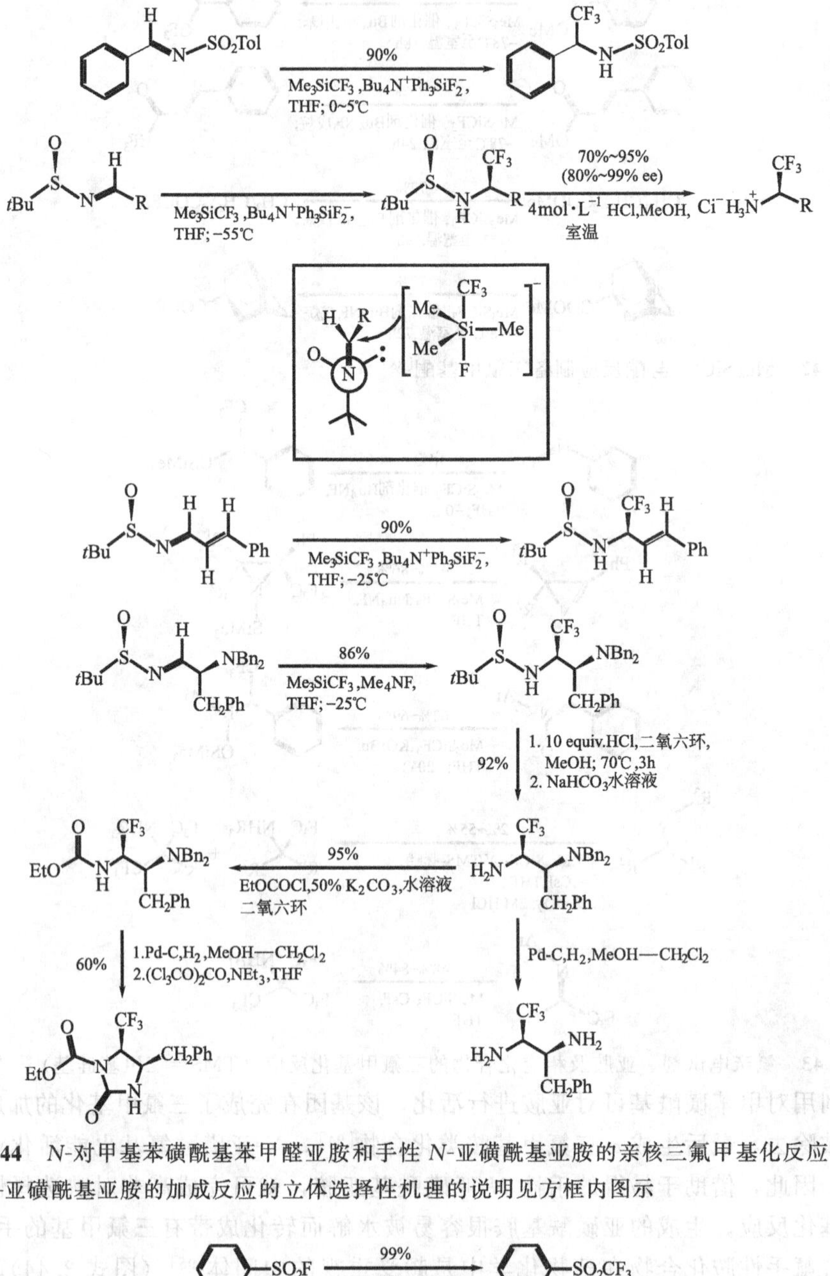

图式 3.44 N-对甲基苯磺酰基苯甲醛亚胺和手性 N-亚磺酰基亚胺的亲核三氟甲基化反应[94,95]。手性 N-亚磺酰基亚胺的加成反应的立体选择性机理的说明见方框内图示

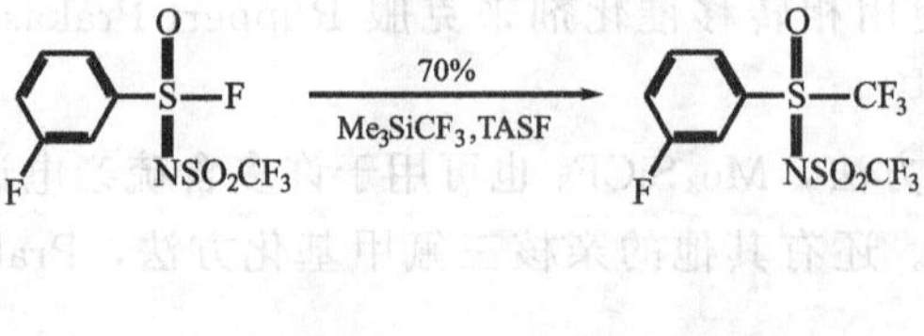

图式 3.45 Me$_3$SiCF$_3$ 与含硫亲核试剂的反应[97~99]

如果在一当量的四甲基氟化铵和三倍量的 Me$_3$SiCF$_3$ 或其同系物的存在下，全氟烷基三甲基硅烷可作为有效的全氟烷基化试剂与脂肪族的三氟甲磺酸酯发生亲核的全氟烷基化反应[100]（图式 3.46）。这一方法简化了部分氟化烷烃的合成，而这类化合物在液晶及功能材料化学中颇受关注。

图式 3.46 用 Me$_3$SiCF$_3$ 和 Me$_3$SiC$_2$F$_5$ 对三氟甲磺酸酯进行亲核取代反应，制备全氟烷基化产物（glyme：乙二醇二甲醚）[100]

类似的活化三氟甲基三甲基硅烷进行亲核加成或取代反应的方法，也用来制备一些缺电子的三氟甲基取代的含氟芳香化合物[101]（图式 3.47）。

图式 3.47 各种"R$_F^-$"对芳香化合物的亲核取代反应和原位加成反应[101]

3.3 "亲电"全氟烷基化

正如已在 3.1 章节中所讨论的,全氟烷基卤代烷与相应的卤代烷烃不同,它并不能作为有效的亲电全氟烷基化试剂。只能对一些特别合适的(即易氧化的)底物,通过单电子转移引发的自由基反应机理可以模拟"亲电的"全氟化烷基化反应,但是在实际应用方面,这种反应途径也仅局限于少数几个实例中。

3.3.1 含氟碳正离子的性质及其稳定性

含氟碳正离子的稳定性[102]是由施加在正电荷上的诱导去稳定作用和共振稳定化作用之间的微妙平衡所决定的。α-氟取代能通过其孤电子对的 π-供电作用(+R)来稳定带正电荷的碳原子。另一方面,由于 α-氟原子自身的吸电子诱导效应($-I_\sigma$)也能使该电荷去稳定化。

碳正离子 β 位的氟取代只产生强的去稳定诱导效应($-I_\sigma$)(图式 3.48)。

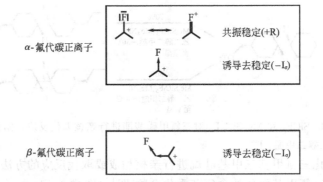

图式 3.48 稳定化和去稳定化效应对含氟碳正离子的影响

α-氟原子对碳正离子的较强的稳定化作用,可以通过外型(*exo*)-二氟甲叉环己烷在三氟甲磺酸作用下的反应来说明。起始的双键发生质子化过程,只生成环己基二氟甲基正离子,而非通常观测到的高稳定的三烷基碳正离子。分子模拟实验[B2LYP/6-31G*//B3LYP/6-31G*理论水平]表明前者比后者要稳定 3.3kcal·mol^{-1}(P. Kirsch 和 A. Hahn,2002,未发表的工作)。在此,通过烷基取代基的给电子诱导效应($+I_\sigma$)以及 α-C—H 键的超共轭效应共同稳定碳正离子 **7**。但另一方面,还有两个 β-氟原子的诱导去稳定效应($-I_\sigma$)。碳正离子 **8** 的稳定是由两个 α-氟原子的 π 给电子作用(+R)、环己基的 α-给电子作用($+I_\sigma$),以及环己烷中任一 α,β-C—C 键的超共轭作用共同作用的。这种超共轭作用也反映在其不寻常的 C—C 键长中 [163pm;B3LYP/6-31G (d)](图式 3.49)。

图式 3.49 外型-二氟甲叉环己烷衍生物对三氟甲磺酸的反应活性可以很好地说明 α-氟取代基对碳正离子的较强稳定效应（P. Kirsch 和 A. Hahn，2002，未发表的工作）。拉长的 C—C 键反映了 C—C 超共轭作用对碳正离子 **8** 稳定作用的贡献

由于强的诱导去稳定作用，含 α- 或 β-氟碳正离子还没能被分离以及表征。尽管人们一直致力于分离含 CF_3^+ 正离子的盐，但这个最简单的 α-氟碳正离子迄今也仅是许多理论研究的课题而已[103]。最近，稳定性更好的二甲基氟碳正离子以六氟化砷盐（$Me_2CF^+ AsF_6^-$）的形式，通过 X 射线晶体衍射得到表征[104]。

同样对于 β-氟碳正离子，也很少有相应的盐被分离并被完全表征的。文献所报道分离到的含 β-氟碳正离子的盐，均含有另外的稳定因素，如与金属中心键合[105]或通过 α-杂原子如硫的稳定化作用等[106,107]（图式 3.50）。

图式 3.50 已被分离和完全表征的 α- 和 β-氟碳正离子盐的代表性例子[104,107]

虽然含游离的三氟甲基正离子的盐还没有被分离表征，但仍有可能通过四氯化碳和强路易斯酸的作用现场产生氯氟甲基正离子的混合物（$CF_xCl_{3-x}^+$）[108]。这些体系可被应用于富电子芳环底物的亲电三卤甲基化反应。余留的氯可与 70% 的 HF-吡啶反应而被氟化（图式 3.51）。

3.3.2 芳基全氟烷基碘鎓盐

由于全氟烷基较强的基团电负性（例如 CF_3，3.45；相对于 Cl，3.0）[109]，因此全氟烷基卤代烷和不可氧化的亲核试剂之间的反应，不能期望经由真正的亲电反应机理进行。另一方面，如果潜在的全氟烷基化试剂 R_FX 中的离去基团 X 的基团电负性能增加至与 R_F 相当甚至超过 R_F 的电负性，那么至少类似的亲电全氟烷基化反应就可能发生了[110]。

Yagupolskii 等人[111]运用这一基本概念，利用氯化芳基全氟烷基碘作为亲电试剂与各种亲核性的底物反应首次实现了亲电全氟烷基化反应。后来报道的相应的四氟硼酸盐是更为活泼的亲电全氟烷基化试剂[112]。由 T. Umemoto 小组发展的三

氟甲磺酸盐（如有名的 FITS 试剂，全氟烷基苯基碘三氟甲磺酸盐）亦能发生类似的反应[113]（图式 3.52）。

图式 3.51 活化的芳香底物的亲电三氟甲基化反应，利用 HF-CCl$_4$-SbF$_5$ 反应体系随后再用 70％HF-吡啶处理[108]

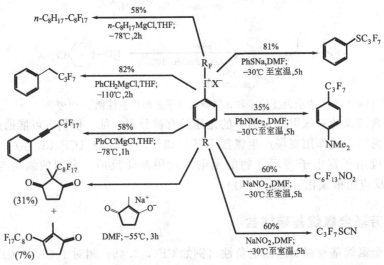

图式 3.52 芳基全氟烷基碘鎓盐试剂的反应实例（左边 R＝H，X＝OTf；右边 R＝CH$_3$，X＝Cl）[110]

所有合成全氟烷基碘鎓盐试剂的起始原料是全氟烷基碘代烷，该化合物作为合成砌块，在有机氟化学中起着关键的作用。这些碘代烷可在 I$_2$ 存在下，由全氟烷基羧酸银高温分解生成[114]，也可以在工业生产规模上，通过利用 I$_2$-IF$_5$ 体系[116]对四氟乙烯的碘氟化反应[115]以及由生成的全氟烷基碘与四氟乙烯随后的自由基调聚反应得到[117]（图式 3.53）。

图式 3.53 由电化学生产的羧酸衍生物 [$R_F = CF_3 - (CF_2)_9 CF_3$] 合成全氟碘代烷的 Hunsdiecker 路线 (a)，以及基于四氟乙烯作为中间体的工业上的调聚路线 (b)

全氟碘代烷随后被氧化成双（三氟乙酸）盐或二氟碘化物，再与适当的芳烃底物发生亲电取代反应。产生的中间体可转化成氯化物或四氟硼酸盐（Yagupolskii 试剂）或转化成三氟磺酸盐或硫酸氢盐化合物（Umemoto 试剂）。不同碘盐的共价或离子化特征主要决定于配位离子 X^- 的电负性和离核性（图式 3.54）。

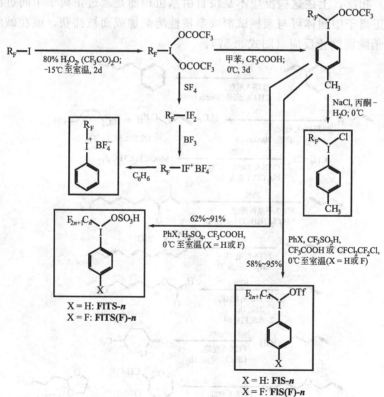

图式 3.54 各种不同的芳基全氟烷基碘鎓盐的合成[110]

根据 α-CF_2 基团在氟谱上的化学位移，I—X 键的离子特性按照取代基 Cl＜

OSO₂CH₃＜OSO₃H＜OTf 的顺序增加。甚至对于最大电负性的三氟甲磺酸基团，虽然其 I—OTf 键是高度极化的，但从本质上说仍不是真正的离子键[113c]（图式 3.55）。

$R_FCF_2 \overset{\delta+}{-} I \overset{\delta-}{-} OTf$ (结构含苯环)

图式 3.55　对芳基全氟烷基碘鎓试剂，即使是三氟甲基磺酸盐，碘-配位离子之间的键虽然是高度极化的，但并非是完全的离子键[113c]

有趣的是，最基本的碘鎓试剂，芳基三氟甲基碘鎓盐至今仍是未知的。它们并不能通过用图式 3.54 中所列的方法来制备。对于这个意外的情况，其可能原因是与含有两个或多个碳原子全氟烷基链的类似物相比较，该碘试剂的潜在合成前体 CF_3IF_2 或 CF_3IO 中的 C—I 键的稳定性较低[118]。

除了在图式 3.52 中介绍的芳烃、烯醇负离子以及其他亲核试剂外，FITS 试剂也能与一些不活泼的烯烃、二烯[119] 以及炔烃[120] 类化合物发生全氟烷基化反应（图式 3.56）。与利用全氟溴代烷或全氟碘代烷和烯烃发生的全氟烷基化反应（参见 3.1 节）相反，上述这些反应不是按自由基机理而是通过正离子中间过渡态来进行的，该正离子中间体可与亲核试剂或亲核性溶剂加成而被捕获，或在碱的作用下发生 β-H 消除而终止反应（图式 3.57）。

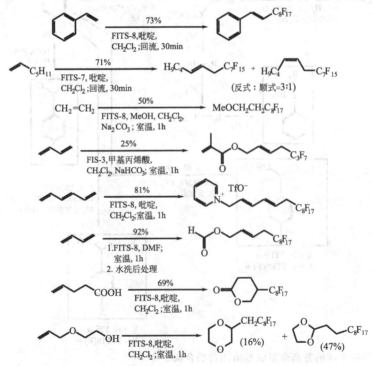

图式 3.56　烯烃与 FITS 试剂的亲电全氟烷基化反应实例[119]

图式 3.57 烯烃与 FITS 及相关试剂反应的离子机理[110]

全氟烷基碘鎓试剂与炔烃的反应机理采用离子型还是自由基的反应途径，这取决于溶剂[120]，反应可得到各种类型的加成或取代产物（表 3.1，图式 3.58）。

表 3.1 添加或未加碱（吡啶）的情况下苯乙炔和 FITS-2 试剂在不同溶剂中的反应结果[120]

溶剂	添加剂	A	B	C
CH_2Cl_2	吡啶	47	36	4
CH_2Cl_2	—	15	31	51
DMF	—	45	0	0
MeOH	—	100	0	0
HCOOH	—	4	0	86

图式 3.58 全氟烷基碘鎓试剂和炔烃衍生物反应的可能机理[120]

FITS 试剂与烯醇硅醚反应可制备 α-全氟烷基取代的羰基化合物[121]，这个反应对于在药物中引入全氟烷基基团以及合成天然产物的全氟烷基化类似物是非常重要的（图式 3.59）。

图式 3.59　烯醇硅醚与不同 FITS 试剂的全氟烷基化反应[121]

全氟烷基碘鎓盐也可以从 α,ω-二碘全氟烷烃制得（作为二价的全氟烷基化试剂），通过一步反应就能在亲核试剂前体之间引入桥联的全氟亚烷基[122]（图式 3.60）。

图式 3.60　全氟亚烷基类 FITS 试剂的制备及应用

FITS 试剂的合成过程有两个主要困难：①从反应体系中分离出 FITS 试剂通常需要重复结晶过程从而导致产率降低；②在合成过程中回收昂贵的三氟甲磺酸比较困难。解决这些问题的一个办法就是试剂固载化[123]，利用固态的三氟甲磺酸类似物——Nafion-H 树脂[124]可解决上述问题（图式 3.61）。

高效的亲电三氟乙基化试剂以及 $1H,1H$-全氟烷基化（即全氟烷基甲基）试剂可通过类似的方法，以三氟甲磺酸碘鎓盐[125]或以对水较稳定的三氟甲磺酰亚胺碘鎓盐[126]来获得。由于不易发生水解，三氟甲磺酰亚胺碘鎓盐 9 甚至可应用到一些以水为反应介质的反应中，成为生化应用研究中令人关注的合成工具[126c]（图式 3.62）。

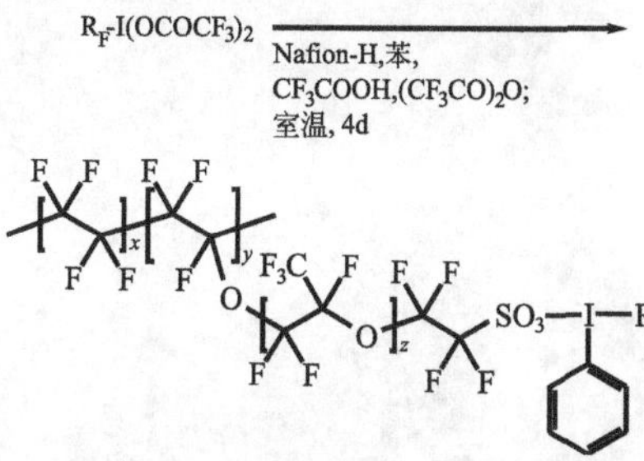

图式 3.61 Nafion 聚合物的 FITS 有利于亲电全氟烷基化反应混合物的后处理。不同链长的全氟烷基有效浓度约为 0.4 mmol·g^{-1} [123]

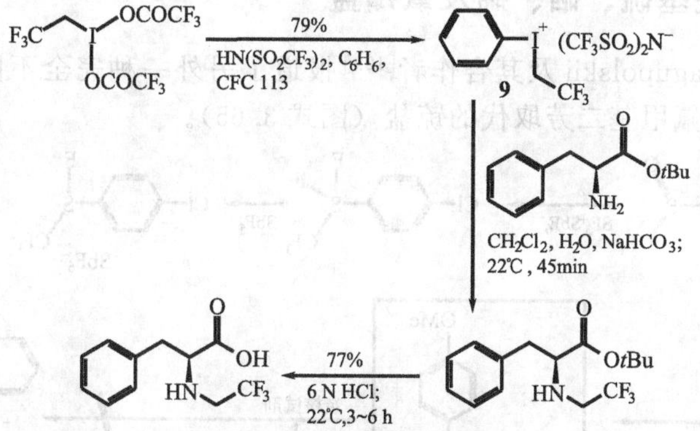

图式 3.62 一种芳基 1H,1H-全氟烷基碘双(三氟甲磺酰)亚胺盐(**9**)的合成实例。该化合物对水足够稳定,能在水相中使氨基酸发生亲电的三氟乙基化反应[126]。N-三氟乙基结构单元近来在药物化学领域受到重视,它可作为在氮原子位置阻断药物氧化代谢的一种手段

如图式 3.63 显示的是最近由 Togni 及其同事发展起来的一种碘鎓亲电全氟烷基化试剂[127]。与所有其他只能以长氟烷基链形式制备的 FITS 试剂相比,Togni 试剂能够将三氟甲基基团转移到各种亲核试剂上。

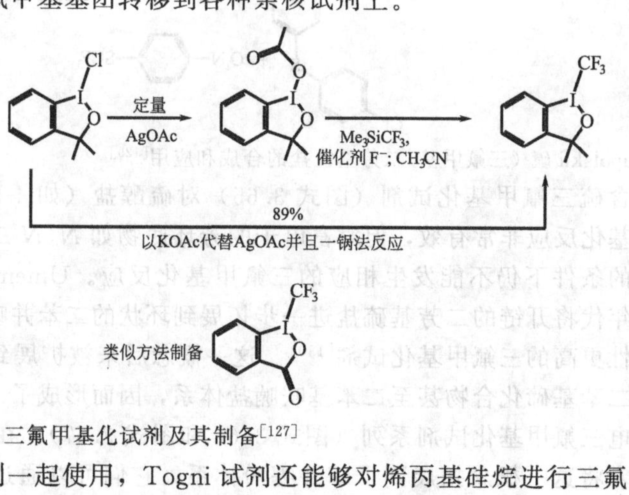

图式 3.63 Togni 三氟甲基化试剂及其制备[127]

与铜催化剂一起使用,Togni 试剂还能够对烯丙基硅烷进行三氟甲基化,开启了一条合成许多有用含三氟甲基中间体的方便路线[128](图示 3.64)。

图式 3.64 铜催化的烯丙基硅烷亲电三氟甲基化[128]

3.3.3 全氟烷基硫、硒、碲及氧鎓盐

1984 年，Yagupolskii 及其合作者[129]报道了另外一种完全不同的亲电全氟烷基化试剂——三氟甲基二芳取代的锍盐（图式 3.65）。

图式 3.65 Yagupolskii 硫-(三氟甲基)二芳基锍盐的合成和应用[129]

第一代的含硫三氟甲基化试剂（图式 3.65）对硫醇盐（如 4-硝基苯硫醇钠）底物的三氟甲基化反应非常有效，但对富电子的芳环底物如 N,N-二甲基苯胺，即使在升高温度的条件下仍不能发生相应的三氟甲基化反应。Umemoto 和 Ishihara 在 20 世纪 90 年代将开链的二芳基硫盐进一步拓展到环状的二苯并噻吩体系，发展了一类反应活性更高的三氟甲基化试剂[130]。这一概念后来被扩展到三氟甲基二苯基硒化合物、二苯基碲化合物甚至二苯基呋喃盐体系，因而形成了一个完整的反应能力不同的亲电三氟甲基化试剂系列（图式 3.66 和图式 3.67）。在 2010 年，Shibata 及其合作者将这一概念拓展到了苯并噻吩体系，它们可以通过酸诱导的环化反应现场制备[131]。

图式 3.66 三氟甲基二苯基锍和硒三氟甲磺酸盐（X：S，Se）的制备及后续的硝化反应[130b]。最左边和最右边描述了经活泼锍盐中间体通过分子内亲电取代环合的两条合成路线

图式 3.67 三氟甲基二苯基碲盐试剂的合成。在这里，环化反应是由三氟甲基碲正离子的亲电进攻引起的[130b]

  Umemoto 所发展的系列试剂是根据各离去基团的不同电负性来设计的。而这些变化是由不同硫属元素中心以及苯环的单硝基化或二硝基化所造成的。最温和的三氟烷基化试剂是含碲的试剂系列，它能使非常"软"的且可极化的亲核试剂发生三氟烷基化反应。最活泼的三氟烷基化试剂是二苯并呋喃盐体系 **11**，它必须由重氮盐前体现场生成（图式 3.68）。这一体系甚至能使非常"硬"的亲核试剂如脂肪醇或对甲苯磺酸发生三氟甲基化反应。在所有不同类型的鎓盐试剂中，通过单硝基或二硝基化可逐步增强其三氟甲基化能力。

  如同 FITS 试剂一样，二苯并噻吩盐试剂的基本理念也被成功地推广到了更长链的全氟烷基的亲电转移反应中[132]。

图式 3.68 最活泼的 Umemoto 三氟甲基化试剂二苯并呋喃盐体系 **11** 的合成。该化合物是由稳定的重氮盐前体现场反应产生的[110,132]

Umemoto 试剂可以溶解在不同的极性溶剂如 DMSO、DMF、乙腈、THF 或二氯甲烷中，且能稳定存在。所有亲核试剂发生三氟甲基化反应时，都会生产一当量的二苯并呋喃副产物，有时难以将其与反应产物分离开。为便于反应的后处理，设计合成了两性离子的二苯并噻吩磺酸酯。副产物二苯并噻吩磺酸通过碱液的萃取即可方便地从反应体系中除去[133]（图式 3.69）。

图式 3.69 用磺化的 Umemoto 试剂进行三氟甲基化反应有利于反应体系的后处理[133]

虽然大多数亲核试剂［从非常"软"的（如硫醇盐）到非常"硬"的（如脂肪醇）亲核试剂］，均可以和反应活性相当的 Umemoto 鎓盐试剂发生三氟甲基化反应。但在许多早期尝试中，对羰基化合物通过其烯醇碱金属盐进行 α-三氟甲基化反应却并不成功（见图式 3.70）。出现这些问题的原因可能是由于负电荷的离域作用使得烯醇盐的反应活性过高。实验表明通过将烯醇盐与不同芳基硼酸酯和其他有机硼化物络合，可以调节其过高的反应活性[134]（图式 3.71）。

有一定立体位阻的硼酸酯可用来对甾体的子结构进行非对映选择性的三氟甲基化反应（图式 3.72）。在这里，在对映选择性的三氟甲基化过程中手性硼酸酯可充当有效的辅基。

Umemoto 试剂发生亲电三氟甲基化的机理，被认为是经过由鎓盐与亲核试剂底物间发生电荷转移所形成的配合物中间体进行的。该配合物的几何形状最终控制了反应的选择性，例如苯胺发生三氟甲基化反应更偏向在邻位或对位。三氟甲基从鎓盐体系转移至亲核试剂的确切机理仍需详细地加以阐述。尽管如此，基于空间位阻的原因，可以排除在 CF_3 的碳原子上发生 S_N2 亲核取代的反应机理[110]，剩下可能的反应机理是类似于在亲电氟化反应和 FITS 试剂的反应中所讨论的两种机理的其中之一。

图式3.70 各种不同Umemoto试剂应用之实例[132]

图式 3.71 羰基化合物的烯醇盐经由硼酸盐配合物发生 α-三氟甲基化反应[134]

图式 3.72 利用体积较大或手性硼辅基进行的立体和区域选择性三氟甲基化反应[134]

Umemoto 试剂 S-三氟甲基二苯并噻吩与手性铜络合物配合使用，也可以用来对 β-二羰基化合物进行对映选择性的三氟甲基化反应（图式 3.73）[135]。

图式 3.73 使用 Umemoto 试剂和手性铜络合物一起对 β-二羰基化合物对映选择性亲电三氟甲基化反应[135]

3.3.4　含氟 Johnson 试剂

受 Johnson 试剂的启发[136]，在 2008 年，Shibata 及其同事提出了一种新的 S-CF_3 亲电三氟甲基化试剂，该试剂稳定而且容易处理[137]。利用这种试剂实现了首例二氰亚烷基烯丙基位的三氟甲基化反应（图式 3.74）。

图式 3.74　(a) Shibata 的氟代 Johnson 试剂的合成。(b) 该试剂在二氰亚烷基烯丙基位的三氟甲基化反应的应用[136]（P_1 = 叔丁基亚氨基-三(二甲氨基)正膦 P_1-tBu）

3.4 二氟卡宾和含氟环丙烷化合物

含氟卡宾是合成含氟环丙烷衍生物的活泼中间体[138]（图式3.75）。而在合成中应用最广的是二氟卡宾。

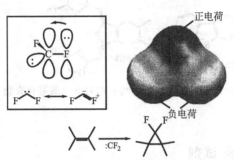

图式3.75 尽管单线态二氟卡宾被 α-氟原子的 p-给电子作用（$+R$）共振稳定化（框内），碳原子仍具有相当大的部分正电荷性质，其 q_C 为 $+0.84e$（$q_F = -0.42e$），这使得该物种有中等的亲电性（在 MP2/6-311+G* 理论水平上进行几何构型优化，电子等密度面的静电势能图）[3,4]。二氟卡宾易与富电子的烯烃反应，生成偕二氟环丙烷化合物

尽管有由于氟原子的高电负性而产生的吸电子诱导效应，α-氟代卡宾还是能通过 F—C 间的 π-给电子作用以单线态形式稳定存在。这种去稳定效应和稳定效应的共同作用使得二氟卡宾成为一种合适的亲电物种[139]。

几种现场产生二氟卡宾的方法，可在有机合成得到应用：①三氟甲基锡[140]、汞[141]、镉或锌[142]试剂的裂解是比较可靠的方法，但需要处理高毒性重金属衍生物（Zn除外）。②一个非常方便的方法就是卤二氟醋酸碱金属盐的热裂解反应[143]。该方法的缺点是需要相对较高的反应温度，该反应条件不适用于一些敏感底物的二氟环丙化反应。一个相关的、更温和的方法是用碱或氟负离子诱导氟磺酰基二氟醋酸衍生物的裂解（如 $FSO_2CF_2COOSiMe_3$-NaF 体系）[144]，该衍生物是生产 Nafion 树脂的中间体。另一个广泛使用的涉及裂解的相关方法，是基于卤二氟甲基膦盐的裂解[145]。③第三种常用的产生二氟卡宾的方法是利用不同的还原剂还原二卤二氟甲烷[146]。

除此以外，通过不同的全氟烷烃 [如 PTFE（聚四氟乙烯）（Teflon），四氟乙烯或全氟环丙烷] 和 HCFC（工业上产生四氟乙烯就是通过从 $CHClF_2$ 热裂解，消除一分子 HCl 后经过由二氟卡宾中间体得到的）的裂解反应也可产生二氟卡宾[138a]（图式3.76）。

二氟卡宾容易与富电子烯烃反应，得到相应的偕二氟环丙烷化合物，而与缺电子烯烃反应时活性很低[148]（图式 3.77）。

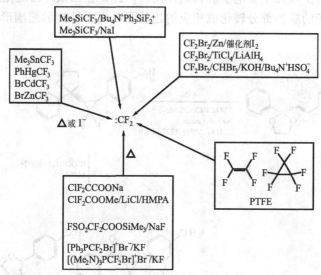

图式 3.76 现场产生单线态二氟卡宾的一些常用制备方法[24,138a,147,149,150]

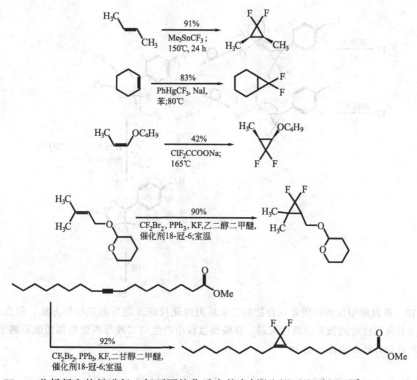

图式 3.77 一些烯烃和炔烃进行二氟环丙烷化反应的实例[141,143a,145c~d,149,150]

利用 $FSO_2CF_2COOSiMe_3$ 作为二氟卡宾前体，即使与相对缺电子的丙烯酸正丁酯反应发生[151]，也可以73%的产率得到了相应的二氟环丙烷化合物。遗憾的是，该反应只对少数几个贫电子底物起作用。因此，在二氟环丙烷化过程中，通常必须先将吸电子的羰基部分转化成相应的比较弱吸电子性能的缩酮形式[152]（图式3.78）。

图式3.78 通过缩酮保护的羰基化合物的二氟环丙烷化反应及随后的脱保护方法，能克服贫电子烯烃与卡宾反应时的低反应活性问题。在酸解过程中产生与二氟环丙烷相邻的碳正离子中心，因此经常得到开环和重排产物 **19**[152]

氟离子或碘离子诱导的 Ruppert-Prakash（试剂 Me_3SiCF_3）的分解反应，可能是制备二氟卡宾最温和、最方便的方法[147]。这个方法可在室温到65℃之间对烯烃进行二氟环丙烷化，并且在约 110℃ 能与炔烃反应。

在一个精细设计的反应顺序中，二氟环丙烷化反应作为起始步骤，随后进行 [3,3]-σ 重排，最终得到了通过其他途径难以合成的二氟庚三烯化合物[148]（图式 3.79）。

图式 3.79 通过二乙烯基偕二氟环丙烷的 σ 重排反应，合成含氟的天然产物类似物[148]

有一个在机理上完全不同的获得二氟环丙烯的方法（图式 3.80），并不依赖二氟亚甲基的加成反应[153]。该反应首先是由大位阻的叔丁基对与三氟甲基相邻的炔基碳原子进行加成，产生的烯基锂物种的锂原子与三氟甲基的一个氟原子之间非常接近，便于 LiF 的离去。与许多其他反应例子一样，该反应的驱动力也是形成具有高晶格能的 LiF。

图式 3.80 将位阻较大的叔丁基锂加入到三氟甲基乙炔衍生物中得到二氟环丙烯化合物[153]。环化反应的驱动力在于烯基锂中间体消除 LiF 在能量上是有利的

参考文献

1. Howell, J.L., Muzzi, B.J., Rider, N.L., Aly, E.M., and Abuelmagd, M.K. (1995) *J. Fluorine Chem.*, 72, 61.
2. (a) Banus, J., Emeleus, H.J., and Haszeldine, R.N. (1951) *J. Chem. Soc.*, 60; (b) Miller, W.T., Jr., Bergman, E., and Fainberg, A. (1957) *J. Am. Chem. Soc.*, 79, 4159; (c) Ruppert, I., Schlich, K., and Volbach, W. (1984) *Tetrahedron Lett.*, 25, 2159; (d) Benefice, S.,

Blancou, H., and Commeyras, A. (1984) *Tetrahedron*, **40**, 1541; (e) Blancou, H. and Commeyras, A. (1982) *J. Fluorine Chem.*, **20**, 255; (f) Chen, Q.Y. and Yang, Z.Y. (1985) *J. Fluorine Chem.*, **28**, 399; (g) Huang, W. and Zhang, H. (1990) *J. Fluorine Chem.*, **50**, 133; (h) Meinert, H., Knoblich, A., Mader, J., and Brune, H. (1992) *J. Fluorine Chem.*, **59**, 379.

3. Frisch, M.J., Trucks, G.W., Schlegel, H.B., Scuseria, G.E., Robb, M.A., Cheeseman, J.R., Zakrzewski, V.G., Montgomery, J.A., Jr, Stratmann, R.E., Burant, J.C., Dapprich, S., Millam, J.M., Daniels, A.D., Kudin, K.N., Strain, M.C., Farkas, O., Tomasi, J., Barone, V., Cossi, M., Cammi, R., Mennucci, B., Pomelli, C., Adamo, C., Clifford, S., Ochterski, J., Petersson, G.A., Ayala, P.Y., Cui, Q., Morokuma, K., Malick, D.K., Rabuck, A.D., Raghavachari, K., Foresman, J.B., Cioslowski, J., Ortiz, J.V., Stefanov, B.B., Liu, G., Liashenko, A., Piskorz, P., Komaromi, I., Gomperts, R., Martin, R.L., Fox, D.J., Keith, T., Al-Laham, M.A., Peng, C.Y., Nanayakkara, A., Gonzalez, C., Challacombe, M., Gill, P.M.W., Johnson, B., Chen, W., Wong, M.W., Andres, J.L., Gonzalez, C., Head-Gordon, M., Replogle, E.S., and Pople, J.A. (1998) *Gaussian 98, Revision A.6*, Gaussian, Inc., Pittsburgh, PA.
4. Flükinger, P., Lüthi, H.P., Portmann, S., and Weber, J. (2002) *MOLEKEL 4.2*, Swiss Center for Scientific Computing, Manno.
5. Feiring, A.E. (1984) *J. Fluorine Chem.*, **24**, 191–203.
6. Feiring, A.E. (1983) *J. Org. Chem.*, **48**, 347–354.
7. Scherer, K.V., Ono, T., Jr., Yamanouchi, K., Fernandez, R., and Henderson, P. (1985) *J. Am. Chem. Soc.*, **107**, 718–719.
8. Fessenden, R.W. and Schuler, R.H. (1965) *J. Chem. Phys.*, **43**, 2704–2718.
9. Bernardi, F., Cherry, W., Shaik, S., and Epiotis, N.D. (1978) *J. Am. Chem. Soc.*, **100**, 1352–1356.
10. For a review on the structure of various kinds of fluorinated radicals, see: Dolbier, W.R. Jr. (1996) *Chem. Rev.*, **96**, 1557–1584.
11. (a) Pearson, R.G. (1989) *J. Org. Chem.*, **54**, 1423–1430; (b) Pearson, R.G. (1988) *J. Am. Chem. Soc.*, **110**, 7684–7690.
12. Brace, N.O. (1999) *J. Fluorine Chem.*, **93**, 1–25.
13. (a) Yoshida, M. and Kamigata, N. (1990) *J. Fluorine Chem.*, **49**, 1–20; (b) Gumprecht, W.H. and Dettre, R.H. (1975) *J. Fluorine Chem.*, **25**, 245–263.
14. Huang, W.-Y. (1992) *J. Fluorine Chem.*, **58**, 1–8.
15. Barton, D.H.R., Lacher, B., and Zard, S.Z. (1986) *Tetrahedron*, **42**, 2325–2328.
16. Emeleus, H.J. and Haszeldine, R.N. (1949) *J. Chem. Soc.*, 2948–2952.
17. Haszeldine, R.N. (1949) *J. Chem. Soc.*, 2856–2861.
18. (a) Sosnovsky, G. (1964) *Free Radical Reactions in Preparative Organic Chemistry*, Macmillan, New York; (b) Jeanneaux, F., Le Blanc, M., Vambon, A., and Guion, J. (1974) *J. Fluorine Chem.*, **4**, 261–270; (c) Haszeldine, R.N., *J. Chem. Soc.* **1953**, 3761–3768; (d) Qiu, Z.-M. and Burton, D.J. (1995) *J. Org. Chem.*, **60**, 3465–3472.
19. (a) Tiers, G.V.D. (1960) *J. Am. Chem. Soc.*, **82**, 5513; (b) Cowell, A.B. and Tamborski, C. (1981) *J. Fluorine Chem.*, **17**, 345–356.
20. (a) Kharash, M.S., Jensen, E.V., and Urry, W.H. (1947) *J. Am. Chem. Soc.*, **69**, 1100–1105; (b) Kharash, M.S., Reinmuth, O., and Urry, W.H. (1947) *J. Am. Chem. Soc.*, **69**, 1105–1110.
21. (a) Tarrant, P. and Lovelace, A.M. (1954) *J. Am. Chem. Soc.*, **76**,

3466–3468; (b) Tarrant, P. and Lovelace, A.M. (1955) *J. Am. Chem. Soc.*, **77**, 2783–2787.

22. Huang, X.-T., Long, Z.-Y., and Chen, Q.-Y. (2001) *J. Fluorine Chem*, **111**, 107–113.
23. (a) Hu, C.-M. and Qiu, Y.-L. (1991) *Tetrahedron Lett.*, **32**, 4001–4002; (b) Hu, C.-M. and Qiu, Y.-L. (1992) *J. Org. Chem.*, **57**, 3339–3342.
24. Huang, W.-Y. and Xie, Y. (1991) *Chin. J. Chem.*, **9**, 351–359.
25. (a) Tanabe, Y., Matsuo, N., and Ohno, N. (1988) *J. Org. Chem.*, **53**, 4582–4585; (b) Huang, W.-Y., Liu, J.-T., and Li, J. (1995) *J. Fluorine Chem.*, **71**, 51–54.
26. Huang, B.-N. and Liu, J.-T. (1993) *J. Fluorine Chem.*, **64**, 37–46.
27. (a) Zhao, C.-X., El-Taliawi, G.M., and Walling, C. (1983) *J. Org. Chem.*, **48**, 4908–4910; (b) Sawada, H., Yoshida, M., Hauii, H., Aoshima, K., and Kobayashi, M. (1986) *Bull. Chem. Soc. Jpn.*, **59**, 215–219.
28. Cantacuzene, D., Wakselman, C., and Dorme, R. (1977) *J. Chem. Soc., Perkin Trans. 1*, 1365–1371.
29. (a) Iseki, K., Nagai, T., and Kobayashi, Y. (1993) *Tetrahedron Lett.*, **34**, 2169; (b) Iseki, K., Nagai, T., and Kobayashi, Y. (1994) *Tetrahedron: Asymmetry*, **5**, 974; (c) Takeyama, Y., Ichinose, Y., Oshima, K., and Utimoto, K. (1989) *Tetrahedron Lett.*, **30**, 3159; (d) Miura, K., Takeyama, Y., Oshima, K., and Utimoto, K. (1991) *Bull. Chem. Soc. Jpn.*, **64**, 1542.
30. Evans, D.A., Ennis, M.D., and Mathre, D.J. (1982) *J. Am. Chem. Soc.*, **104**, 1737.
31. Nagib, D.A. and MacMillan, D.W.C. (2011) *Nature*, **480**, 224–228.
32. Ji, Y., Brueckl, T., Baxter, R.D., Fujiwara, Y., Seiple, I.B., Su, S., Blackmond, D.G., and Baran, P.S. (2011) *Proc. Natl. Acad. Sci. U. S. A.*, **108**, 14411–14415.
33. (a) Chambers, R.D., Fuss, R.W., Spink, R.C.H., Greenhall, M.P., Kenwright, A.M., Batsanov, A.S., and Howard, J.A.K. (2000) *J. Chem. Soc., Perkin Trans. 1*, 1623–1638; (b) Chambers, R.D., Diter, P., Dunn, S.N., Farren, C., Sandford, G., Batsanov, A.S., and Howard, J.A.K. (2000) *J. Chem. Soc., Perkin Trans. 1*, 1639–1649.
34. Review: Farnham, W.B. (1996) *Chem. Rev.*, **96**, 1633–1640.
35. Schlosser, M. (1998) *Angew. Chem. Int. Ed.*, **37**, 1496–1513.
36. (a) Roberts, J.D., Hammond, G.S., and Cram, D.J. (1957) *Annu. Rev. Phys. Chem.*, **8**, 299–330; (b) Holtz, D. (1971) *Prog. Phys. Org. Chem.*, **8**, 1.
37. Farnham, W.B., Dixon, D.A., and Calabrese, J.C. (1988) *J. Am. Chem. Soc.*, **110**, 2607.
38. (a) Dixon, D.A. (1986) *J. Phys. Chem.*, **90**, 2038; (b) Dixon, D.A., Fukunaga, T., and Smart, B.E. (1986) *J. Am. Chem. Soc.*, **108**, 1585; (c) Dixon, D.A., Smart, B.E., and Fukunaga, T. (1986) *Chem. Phys. Lett.*, **125**, 447; (d) Dixon, D.A., Fukunaga, T., and Smart, B.E. (1986) *J. Am. Chem. Soc.*, **108**, 4027.
39. Graham, D.P. (1966) *J. Org. Chem.*, **31**, 955.
40. Langanis, E.D. and Lemal, D.M. (1980) *J. Am. Chem. Soc.*, **102**, 6633.
41. Chambers, R.D., Mullins, S.J., Roche, A.J., and Vaughan, J.F.S. (1995) *J. Chem. Soc., Chem. Commun.*, 841.
42. Chambers, R.D., Gray, W.K., Vaughan, J.F.S., Korn, S.R., Medebielle, M., Batsanov, A.S., Lehmann, C.W., and Howard, J.A.K. (1997) *J. Chem. Soc., Perkin Trans. 1*, 135–145.
43. Chambers, R.D., Magron, C., and Sandford, G. (1999) *J. Chem. Soc., Perkin Trans. 1*, 283–290.
44. Chambers, R.D., Gray, W.K., and Korn, S.R. (1995) *Tetrahedron*, **51**, 13167–13176.
45. Makarov, K.N., Gervits, L.L., and

Knunyants, I.L. (1977) *J. Fluorine Chem.*, **10**, 157–158.

46. (a) Gassmann, P.G. and O'Reilly, N.J. (1985) *Tetrahedron Lett.*, **26**, 5243; (b) Solladie-Cavallo, A. and Suffert, J. (1985) *Synthesis*, 659; (c) Suzuki, H., Shiraishi, Y., Shimokawa, K., and Uno, H. (1988) *Chem. Lett.*, 127; (d) Uno, H., Shiraisi, Y., and Suzuki, H. (1989) *Bull. Chem. Soc. Jpn.*, **62**, 2636; (e) Rong, G. and Keese, R. (1990) *Tetrahedron Lett.*, **31**, 5617.

47. Uno, H., Shiraishi, Y., Shimokawa, K., and Suzuki, H. (1987) *Chem. Lett.*, 1153.

48. Solladie-Cavallo, A. and Suffert, J. (1897) *Tetrahedron Lett.*, **1984**, 25.

49. Review: Tomashenko, O.A. and Grushin, V.V. (2011) *Chem. Rev.*, **111**, 4475–4521.

50. Naumann, D., Tyrra, W., Kock, B., Rudolph, W., and Wilkes, B. (1994) *J. Fluorine Chem.*, **67**, 91–93.

51. (a) Kitazume, T. and Ishikawa, N. (1985) *J. Am. Chem. Soc.*, **109**, 5186; (b) Kitazume, T. and Ishikawa, N. (1981) *Chem. Lett.*, 1679.

52. Kitazume, T. and Ishikawa, N. (1982) *Chem. Lett.*, 137.

53. Kitazume, T. and Ishikawa, N. (1982) *Chem. Lett*, 1453.

54. Wiemers, D.M. and Burton, D.J. (1986) *J. Am. Chem. Soc.*, **108**, 832–834.

55. (a) Urata, H. and Fuchikami, T. (1991) *Tetrahedron Lett.*, **32**, 91–94; (b) Cottet, F. and Schlosser, M. (2002) *Eur. J. Chem.*, 327–330.

56. Bubinina, G.G., Furutachi, H., and Vicic, D.A. (2008) *J. Am. Chem. Soc.*, **130**, 8600–8601.

57. (a) Burton, D.J. (1992) in *Organometallics in Synthetic Organofluorine Chemistry* in *Synthetic Fluorine Chemistry* (G.A. Olah, R.D. Chambers, and G.K.S. Prakash, eds.), John Wiley & Sons, Inc., New York, pp. 205–226; (b) Schneider, S. and Bannwarth, W. (2000) *Angew. Chem. Int. Ed.*, **39**, 4142–4145; (c) Tian, Y. and Shan, K.S. (2000) *Tetrahedron Lett.*, **41**, 8813–8816.

58. Oishi, M., Kondo, H., and Amii, H. (2009) *Chem. Commun.*, 1909–1911.

59. (a) Monnier, F. and Taillefer, M. (2009) *Angew. Chem. Int. Ed.*, **48**, 6954–6971; (b) Altman, R.A., Hyde, A.M., Huang, X., and Buchwald, S.L. (2008) *J. Am. Chem. Soc.*, **130**, 9613–9620; (c) Tye, J.W., Weng, Z., Johns, A.M., Incarvito, C.D., and Hartwig, J.F. (2008) *J. Am. Chem. Soc.*, **130**, 9971–9983; (d) Huffman, L.M. and Stahl, S.S. (2008) *J. Am. Chem. Soc.*, **130**, 9196–9197.

60. (a) Bacon, R.G.R. and Hill, H.A.O. (1965) *Q. Rev. Chem. Soc.*, **19**, 95; (b) Stephens, R.D. and Castro, C.E. (1963) *J. Org. Chem.*, **28**, 3313.

61. McLoughlin, V.C.R. and Trower, J. (1969) *Tetrahedron*, **25**, 5921–5940.

62. Sebecal, T.D., Parsons, A.T., and Buchwald, S.L. (2011) *J. Org. Chem.*, **76**, 1174–1176.

63. Qi, Q., Shen, Q., and Lu, L. (2012) *J. Am. Chem. Soc.*, **134**, 6548–6551.

64. Cho, E.J., Senecal, T.D., Kinzel, T., Zhang, Y., Watson, D.A., and Buchwald, S.L. (2010) *Science*, **328**, 1679–1681.

65. Fors, B.P., Davis, N.R., and Buchwald, S.L. (2009) *J. Am. Chem. Soc.*, **131**, 5766–5768.

66. Pawelke, G. (1989) *J. Fluorine Chem.*, **42**, 429.

67. Petrov, V.A. (2001) *Tetrahedron Lett.*, **42**, 3267–3269.

68. Langlois, B.R. and Billard, T. (2003) *Synthesis*, 185–194.

69. Shono, T., Ishifune, M., Okada, T., and Kashimura, S. (1991) *J. Org. Chem.*, **56**, 2.

70. (a) Barhdadi, R., Troupel, M., and Périchon, J. (1998) *J. Chem. Soc., Chem. Commun.*, 1251; (b) Folléas, B., Marek, I., Normant, J.F., and Saint-Jalmes, L. (1998) *Tetrahedron Lett.*, **39**, 2973; (c)

Folléas, B., Marek, I., Normant, J.F., and Saint-Jalmes, L. (2000) *Tetrahedron*, 56, 275; (d) Russell, J. and Roques, N. (1998) *Tetrahedron*, 54, 13771.

71. (a) Large, S., Roques, N., and Langlois, B.R. (2000) *J. Org. Chem.*, 65, 8848; (b) Roques, N., Russell, J., Langlois, B., Saint-Jalmes, L., and Large, S. (1998) WO Patent 98/22435; Chem. Abstr., 129, (1998) 40975.

72. (a) Billard, T., Bruns, S., and Langlois, B.R. (2000) *Org. Lett.*, 2, 2101; (b) Billard, T., Langlois, B.R., and Blond, G. (2000) *Tetrahedron Lett.*, 41, 8777; (c) Blond, G., Billard, T., and Langlois, B.R. (2001) *Tetrahedron Lett.*, 42, 2473.

73. Reviews: (a) Lamberth, C. (1996) *J. Prakt. Chem.*, 338, 586–587; (b) Prakash, G.K.S. and Yudin, A.K. (1997) *Chem. Rev.*, 97, 757–786; (c) Singh, R.P. and Shreeve, J.M. (2000) *Tetrahedron*, 56, 7613; (d) Prakash, G.K.S. and Mandal, M. (2001) *J. Fluorine Chem.*, 112, 123–131.

74. Prakash, G.K.S., Krishnamurti, R., and Olah, G.A. (1989) *J. Am. Chem. Soc.*, 111, 393–395.

75. Ramaiah, P., Krishnamurti, R., and Prakash, G.K.S. (1995) *Org. Synth.*, 72, 232.

76. Grobe, J. and Hegge, J. (1995) *Synlett*, 641.

77. Prakash, G.K.S., Deffieux, D., Yudin, A.K., and Olah, G.A. (1994) *Synlett*, 1057.

78. (a) Prakash, G.K.S., Hu, J., and Olah, G.A. (2003) *J. Org. Chem.*, 68, 4457-4463;(b) Prakasn, G. K. S., Hu, J., and Olah, G.A. (2003) *Org. Lett.*, 5, 3253–3256; (c) Prakash, G.K.S., Hu, J., Mathew, T., and Olah, G.A. (2003) *Angew. Chem. Int. Ed.*, 42, 5216–5219.

79. Fuchikami, T. and Hagiwara, T. (1995) JP Patent 07-118188; Chem. Abstr., 1995, 123, 198413.

80. Corriu, R.J. and Colin, Y.J. (1989) in *Chemistry of Organosilicon Compounds*, Vol. 2 (eds S. Patai and Z. Rappoport), John Wiley & Sons, Ltd., Chichester, p. 1241.

81. Kolomeitsev, A.A., Medebielle, M., Kirsch, P., Lork, E., and Röschenthaler, G.-V. (2000) *J. Chem. Soc., Perkin Trans. 1*, 2183–2185.

82. (a) Krishnamurti, R., Bellew, D.R., and Prakash, G.K.S. (1991) *J. Org. Chem.*, 56, 984; (b) Skiles, J.W., Fuchs, V., Miao, C., Sorcek, R., Grozinger, K.G., Mauldin, S.C., Vitous, J., Mui, P.W., Jacober, S., Chow, G., Matteo, M., Skoog, M., Weldon, S.M., Possanza, G., Keirns, J., Letts, G., and Rosenthal, A.S. (1992) *J. Med. Chem.*, 35, 641; (c) Quast, H., Becker, C., Witzel, M., Peters, E.-M., Peters, K., and von Schnering, H.G. (1996) *Liebigs Ann.*, 985; (d) Broicher, V. and Geffken, D. (1990) *Z. Naturforsch.*, 45b, 401; (e) Broicher, V. and Geffken, D. (1989) *Tetrahedron Lett.*, 30, 5243; (f) Sevenard, D.V.., Sosnovskikh, V.Y.., Kolomeitsev, A.A., Königsmann, M.H., and Röschenthaler, G.-V. (2003) *Tetrahedron Lett.*, 44, 7623–7627.

83. Plantier-Royon, R. and Portella, C. (2000) *Carbohydr. Res.*, 327, 119–146.

84. (a) Munier, P., Picq, D., and Anker, D. (1993) *Tetrahedron Lett.*, 34, 8241–8244; (b) Munier, P., Giudicelli, M.-B., Picq, D., and Anker, D. (1996) *J. Carbohydr. Chem.*, 15, 739–762; (c) Johnson, C.R., Bhumralkar, D.R., and De Clercq, E. (1995) *Nucleosides Nucleotides*, 14, 185–194; (d) Kozikowski, A.P., Ognyanov, V.I., Fauq, A.H., Wilcox, R.A., and Nahorski, S.R. (1994) *J. Chem. Soc., Chem. Commun.*, 599–600; (e) Wang, Z. and Ruan, B. (1994) *J. Fluorine Chem.*, 69, 1.

85. Grellepois, F., Chorki, F., Crousse, B., Ourévitch, M., Bonnet-Delpon, D., and Bégué, J.-P. (2002) *J. Org. Chem.*, 67,

1253–1260.
86. Review: Ooi, T. and Maruoka, K. (2004) *Acc. Chem. Res.*, **37**, 526–533.
87. (a) Iseki, K., Nagai, T., and Kobayashi, Y. (1994) *Tetrahedron Lett.*, **35**, 3137; (b) Iseki, K. and Kobayashi, Y. (1995) *Rev. Heteroat. Chem.*, **12**, 211; (c) Kuroki, Y. and Iseki, K. (1999) *Tetrahedron Lett.*, **40**, 8231–8234.
88. Wiedemann, J., Heiner, T., Mloston, G., Prakash, G.K.S., and Olah, G.A. (1998) *Angew. Chem. Int. Ed.*, **37**, 820–821.
89. McClinton, M.A. and McClinton, D.A. (1992) *Tetrahedron*, **48**, 6555–6666.
90. Félix, C.P., Khatimi, N., and Laurent, A. (1994) *Tetrahedron Lett.*, **35**, 3303.
91. (a) Nelson, D.W., Easley, R.A., and Pintea, B.N.V. (1999) *Tetrahedron Lett.*, **40**, 25; (b) Nelson, D.W., Owens, J., and Hiraldo, D. (2001) *J. Org. Chem.*, **66**, 2572.
92. Petrov, V.A. (2000) *Tetrahedron Lett.*, **41**, 6959.
93. Blazejewski, J.-C., Anselmi, E., and Wilmshurst, M. (1999) *Tetrahedron Lett.*, **40**, 5475–5478.
94. Prakash, G.K.S., Mandal, M., and Olah, G.A. (2001) *Synlett*, 77–78.
95. (a) Prakash, G.K.S., Mandal, M., and Olah, G.A. (2001) *Angew. Chem.*, **113**, 609–610; (b) Prakash, G.K.S., Mandal, M., and Olah, G.A. (2001) *Org. Lett.*, **3**, 2847–2850; (c) Prakash, G.K.S. and Mandal, M. (2002) *J. Am. Chem. Soc.*, **124**, 6538–6539.
96. Bernardi, L., Indrigo, E., Pollicino, S., and Ricci, A. (2012) *Chem. Commun.*, **48**, 1428–1430.
97. (a) Kolomeitsev, A.A., Movchun, V.N., Kondratenko, N.V., and Yagupolskii, Y.L. (1990) *Synthesis*, 1151; (b) Movchun, V.N., Kolomeitsev, A.A., and Yagupolskii, Y.L. (1995) *J. Fluorine Chem.*, **70**, 255; (c) Garlyauskajte, R.Y., Sereda, S.V., and Yagupolskii, L.M. (1994) *Tetrahedron Lett.*, **50**, 6891.
98. Billard, T. and Langlois, B.R. (1996) *Tetrahedron Lett.*, **37**, 6865–6868.
99. Patel, N.R. and Kirchmeier, R.L. (1992) *Inorg. Chem.*, **31**, 2537.
100. Sevenard, D., Kirsch, P., Röschenthaler, G.-V., Movchun, V., and Kolomeitsev, A. (2001) *Synlett*, 379–382.
101. (a) Bardin, V.V., Kolomeitsev, A.A., Furin, G.G., and Yagupolskii, Y.L. (1990) *Izv. Akad. Nauk. SSSR, Ser. Khim.*, 1693–1694; (1991) *Chem. Abstr.*, **115**, 279503; (b) Kolomeitsev, A.A., Movchun, V.A., and Yagupolskii, Y.L. (1992) *Tetrahedron Lett.*, **33**, 6191–6192.
102. Review: Krespan, C.G. and Petrov, V.A. (1996) *Chem. Rev.*, **96**, 3269–3301.
103. (a) Frenking, G., Fau, S., Marchand, C.M., and Grützmacher, H. (1997) *J. Am. Chem. Soc.*, **119**, 6648; (b) Christe, K.O., Hoge, B., Boatz, J.A., Prakash, G.K.S., Olah, G.A., and Sheehy, J.A. (1999) *Inorg. Chem.*, **38**, 3132.
104. Christe, K.O., Zhang, X., Bau, R., Hegge, J., Olah, G.A., Prakash, G.K.S., and Sheehy, J.A. (2000) *J. Am. Chem. Soc.*, **122**, 481–487.
105. (a) Kondratenko, M.A., Malézieux, B., Gruselle, M., Bonnet-Delpon, D., and Bégué, J.-P. (1995) *J. Organomet. Chem.*, **487**, C15–C17; (b) Gruselle, M., Malézieux, B., Andrés, R., Amouri, H., Vaissermann, J., and Melikyan, G.G. (2000) *Eur. J. Inorg. Chem.*, 359–368; (c) Amouri, H., Bégué, J.-P., Chennoufi, A., Bonnet-Delpon, D., Gruselle, M., and Malézieux, B. (2000) *Org. Lett.*, **2**, 807–809.
106. (a) Olah, G.A., Pittman, C.U., Jr., Waack, R., and Doran, M. (1966) *J. Am. Chem. Soc.*, **88**, 1488–1499; (b) Olah, G.A. and Pittman, C.U., Jr., (1966) *J. Am. Chem. Soc.*, **88**, 3310–3317; (c) Sürig, T., Grützmacher, H.-F., Bégué, J.P., and Bonnet-Delpon, D. (1993) *Org. Mass Spectrom.*, **28**, 254–261; (d) Olah, G.A., Burrichter, A., Rasul, G., Yudin, A.K., and Prakash,

G.K.S. (1996) *J. Org. Chem.*, **61**, 1934–1939; (e) Laali, K.K., Tanaka, M., and Hollerstein, S. (1997) *J. Org. Chem.*, **62**, 7752–7757; (f) Karpov, V.M., Mezhenkova, T.V., Platonov, V.E., and Sinyakov, V.R. (2001) *J. Fluorine Chem.*, **107**, 53–57.
107. Sevenard, D.V., Kirsch, P., Lork, E., and Röschenthaler, G.-V. (2003) *Tetrahedron Lett.*, **44**, 5995–5998.
108. (a) Debarge, S., Violeau, B., Bendaoud, N., Jouannetaud, M.-P., and Jacquesy, J.-C. (2003) *Tetrahedron Lett.*, **44**, 1747–1750; (b) Debarge, S., Kassou, K., Carreyre, H., Violeau, B., Jouannetaud, M.-P., and Jacqesy, J.-C. (2004) *Tetrahedron Lett.*, **45**, 21–23.
109. Huheey, J.E. (1965) *J. Phys. Chem.*, **69**, 3284.
110. Reviews: (a) Umemoto, T. (1996) *Chem. Rev.*, **96**, 1757–1777; (b) Shibata, N., Matsnev, A., and Cahard, D. (2010) *Beilstein J. Org. Chem.*, **6** (65) (doi: 10.3762/bjoc.6.65).
111. Yagupolskii, L.M., Maletina, I.I., Kondratenko, N.V., and Orda, V.V. (1978) *Synthesis*, 835.
112. (a) Yagupolskii, L.M., Mironova, A.A., Maletina, I.I., and Orda, V.V. (1980) *Zh. Org. Khim.*, **16**, 232; (b) Yagupolskii, L.M. (1987) *J. Fluorine Chem.*, **36**, 1; (c) Miranova, A.A., Orda, V.V., Maletina, I.I., and Yagupolskii, L.M. (1989) *J. Org. Chem. USSR*, **25**, 597.
113. (a) Umemoto, T. (1980) DE Patent 3021226; Chem. Abstr., **94**, (1981) 208509; (b) Umemoto, T., Kuriu, Y., Shuyama, H., Miyano, O., and Nakayama, S.-I. (1982) *J. Fluorine Chem.*, **20**, 695; (c) Umemoto, T., Kuriu, Y., Shuyama, H., Miyano, O., and Nakayama, S.-I. (1986) *J. Fluorine Chem.*, **31**, 37; (d) Umemoto, T. (1983) *Yuki Gosei Kagaku Kyokaishi*, **41**, 251–265; (1983) Chem. Abstr., **98**, 214835.
114. Haszeldine, R.N. (1951) *J. Chem. Soc. (London)*, 584–587.
115. Hamilton, J.M., Jr., (1963) *Adv. Fluorine Chem.*, **3**, 147.
116. (a) Coffman, D.D., Raasch, M.S., Rigby, G.W., Barrick, P.L., and Hanford, W.E. (1949) *J. Org. Chem.*, 747–753; (b) Emeleus, H. and Haszeldine, R.N. (1949) *J. Chem. Soc. (London)*, 2948; (c) Brace, N.O. (1962) US Patent 3,016,407; Chem. Abstr., 1962, **57**, 55746; (d) Simons, J.H. and Brice, T.J. (1953) US Patent 2,614,131; Chem. Abstr., **47**, (1953) 8770; (e) Haszeldine, R.N. and Leedham, K. (1953) *J. Chem. Soc. (London)*, 1548; (f) Parsons, R.E. (1966) US Patent 3,283,020; Chem. Abstr., **66**, (1967) 65059; (g) Parsons, R.E. (1964) US Patent 3,132,185; Chem. Abstr., **61**, (1964) 10993; (h) Hauptschein, M. and Braid, M. (1961) *J. Am. Chem. Soc.*, **83**, 2383; (i) Chambers, R.D., Musgrave, W.K.R., and Savory, J. (1961) *J. Proc. Chem. Soc.*, 113; (j) Chambers, R.D., Musgrave, W.K.R., and Savory, J. (1961) *J. Chem. Soc. (London)*, 3779.
117. (a) Parsons, R.E. (1965) FR Patent 1,385,682; Chem. Abstr., **62**, (1965) 73830; (b) Parsons, R.E. (1966) US Patent 3,234,294; Chem. Abstr., **62**, (1965) 73830; (c) Hauptschein, M. (1961) US Patent 3,006,973; Chem. Abstr., **56**, (1962) 31072; (d) Haszeldine, R.N. (1949) *J. Chem. Soc. (London)*, 2856; (e) Haszeldine, R.N. (1953) *J. Chem. Soc. (London)*, 3761.
118. (a) Naumann, D. and Baumanns, J. (1976) *J. Fluorine Chem.*, **8**, 177; (b) Baumanns, J., Deneken, L., Naumann, D., and Schmeisser, M. (1973) *J. Fluorine Chem.*/1974, **3**, 323; (c) Naumann, D., Deneken, L., and Renk, E. (1975) *J. Fluorine Chem.*, **5**, 509.
119. Umemoto, T., Kuriu, Y., and

Nakayama, S. (1982) *Tetrahedron Lett.*, **23**, 1169.
120. Umemoto, T., Kuriu, Y., and Miyano, O. (1982) *Tetrahedron Lett.*, **23**, 3579.
121. Umemoto, T., Kuriu, Y., Nakayama, S., and Miyano, O. (1982) *Tetrahedron Lett.*, **23**, 1471.
122. Umemoto, T. and Nakamura, T. (1984) *Chem. Lett.*, 983.
123. Umemoto, T. (1984) *Chem. Lett.*, **25**, 81.
124. Kasp, J., Montgomery, D.D., and Olah, G.A. (1978) *J. Org. Chem.*, **43**, 3147.
125. (a) Umemoto, T. and Gotoh, Y. (1985) *J. Fluorine Chem.*, **28**, 235; (b) Umemoto, T. and Gotoh, Y. (1986) *J. Fluorine Chem.*, **31**, 231; (c) Umemoto, T. and Gotoh, Y. (1987) *Bull. Chem. Soc. Jpn.*, **60**, 3307; (d) Umemoto, T. and Gotoh, Y. (1987) *Bull. Chem. Soc. Jpn.*, **60**, 3823–3825.
126. (a) Bravo, P., Montanari, V., Resnati, G., and DesMarteau, D.D. (1994) *J. Org. Chem.*, **59**, 6093–6094; (b) DesMarteau, D.D. and Montanari, V. (1998) *J. Chem. Soc., Chem. Commun.*, 2241; (c) DesMarteau, D.D. and Montanari, V. (2001) *J. Fluorine Chem.*, **109**, 19–23.
127. (a) Eisenberger, P., Gischig, S., and Togni, A. (2006) *Chem. Eur. J.*, **12**, 2579–2586; (b) Kieltsch, I., Eisenberger, P., and Togni, A. (2007) *Angew. Chem. Int. Ed.*, **46**, 754–757; (c) Eisenberger, P., Kieltsch, I., Armanino, N., and Togni, A. (2008) *Chem. Commun.*, 1575–1577; (d) Niedermann, K., Früh, N., Vinogradova, E., Wien, M.S., and Togni, A. (2011) *Angew. Chem. Int. Ed.*, **50**, 1059–1063; (e) Mejía, E. and Togni, A. (2012) *ACS Catal.*, **2**, 521–527.
128. (a) Shimizu, R., Egami, H., Hamashima, Y., and Sodeoka, M. (2012) *Angew. Chem. Int. Ed.*, **51**, 4577–4580; (b) Mizuta, S., Galicia-López, O., Engle, K.M., Verhoog, S., Wheelhouse, K., Rassias, G., and Gouverneur, V. (2012) *Chem. Eur. J.*, **18**, 8583–8587.
129. (a) Yagupolskii, L.M., Kondratenko, N.V., and Timofeeva, G.N. (1984) *J. Org. Chem. USSR*, **20**, 103; (b) simplified synthesis: Magnier, E., Blazejewski, J.-C., Tordeux, M., and Wakselman, C. (2006) *Angew. Chem. Int. Ed.*, **45**, 1279–1282.
130. (a) Umemoto, T. and Ishihara, S. (1990) *Tetrahedron Lett.*, **31**, 3579; (b) Umemoto, T. and Ishihara, S. (1993) *J. Am. Chem. Soc.*, **115**, 2156; (c) Umemoto, T. and Ishihara, S. (1998) *J. Fluorine Chem.*, **92**, 181–187.
131. Matsnev, A., Noritake, S., Nomura, Y., Tokunaga, E., Nakamura, S., and Shibata, N. (2010) *Angew. Chem. Int. Ed.*, **49**, 572–576.
132. Umemoto, T. (1997) MEC Reagent Brochure, DAIKIN Fine Chemicals Research Center, Tokyo.
133. Umemoto, T., Ishihara, S., and Adachi, K. (1995) *J. Fluorine Chem.*, **74**, 77–82.
134. Umemoto, T. and Adachi, K. (1994) *J. Org. Chem.*, **59**, 5692–5699.
135. Deng, Q.-H., Wadepohl, H., and Gade, L.H. (2012) *J. Am. Chem. Soc.*, **134**, 10769–10772.
136. (a) Johnson, C.R., Janiga, E.R., and Haake, M. (1968) *J. Am. Chem. Soc.*, **90**, 3890–3891; (b) Johnson, C.R., Haake, M., and Schroeck, C.W. (1970) *J. Am. Chem. Soc.*, **92**, 6594–6598; (c) Johnson, C.R. and Janiga, E.R. (1973) *J. Am. Chem. Soc.*, **95**, 7692–7700; (d) Johnson, A.W. (1966) *Ylide Chemistry*, Academic Press, New York; (e) Trost, B.M. and Melvin, L.S., Jr., (1975) *Sulfur Ylides: Emerging Synthetic Intermediates*, Academic Press, New York.
137. Noritake, S., Shibata, N., Nakamura, S., and Toru, T. (2008) *Eur. J. Org. Chem.*, 3465–3468.
138. (a) Brahms, D.L.S. and Dailey, W.P.

(1996) *Chem. Rev.*, **96**, 1585–1632, and references cited therein; (b) Gerstenberger, M.R.C. and Haas, A. (1981) *Angew. Chem. Int. Ed. Engl.*, **20**, 647–667; (c) Tozer, M.J. and Herpin, T.F. (1996) *Tetrahedron*, **26**, 8619–8683.

139. (a) Dixon, D.A. (1986) *J. Phys. Chem.*, **90**, 54–56; (b) Carter, E.A. and Goddard, W.A. III (1988) *J. Chem. Phys.*, **88**, 1752–1763.

140. Seyferth, D., Dentouzos, H., Zuzki, R., and Muy, J.Y.-P. (1967) *J. Org. Chem.*, **32**, 2980.

141. (a) Seyferth, D., Hopper, S.P., and Darragh, K.V. (1969) *J. Am. Chem. Soc.*, **91**, 6536–6537; (b) Seyferth, D., Hopper, S.P., and Murphy, J. (1972) *J. Organomet. Chem.*, **46**, 201; (c) Seyferth, D. and Hopper, S.P. (1972) *J. Org. Chem.*, **37**, 4070–4075.

142. Naumann, D., Möckel, R., and Tyrra, W. (1994) *Angew. Chem. Int. Ed. Engl.*, **33**, 323–325.

143. (a) Birchall, J.M., Cross, G.W., and Haszeldine, R.N. (1960) *Proc. Chem. Soc.*, 81; (b) Burton, D.J. and Wheaton, G.A. (1976) *J. Fluorine Chem.*, **8**, 97; (c) Burton, D.J. and Wheaton, G.A. (1978) *J. Org. Chem.*, **43**, 2643.

144. (a) Chen, Q.-Y. and Wu, S.-W. (1989) *J. Org. Chem.*, **54**, 3023; (b) Chen, Q.-Y. and Wu, S.-W. (1989) *J. Chem. Soc., Chem. Commun.*, 705.

145. (a) Burton, D.J. and Naae, P.G. (1973) *J. Am. Chem. Soc.*, **95**, 8467; (b) Bessard, Y., Müller, U., and Schlosser, M. (1990) *Tetrahedron*, **46**, 5213; (c) Bessard, Y. and Schlosser, M. (1990) *Tetrahedron*, **46**, 5222–5229; (d) Bessard, Y. and Schlosser, M. (1991) *Tetrahedron*, **47**, 7323–7328.

146. (a) Dolbier, W.R., Jr., and Burkholder, C.R. (1990) *J. Org. Chem.*, **55**, 589; (b) Dolbier, W.R., Jr., Wojtowicz, H., and Burkholder, C.R. (1990) *J. Org. Chem.*, **55**, 5420; (c) Balcerzak, P. and Jonczyk, A. (1994) *J. Chem. Res. (S)*, 200; (d) Crabbé, P., Cervantes, A., Cruz, A., Galeazzi, E., Iriate, J., and Verlarde, E. (1973) *J. Am. Chem. Soc.*, **95**, 6655.

147. Wang, F., Luo, T., Hu, J., Wang, Y., Krishnan, H.S., Jog, P.V., Ganesh, S.K., Prakash, G.K.S., and Olah, G.A. (2011) *Angew. Chem. Int. Ed.*, **50**, 7153–7157.

148. Erbes, V.P. and Boland, W. (1992) *Helv. Chim. Acta*, **75**, 766–772.

149. (a) Cullen, W.R. and Waldman, M.C. (1969) *Can. J. Chem.*, **47**, 3093–3098; (b) Cullen, W.R. and Waldman, M.C. (1971) *J. Fluorine Chem.*, **1**, 151.

150. Seyferth, D. and Hopper, S.P. (1971) *J. Organomet. Chem.*, **26**, C62–C64.

151. Tian, F., Kruger, V.K., Bautista, O., Duan, J.-X., Li, A.-R., Dolbier, W.R., and Chen, Q.-Y., Jr., (2000) *Org. Lett.*, **2**, 563–564.

152. Xu, W. and Chen, Q.-Y. (2003) *Org. Biomol. Chem.*, **1**, 1151–1156.

153. Brisdon, A.K., Crossley, I.R., Flower, K.R., Pritchard, R.G., and Warren, J.E. (2003) *Angew. Chem. Int. Ed.*, **42**, 2399–2401.

4 一些典型的含氟结构和反应类型

4.1 二氟甲基化和卤代二氟甲基化反应

含有二氟甲氧基取代基的化合物在药物化学[1]和用于显示器的液晶材料[2]中有很重要的应用。尽管大多数这类化合物都出现在芳香族化合物中，但一些脂肪族的含二氟甲基醚类化合物也有很重要的应用，如麻醉剂[3]。

芳香族二氟甲基醚类化合物，可以很方便地通过苯酚盐和 $CHClF_2$（R-22）的反应来制备[4]。尽管从表面上看，这个反应是苯酚负离子和 $CHClF_2$ 中的氯原子的亲核取代反应，但实际上，在这个转化过程中包含了一个亲电的二氟卡宾活泼中间体[5]（图式4.1）。其他一些亲核试剂也可以通过类似的反应得到相应的二氟甲基化产物[6]。

原则上，脂肪醇类化合物也可以发生二氟甲基化反应，但生成的二氟甲基醚类化合物常常会发生酸催化的水解反应而生成相应的甲酸酯类化合物。只有在底物中含一些强吸电子取代基而使其具有足够的酸性时，这类化合物才具有一定的稳定性。含有 O-二氟甲基结构的糖类化合物已经有所报道[7]。相反一些多氟烷基二氟甲基醚类化合物可以通过激烈的反应条件来进行制备（图式4.2）而且这类化合物具有很高的稳定性，通常被用做吸入式麻醉剂[3,8]。

另一个与此相关的反应是亲核试剂和二卤代二氟甲烷（如 CF_2Br_2）的卤代二氟甲基化反应[9]。这类反应通常是通过亲核试剂向 CF_2XY（X 和 Y 是除氟原子外的其他卤素原子）的单电子转移过程而引发的。这些过程中所形成的自由基离子对的后续反应和亲核试剂形成稳定自由基的能力及反应体系的介质有很大的关系[10]。例如：对于苯酚阴离子[4a,5,11]和苯硫酚阴离子[4c,11a]，通常是通过二氟卡宾的途径来完成反应，而对于烯胺类和炔胺类化合物则通常通过自由基链式机理的卤代甲基化反应而完成的（参见3.1节）[12]（图式4.3）。

图式 4.1 O-,N-和 S-亲核试剂的亲电二氟甲基化反应[4a,4b,6]

图式 4.2 脂肪族二氟甲基醚类化合物的合成[3,7a,8]

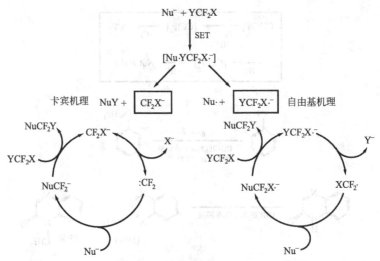

图式 4.3 不同底物发生卤代二氟甲基化反应过程中的可能的不同机理[9,10]

没有共振稳定的 C-亲核试剂的溴二氟甲基化反应通常认为是通过一个卡宾的机理来进行的（图式 4.4）。在这个反应中生成的一个典型副产物是亲核试剂的溴代产物[13]。

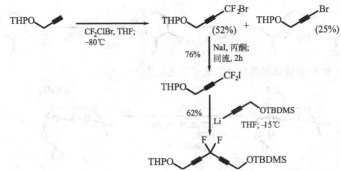

图式 4.4 通过 C-亲核试剂的溴二氟甲基化反应合成花生四烯酸的二氟亚甲基衍生物[13]

在第一步的还原反应中，并不一定需要亲核试剂来作为还原剂。通过加入催化量的铜作为还原剂，同样也可以引发反应的[14]（图式 4.5）。在这个反应过程中包含着一个可能的 S_{RN_1} 反应机理[15]。

图式 4.5 4-N,N-二甲基氨基吡啶（DMAP）的溴二氟甲基化反应。在本反应中利用铜作为引发剂，然后通过和四-二甲基氨基乙烯（TEDA）反应生成 N-叶立德，这个 N-叶立德是 4-N,N-二甲基氨基吡啶（DMAP）和二氟卡宾的加成产物[6a,16]

Hu 和他的合作者，发表了一种利用 N-对甲苯磺酰基-S-二氟甲基-S-苯基亚砜基亚胺试剂，对不同的 S-，N-和 C-亲核试剂的二氟甲基化反应[17]，本反应的结果非常干净。

4.2 全氟烷氧基团

全氟烷氧基，特别是三氟甲氧基是一个在药物（见第 9 章）和有机材料中（参见第 8 章）[18]经常被使用的结构单元。芳香族的和脂肪族的全氟烷氧基化合物通常通过氟化脱硫的方法来制备（参见 2.5.4 节）。但具有重大应用意义的含三氟甲氧基的芳香族化合物，在工业化大批量生产时，通常是利用氟化氢的氯-氟交换反应来制备的[19]（图式 4.6）。

图式 4.6 通过三氯甲氧基衍生物或苯酚制备三氟甲氧基芳香族化合物的工业化合成路线[19]（X＝3 或 4-NO_2，4-Cl，2,4-Cl_2，3-CF_3，4-NH_2，2-F，4-OH）

利用四氟化硫对全氟羧酸和苯酚形成的酯类化合物的氟化，可以方便地制备具有不同结构的各种芳香族全氟烷氧化合物[20]。本方法也可以推广到一些不太敏感底物的脂肪族全氟烷基醚类化合物合成应用过程中[21]（图式 4.7）。

图式 4.7 通过四氟化硫（SF_4）对全氟羧酸酯的氟化反应制备芳香族和脂肪族全氟烷基醚类化合物[20a,21a]

虽然全氟烷氧基的亲核性通常都比较弱，但它们也可以被用来作为对一些脂肪族底物的亲核全氟烷氧基化的试剂[22]。在有较大离子半径的正离子存在下，全氟烷氧基具有比较高的稳定性，这些正离子包括 K^+、Rb^+、$Cs^{+[23]}$、三(二甲基氨基)硫正离子(TAS^+)[24]、1,1,2,2,6,6-六甲基哌啶正离子（pip^+）[25]、六甲基胍盐（HMG^+）[26]等。三氟甲氧基盐也可以很方便地通过有机阳离子的氟化盐和三氟甲磺酸三氟甲酯的反应来产生（图式 4.8）[27]。在大多数的亲核交换反应条件下，全氟烷氧基负离子和全氟羧酸酰氟及氟负离子是一个平衡[28]。所以亲核全氟烷氧基化反应和氟化反应通常是两个竞争反应。

图式 4.8 全氟烷氧基负离子的生成及其通过和具有适当离去基团的底物的亲核取代反应制备脂肪族全氟烷基醚类化合物（TAS^+＝三(二甲基氨基)硫鎓离子；pip^+＝1,1,2,2,6,6-六甲基哌啶鎓离子）[22,24,25,27,28b]

三氟甲氧基也可以通过金属银离子促进的氧化过程引入到芳环体系中[29]。在这里，$TAS^+CF_3O^-$ 作为 CF_3O^- 的供体，芳基锡或芳基硼酸则作为芳香体系的受体。与银离子促进的芳基锡化合物的氟化反应相类似[30]，本反应的机理也是通过亲电氟化试剂 F-TEDA-PF_6 对一价银离子 Ag（Ⅰ）的氧化生成二价银离子 Ag（Ⅱ）的过程进行的（图式 4.9 和图式 4.10；参见 2.4.5 节）。

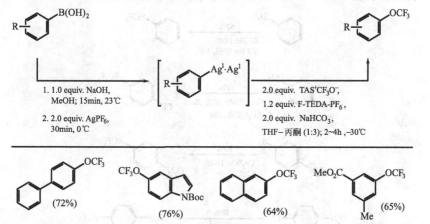

图式 4.9 银离子促进的芳基锡化合物的氧化三氟甲氧基化反应[29]，括弧内数字为反应产率

图式 4.10 银离子促进的芳基硼酸类化合物的氧化三氟甲氧基化反应[29]，括弧内数字为反应产率

4.3 全氟烷硫基团和含硫超强吸电子基团

三氟甲硫基，由于其具有很高的脂溶性（$\pi_p = +1.44$）[31]，在农用化学品中有广泛的应用。它的一些高价硫的类似物，如三氟甲磺酰基、含氟亚磺酰胺及磺酰胺等，都属于已知的具有最强吸电子性能的取代基。所有这些含硫的结构，对酸性水解具有很高的稳定性。

三氟甲硫基可以通过相应的硫醇[32]，硫氰酸盐[33]或二硫化合物来制备，也可以通过亲核的[34]或亲电的—SCF$_3$转移试剂和适当的芳香族和烯烃底物的反应来制备[35,36]（图式 4.11 和图式 4.12）。

$$CS_2 + 3\ AgF \xrightarrow{CH_3CN;\ -Ag_2S} AgSCF_3 \xrightarrow{CuBr;\ -AgBr} \mathbf{CuSCF_3}$$

$$Me_3SiCF_3 \xrightarrow[-20℃]{Me_4NF,\ S_8,\ 乙二醇二甲醚;} \mathbf{Me_4N^+SCF_3^-}$$

$$Me_3SiC_2F_5 \xrightarrow[-20℃]{Me_4NF,\ S_8,\ 乙二醇二甲醚;} \mathbf{Me_4N^+SC_2F_5^-}$$

(a)

$$CS_2 \xrightarrow{Cl_2} ClSCCl_3 \xrightarrow[18h]{76\%\ 48\%\ HBr;\ 5\sim10℃,} BrSCCl_3 \xrightarrow[160℃]{68\%\ NaF,\ 环丁砜;} \mathbf{F_3CSSCF_3} \xrightarrow{Cl_2} \mathbf{F_3CSCl}$$

(b)

图式 4.11 一些最重要的亲核（a）和亲电（b）全氟烷基硫转移试剂的合成[34a,34b,37]

PhSMe $\xrightarrow{Cl_2}$ PhSCCl$_3$ $\xrightarrow{HF}$ PhSCF$_3$

PhSK $\xrightarrow[2.7\ bar,\ 室温,\ 3\ h]{62\%\ CF_3Br,\ DMF;}$ PhSCF$_3$

4-Cl-C$_6$H$_4$-SH $\xrightarrow[2.\ F_9C_4I;\ 室温,\ 18h]{83\%\ 1.\ NaH,\ DMF;\ 室温,\ 2h}$ 4-Cl-C$_6$H$_4$-SC$_4$F$_9$

4-O$_2$N-C$_6$H$_4$-I $\xrightarrow[120℃,\ 2.5h]{80\%\ CF_3SCu,\ DMF;}$ 4-O$_2$N-C$_6$H$_4$-SCF$_3$

(4-O$_2$N-7-Cl-benzofurazan) $\xrightarrow[-15℃至室温]{80\%\ Cl_2CS,\ KF,\ CH_3CN;}$ (4-O$_2$N-7-SCF$_3$-benzofurazan)

4-O$_2$N-C$_6$H$_4$-SCl $\xrightarrow[THF;\ 0℃]{14\%\ Me_3SiCF_3,\ Bu_4N^+F^-;}$ 4-O$_2$N-C$_6$H$_4$-SCF$_3$

$(C_8H_{17}S)_2$ $\xrightarrow[THF;\ 0℃]{96\%\ Me_3SiCF_3,\ Bu_4N^+F^-;}$ $C_8H_{17}SCF_3$

(糖基-SCN) $\xrightarrow[THF;\ -25℃,\ 1\ h]{56\%\ Me_3SiCF_3,\ Bu_4N^+F^-;}$ (糖基-SCF$_3$)

图式 4.12 不同类型全氟烷基硫代芳香族化合物的合成[33a,34c,35c,36,38~42]

从 2010 年以来，随着一些合适的配体体系发现[43]，实现了在温和的条件下，以钯作为催化剂，对卤代芳烃的三氟甲硫基化反应（图式 4.13）[44]。

图式 4.13 以钯为催化剂，以 AgSCF$_3$ 作为三氟甲硫基化试剂，制备 ArSCF$_3$ 的反应[44]。a 2.0% Pd, 2.2% BrettPhos; b 3.0% Pd, 3.3% BrettPhos; c 1.5% Pd, 1.65% BrettPhos; d 3.0% Pd, 3.0% BrettPhos（以上均为摩尔分数）

含全氟烷基硫取代基的有机化合物可以用不同的方法将它们氧化成相应的亚砜[45]和砜[35a,40]类化合物（图式 4.14）。与相应的不含氟的硫醚类化合物相比，由于全氟烷硫基（SR$_F$）的存在，使含氟硫醚具有更好的抗氧化性能，所以一般需要更强烈的条件才能将它们氧化。

另一种制备芳香族三氟甲基砜或亚砜的方法，是通过芳香族磺酰卤或亚磺酰卤化合物和三氟甲基化试剂 Me$_3$SiCF$_3$ 的亲核取代反应来实现的[46]（图式 4.15）。

图式 4.14 全氟烷基亚磺酰基（SOR$_F$）和全氟烷基磺酰基（SO$_2$R$_F$）衍生物的合成[35a,40,45]

图式 4.15 通过亲核三氟甲基化反应，从亚磺酰氯和磺酰氯制备相应的三氟甲基亚砜和砜类化合物[46]

制备磺酰亚胺的一种方法是三氟甲磺酸酐对相应的亚砜类化合物的亲电活化，然后通过形成的锍正离子和三氟甲磺酰胺的反应来实现的[47]（图式 4.16）。

图式 4.16 从亚砜合成具有超强吸电子性质的磺酰亚胺取代基化合物[46b~48]

另一种方法是通过对相应亚砜类化合物的氧化亚氨基化反应，接着对生成的中间体进行三氟甲磺酰化反应来制备[48]。

第三种方法是通过二芳基二硫化合物与 N,N-二氯三氟甲磺酰胺的氧化胺化反应，来制备相应的含氟的亚氨基亚磺酰氯化合物（图式 4.17）。

图式 4.17 N,N-二氯三氟甲磺酰胺氧化制备一些具有超强吸电子性质的硫代亚胺取代基化合物[46b,49]

4.4 五氟化硫基团及相关结构的化合物

另一个含硫的具有强极性的基团是 λ_6-五氟化硫官能团[50]。20 世纪 60 年代初，人们首次合成和表征了一些含有五氟化硫（SF_5）官能团的芳香族[51]和脂肪族[52]衍生物。但短短几年时间后，除了少数几篇关于这类化合物的研究报道外[53]，人们对这类具有不寻常官能团（SF_5）化合物的研究兴趣几乎完全消失。这其中一部分原因是由于这类化合物的合成极不方便，另一部分原因是由于人们当时对五氟化硫（SF_5）基团水解稳定性的错误认识。

直到 20 世纪 90 年代末期，在发现了通过直接氟化制备邻或间五氟化硫硝基苯化合物的商业化方法后[54]，人们又重新开始了对该官能团的研究工作。由于它具有极强的极性和很好的亲脂性，五氟化硫基团作为一个非常有趣的官能团，不仅在具有生物活性化合物设计[55]，而且在功能高分子材料，如聚合物[53b~d]及液晶材料[49]中得到了应用。

1960 年 W. A. Sheppard 首次报道了芳香族五氟化硫衍生物的合成方法[51a,57]。在该报道中，作者利用二芳基二硫化物作为原料，以二氟化银（AgF_2）做氟化试剂，通过分步氧化氟化的方法，经三氟化硫芳基化合物[58]，最终得到相应的五氟化硫产物[51b]。在这个早期的方法中有两个缺点，一个是本方法的产率比较低，另一个是有时候本方法的重复性不好。后来 Thrasher 及合作者[53b~d,59]发现 Sheppard 所用的高压釜材料中的铜，对本转化有催化作用。他们提出铜和其他一些金属材料通过形成金属硫化物的中间体，对氟化反应起到了促进作用。

1996 年引入了一种新的和可靠的制备五氟化硫取代的芳香化合物的方法，使五氟化硫取代的芳香化合物的商业化有了第一次重大的突破，在这新的制备方法中，利用双-(硝基苯)-二硫化合物作为起始原料，通过直接氟化一步就得到了五氟化硫取代的芳香化合物[54c]。这种新合成路线提供了制备大量这类化合物的方便办法，从而再一次引起了人们对含有五氟化硫基团化合物性质的研究兴趣，特别是对它的水解稳定性方面的研究。一个最新的突破来自 2008 年，人们不再需要利用元素氟作为氟化剂制备 SF_5 基团[60]：在氟离子的存在下，通过氯气对芳基二硫化合物的氧化反应，制备芳基一氯四氟化硫中间体[61]，分子中残留的一个氯原子可以通过氟化盐的 Lewis 酸如氟化锌或 HF 进行氟化取代（图式 4.18）。

图式 4.18 制备五氟化硫取代的芳香化合物的不同方法[51b,51d,54c,54d,59,60]。制备五氟化硫取代的邻或对硝基苯芳香化合物的商业化方法是通过对相应的二硫化合物的直接氟化来或氯气促进的氟化反应来实行的

从 Sheppard[51a]的原始报道开始，人们就发现五氟化硫芳香族化合物中的五氟化硫基团的水解稳定性相当于甚至超过相应的三氟甲基化合物中的三氟甲基的稳定

性（图式 4.19）；它有足够的稳定性，可以作为药物化学中的一个结构单元。芳香族化合物中的五氟化硫基团可以承受强 Brønsted 酸或碱的进攻，它们在金属镍、钯和铂催化的氢化反应及 C—C 键偶联反应的条件下也都能保持稳定[56,62]。

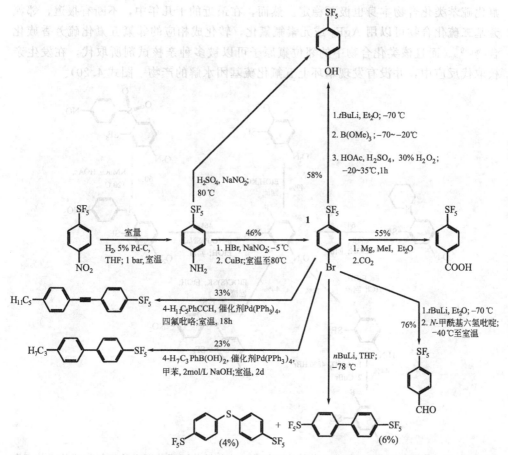

图式 4.19 4-硝基五氟化硫苯的一些化学转化，说明了其稳定性和三氟甲基芳香族化合物相当[51b,56a]。五氟化硫基化合物唯一致命的弱点是它会被一些金属试剂还原，如正丁基锂的四氢呋喃溶液

和相应的三氟甲基化合物一样，五氟化硫取代的芳香族化合物对强 Lewis 酸也相当敏感[63]。但和三氟甲基化合物不同，五氟化硫的芳香族化合物唯一致命的弱点就是它会被一些金属试剂还原。Sheppard 发现：对溴五氟化硫苯（**1**）不能直接和金属镁反应来制备其相应的格氏试剂，只有在甲基碘化镁的催化作用下，本反应才能进行[51b]。试图在 −78℃下，通过对溴五氟化硫苯（**1**）和正丁基锂的四氢呋喃溶液反应制备相应的锂试剂，但没有成功，得到的是一些对溴五氟化硫苯被还原的产物。另一方面，在 −78℃下，如果用叔丁基锂的乙醚溶液作为反应试剂，则对溴五氟化硫苯（**1**）可以完全转化成相应的锂试剂，该试剂可以应用在许多不同的化学转化反应中[56a]。

虽然间或对硝基三氟化硫苯可以转化成对应的五氟化硫化合物，但 Sheppard 并不能用相同的方法将邻硝基三氟化硫苯转化成相应的五氟化硫化合物，这是由于大体积的五氟化硫基团和邻位硝基的立体作用所致[51b]，同时，推测邻位取代的五氟化硫苯类化合物本身也极不稳定。然而，在最近的十几年中，不断有报道，邻氟芳基二硫化合物可以用 AgF_2 或元素氟氟化，转化成相应的邻氟五氟化硫芳香族化合物[59]。而且该类化合物中的邻位氟原子可以被多种亲核试剂所取代，在发生亲核取代反应中，并没有发现苯环上五氟化硫基团水解的产物（图式 4.20）。

图式 4.20　1-氟-4-硝基-2-五氟化硫苯的化学转化。这些转化证明芳环上的五氟化硫基团并不会因为由于邻位有大的取代基的存在而变得不稳定[59]

从电子效应方面来讲，五氟化硫基团可以被看成是"超级三氟甲基"基团。它的诱导效应和共振效应常数分别是[64]（$\sigma_I = 0.55$，$\sigma_R = 0.11$），和三氟甲基相应的数值[51c]（$\sigma_I = 0.39$，$\sigma_R = 0.12$）相比要大得多。

五氟化硫基团的电负性是 3.62[65]，比三氟甲基的电负性 3.45[66] 大。在设计一些功能高分子材料（如在液晶材料）过程中，一个特别吸引人的特性是，利用五氟化硫基团作为取代基，可以制备得到具有最大偶极矩的化合物。例如五氟化硫苯（$PhSF_5$）的偶极矩是 3.44D（25℃）[51c]，而相应三氟甲苯（$PhCF_3$）的偶极矩却只有 2.6D[67]。

自从 20 世纪 50 年代以来，人们利用各种不同的方法制备了全氟脂肪族五氟化硫类化合物，包括利用三氟化钴氟化、直接氟化或电解氟化等方法[50a]。然而，另一方面，选择性地在一些复杂的脂肪族化合物中引入五氟化硫基团的方法，还有待进一步的研究和探索。

合成脂肪族五氟化硫衍生物最常用的方法是通过 SF_5X (X=Cl，Br) 对烯烃的自由基加成反应来实现的（图式 4.21）。SF_5X 的反应活性和全氟烷基碘代烷或溴代烷相似，而加成产物的稳定性也和全氟烷基的类似物相近[52,68]。研究发现，催化量的三乙基硼，可以促进一溴五氟化硫对烯烃的加成反应[69]。尽管如此，由于 SF_5Cl 及 SF_5Br 的制备很不容易，所以到目前为止，关于脂肪族五氟化硫衍生物及烯基五氟化硫衍生物的理化性质的研究还鲜有报道[68c,70]。

图式 4.21 一些非芳香族五氟化硫衍生物的合成例子[52,68]

以四氟化硫为桥链的二芳基化合物，可以用合成五氟化硫芳香化合物相类似的方法来制备[71a]（图式 4.22）。直接用 10% 氟气（用氮稀释）来氟化二芳基硫醚化合物，可以得到相应的顺、反异构体的混合物。在氟化过程中，为了避免在苯环上发生氟化反应，该二芳基硫醚化合物的苯环上需要有强吸电子基团来降低其反应活性。由于二芳基三氟化锍正离子（**2**）是共振离域的，具有相当的稳定性，所以在催化量亲氟性的 Lewis 酸催化下，顺式异构体可以很方便地转化成热力学上更加稳定的反式异构体。相类似的方法也被用在了制备带有反式-SF_4CF_3 官能团的芳基化合物的过程中，这是一类被认为在液晶材料中具有最大极性和憎水性的端基[71b]（图式 4.23）。

图式 4.22 双（对硝基苯基）四氟化硫顺、反异构体混合物的合成及转化成热力学上更加稳定的反式异构体的催化异构化反应[71]

图式 4.23 反式三氟甲基四氟化硫芳基衍生物的合成及化学转化[71b]。和中间体 **2**（图式 4.22）类似，在 $AlCl_3$ 催化的异构化过程中，经过了一个三氟甲基三氟化锍正离子的平衡过程

五氟化硫氧基（F_5SO-）可以看成是三氟甲氧基的含硫类似物。和芳香族五氟化硫化合物一样，五氟化硫氧基芳香化合物也有相当高的水解稳定性，这是由于五个氟原子的屏蔽作用，使亲核试剂很难进攻硫原子所致。由于五氟化硫氧基芳香化合物具有相当高的热稳定性（b.p. 49℃）[73]，所以这类化合物是通过芳香族化合物和双五氟化硫过氧化合物（F_5SOOSF_5）[72]在高温下的反应来制备的（图式 4.24）。由于双五氟化硫过氧化合物（F_5SOOSF_5）的制备相当困难，所以，自从 1962 年关于它的研究的第一篇论文发表后，遗憾的是，至今也未见对这类化合物研究的进一步报道。对 4-五氟化硫氧基苯甲酸的物化性质研究（其 $pK_a=5.04$，苯甲酸为 5.68，对硝基苯甲酸为 4.55）表明 p-OSF_5 基团有相对较大的 σ_{para} 的值：

+0.44（比较：p-F：+0.062；p-COOEt：+0.45）显示出 p-OSF$_5$ 基团具有强的吸电子诱导效应（−I）。

图式 4.24 一些五氟化硫氧芳香族衍生物的合成[73]

参考文献

1. McCarthy, J. (2000) Utility of fluorine in biologically active molecules. Tutorial, Division of Fluorine Chemistry, 219th National Meeting of the American Chemical Society, San Francisco, March 26, 2000.
2. Kirsch, P. and Bremer, M. (2000) *Angew. Chem. Int. Ed.*, **39**, 4216–4235.
3. K. Ramig and D.F. Halpern (1999) in *Enantiocontrolled Synthesis of Fluoro-Organic Compounds: Stereochemical Challenges and Biomedical Targets* (ed. V.A. Soloshonok), John Wiley & Sons, Inc., New York, pp. 454–468.
4. (a) Miller, T.G. and Thanassi, J.W. (1960) *J. Org. Chem.*, **25**, 2009–2012; (b) Shen, T.Y., Lucas, S., and Sarett, L.H. (1961) *Tetrahedron Lett.*, **2**, 43–47; (c) Suda, M. and Hino, C. (1981) *Tetrahedron Lett.*, **22**, 1997; (d) Morimota, K., Makino, K., and Sakata, G. (1992) *J. Fluorine Chem.*, **59**, 417.
5. Hine, J. and Porter, J.J. (1957) *J. Am. Chem. Soc.*, **79**, 5493–5496.
6. (a) Bissky, G., Staninets, V.I., Kolomeitsev, A.A., and Röschenthaler, G.-V. (2001) *Synlett*, 374–378; (b) Tsushima, T., Ishikawa, S., and Fujita, Y. (1990) *Tetrahedron Lett.*, **31**, 3017.
7. (a) Miethchen, R., Hein, M., Naumann, D., and Tyrra, W. (1995) *Liebigs Ann.*, 1717–1719; (b) Tyrra, W. and

Naumann, D. (1996) *J. Prakt. Chem.*, **338**, 283–286.

8. Huang, C.G., Rozov, L.A., Halpern, D.F., and Vernice, G.G. (1993) *J. Org. Chem.*, **58**, 7382–7387.
9. Tozer, M.J. and Herpin, T.F. (1996) *Tetrahedron*, **52**, 8619–8683.
10. Rico, I., Cantacuzene, D., and Wakselman, C. (1983) *J. Org. Chem.*, **48**, 1979.
11. (a) Rico, I. and Wakselman, C. (1981) *Tetrahedron Lett.*, **22**, 323; (b) Fuss, A. and Koch, V. (1990) *Synthesis*, 604; (c) Fuss, A. and Koch, V. (1990) *Synthesis*, 681; (d) Kolycheva, M.T., Gerus, I.I., Yagupolskii, Y.L., Galushko, S.V., and Kukhar, V.P. (1991) *Zh. Org. Khim.*, **27**, 781.
12. Rico, I., Cantacuzene, D., and Wakselman, C. (1981) *Tetrahedron Lett.*, **22**, 3405.
13. Kwok, P.-Y., Muellner, F.W., Chen, C.-K., and Fried, J. (1987) *J. Am. Chem. Soc.*, **109**, 3684–3692.
14. Kolomeitsev, A., Schoth, R.-M., Lork, E., and Röschenthaler, G.-V. (1996) *Chem. Commun.*, 335–336.
15. Wakselman, C. (1992) *J. Fluorine Chem.*, **59**, 367.
16. Bissky, G., Röschenthaler, G.-V., Lork, E., Barten, J., Médebielle, M., Staninets, V., and Kolomeitsev, A.A. (2001) *J. Fluorine Chem.*, **109**, 173–181.
17. Zhang, W., Wang, F., and Hu, J. (2009) *Org. Lett.*, **11**, 2109–2112.
18. Leroux, F.R., Manteau, B., Vors, J.-P., and Pazenok, S. (2008) *Beilstein J. Org. Chem.*, **4** (13), doi: 10.3762/bjoc.4.13.
19. (a) Farbwerke Hoechst, AG (1957) GB Patent 765,527; (1957) Chem. Abstr., 51, 81705; (b) Feiring, E.A. (1979) *J. Org. Chem.*, **44**, 2907.
20. (a) Sheppard, W.A. (1964) *J. Org. Chem.*, **29**, 1–11; (b) Alekseeva, L.A., Belous, V.M., and Yagupolskii, L.M. (1974) *J. Org. Chem. USSR*, **10**, 1063–1068.
21. (a) Sheppard, W.A. (1964) *J. Org. Chem.*, **29**, 11–15; (b) Hasek, W.R., Smith, W.C., and Engelhardt, V.A. (1960) *J. Am. Chem. Soc.*, **82**, 543–551.
22. Trainor, G.L. (1985) *J. Carbohydr. Chem.*, **4**, 545–563.
23. Redwood, M.E. and Willis, C.J. (1965) *Can. J. Chem.*, **43**, 1893.
24. Farnham, W.B., Smart, B.E., Middleton, W.J., Calabrese, J.C., and Dixon, D.A. (1985) *J. Am. Chem. Soc.*, **107**, 4565–4567.
25. Zhang, X. and Seppelt, K. (1997) *Inorg. Chem.*, **36**, 5689–5693.
26. Kolomeitsev, A.A., Bissky, G., Barten, J., Kalinovich, N., Lork, E., and Röschenthaler, G.-V. (2002) *Inorg. Chem.*, **41**, 6118–6124.
27. Kolomeitsev, A.A., Vorobyev, M., and Gillandt, H. (2008) *Tetrahedron Lett.*, **49**, 449–454.
28. (a) Chambers, R.D. 1973 *Fluorine in Organic Chemistry*, John Wiley & Sons, Inc., New York, pp. 224–228, and references cited therein; (b) Schwertfeger, W. and Siegemund, G. (1980) *Angew. Chem. Int. Ed. Engl.*, **19**, 126.
29. Huang, C., Liang, T., Harada, S., Lee, E., and Ritter, T. (2011) *J. Am. Chem. Soc.*, **133**, 13308–13310.
30. Tang, P., Furuya, T., and Ritter, T. (2010) *J. Am. Chem. Soc.*, **132**, 12150–12154.
31. (a) Fujita, T., Iwasa, J., and Hansch, C. (1964) *J. Am. Chem. Soc.*, **86**, 5175; (b) Hansch, C., Muir, R.M., Fujita, T., Maloney, P.P., Geiger, F., and Streich, M. (1963) *J. Am. Chem. Soc.*, **85**, 2817.
32. (a) Haszeldine, R.N., Rigby, R.B., and Tipping, A.E. (1972) *J. Chem. Soc., Perkin Trans. 1*, 2180; (b) Still, I.W.J (1991) *Phosphorus Sulfur Silicon Relat. Elem.*, **58**, 129.
33. (a) Bouchu, M.-N., Large, S., Steng, M., Langlois, B., and Praly, J.-P. (1998) *Car-*

bohydr. Res., **314**, 37–45; (b) Russell, J. and Roques, N. (1998) *Tetrahedron*, **54**, 13771–13782.

34. (a) Clark, J.H., Jones, C.W., Kybett, A.P., and McClinton, M.A. (1990) *J. Fluorine Chem.*, **48**, 249–253; (b) Kirsch, P., Röschenthaler, G.-V., Bissky, G., and Kolomeitsev, A. (2001) DE Patent 10254597; (2003) Chem. Abstr., **139**, 68948; (c) Kolomeitsev, A., Medebielle, M., Kirsch, P., Lork, E., and Röschenthaler, G.-V. (2000) *J. Chem. Soc., Perkin Trans. 1*, 2183–2185; (d) Tyrra, W., Naumann, D., Hoge, B., and Yagupolskii, Y.L. (2003) *J. Fluorine Chem.*, **119**, 101–107.

35. (a) Yagupolskii, L.M., Kondratenko, N.V., and Sambur, V.P. (1975) *Synthesis*, 721–723; (b) Remy, D.C., Rittle, K.E., Hunt, C.A., and Friedman, M.B. (1976) *J. Org. Chem.*, **41**, 1644–1646; (c) Kondratenko, N.V., Kolomeitsev, A.A., Popov, V.I., and Yagupolskii, L.M. (1985) *Synthesis*, 667–669; (d) Clark, J.H., Jones, C.W., Kybett, A.P., McClinton, M.A., Miller, J.M., Bishop, D., and Blade, R.J. (1990) *J. Fluorine Chem.*, **48**, 249–255.

36. Chen, C., Xie, Y., Chu, L., Wang, R.-W., Zhang, X., and Qing, F.-L. (2012) *Angew. Chem. Int. Ed.*, **51**, 2492–2495.

37. (a) Dear, R.E. and Gilbert, E.E. (1972) *Synthesis*, 310; (b) Lehms, I., Kaden, R., Oese, W., Mross, D., Kochmann, W., and Ziegenhagen, D. (1990) DD Patent 274820; (1990) Chem. Abstr., **113**, 114647.

38. Review: Neugebauer, T. (2000) *GIT Labor Fachz.*, (9), 1057–1060.

39. Wakselman, C. and Tordeux, M. (1985) *J. Org. Chem.*, **50**, 4047–4051.

40. Joglekar, B., Miyake, T., Kawase, R., Shibata, K., Muramatsu, H., and Matsui, M. (1995) *J. Fluorine Chem.*, **74**, 123–126.

41. Billard, T. and Langlois, B.R. (1996) *Tetrahedron Lett.*. **37**. 6865–6868.

42. Andreades, S., Harris, J.F., and Sheppard, W.A. Jr., (1964) *J. Org. Chem.*, **29**, 898–900.

43. (a) Fors, B.P., Davis, N.R., and Buchwald, S.L. (2009) *J. Am. Chem. Soc.*, **131**, 5766–5768; (b) Watson, D.A., Su, M., Teverovskiy, G., Zhang, Y., García-Fortanet, J., Kinzel, T., and Buchwald, S.L. (2009) *Science*, **325**, 1661–1664.

44. Teverovskiy, G., Surry, D.S., and Buchwald, S.L. (2011) *Angew. Chem. Int. Ed.*, **50**, 7312–7314.

45. Yagupolskii, L.M., Kondratenko, N.V., and Temofeeva, G.N. (1984) *J. Org. Chem. USSR*, **20**, 103–106.

46. (a) Kolomeitsev, A.A., Movchun, V.N., Kondratenko, N.V., and Yagupolski, Y.L. (1990) *Synthesis*, 1151–1152; (b) Garlyauskajte, R.Y., Sereda, S.V., and Yagupolskii, L.M. (1994) *Tetrahedron*, **50**, 6891–6906; (c) Movchun, V.N., Kolomeitsev, A.A., and Yagupolskii, Y.L. (1995) *J. Fluorine Chem.*, **70**, 255–257.

47. Kondratenko, N.V., Popov, V.I., Timofeeva, G.N., Ignatiev, N.V., and Yagupolskii, L.M. (1985) *J. Org. Chem. USSR*, **21**, 2367–2371.

48. Kondratenko, N.V., Popov, V.I., Radchenko, O.A., Ignatiev, N.V., and Yagupolskii, L.M. (1987) *J. Org. Chem. USSR*, **23**, 1542–1547.

49. Yagupolskii, L.M., Garlyauskajte, R.Y., and Kondratenko, N.V. (1992) *Synthesis*, 749–750.

50. Recent reviews: (a) Lentz, D. and Seppelt, K. (1999) in *Chemistry of Hypervalent Compounds*, Chapter 10 (ed. K. Akiba,), John Wiley & Sons, Inc., New York, p. 295; (b) Winter, R. and Gard, G.L. 1994 in *Inorganic Fluorine Chemistry: Towards the 21st Century*, ACS Symposium Series, Vol. 555 (eds. J.S. Thrasher, S.H. Strauss), American Chemical Society, Washington, DC pp. 128–147.

51. (a) Sheppard, W.A. (1960) *J. Am. Chem. Soc.*, **82**, 4751–4752; (b) Sheppard,

W.A. (1962) *J. Am. Chem. Soc.*, **84**, 3064–3071; (c) Sheppard, W.A. (1962) *J. Am. Chem. Soc.*, **84**, 3072–3076; (d) Roberts, H.L. (1962) *J. Chem. Soc.*, 3183–3185.

52. (a) Hoover, F.W. and Coffman, D.D. (1964) *J. Org. Chem.*, **29**, 3567–3570; (b) Case, J.R., Ray, N.H., and Roberts, H.L. (1961) *J. Chem. Soc.*, 2066–2070.

53. (a) Raasch, M.S. (1963) US Patent 3,073,861; (1963) Chem. Abstr., **58**, 81271; (b) Jesih, A., Sypyagin, A.M., Chen, L.F., Hong, W.D., and Thrasher, J.S. (1993) *Polym. Prepr. Am. Chem. Soc. Div. Polym. Chem.*, **34** (1), 385; (c) Clair, A.K.S., Clair T.L.S., and Thrasher, J.S. (1992) US Patent 5,220,070; (1992) Chem. Abstr., **117**, 70558; (d) Williams, A.G. and Foster, N.R. (1994) WO Patent 94/22817; (1995) Chem. Abstr., **122**, 58831.

54. (a) Chambers, R.D., Greenhall, M.P., Hutchinson, J., Moilliet, J.S., and Thomson, J. (1996) in *Abstracts of Papers, Proceedings of the 211th National Meeting of the American Chemical Society, New Orleans, LA, March 24–26, 1996*, American Chemical Society, Washington, DC, FLUO 11; (b) Greenhall, M.P. (1997) Presented at the 15th International Symposium on Fluorine Chemistry, Vancouver, Canada, August 2–7, 1997, presentation FRx C-2; (c) Bowden, R.D., Greenhall, M.P., Moillet, J.S., and Thomson, J. (1997) (F2 Chemicals), WO Patent 97/05106; (1997) Chem. Abstr., **126**, 199340; (d) Bowden, R.D., Greenhall, M.P., Moillet, J.S., and Thomson, J. (1997) (F2 Chemicals), US Patent 5,741,935; (1997) Chem. Abstr., **126**, 199340.

55. (a) Stinson, S.C. (1996) *Chem. Eng. News*, **74** (29), 35; (b) Stinson, S.C. (2000) *Chem. Eng. News*, **78** (28), 63.

56. (a) Kirsch, P., Bremer, M., Heckmeier, M., and Tarumi, K. (1999) *Angew. Chem. Int. Ed.*, **38**, 1989–1992; (b) Kirsch, P., Bremer, M., Taugerbeck, A., and Wallmichrath, T. (2001) *Angew. Chem. Int. Ed.*, **40**, 1480–1484; (c) Kirsch, P., Bremer, M., Heckmeier, M., and Tarumi, K. (2000) *Mol. Cryst. Liq. Cryst.*, **346**, 29–33.

57. Sharts, C.M. (1998) *J. Fluorine Chem.*, **90**, 197–199.

58. Sheppard, W.A. (1962) *J. Am. Chem. Soc.*, **84**, 3058–3063.

59. (a) Sipyagin, A.S., Bateman, C.P., Tan, Y.-T., and Thrasher, J.S. (2001) *J. Fluorine Chem.*, **112**, 287–295, and references cited therein; (b) Kirsch, P. and Hahn, A. (2005) *Eur. J. Org. Chem.*, 3095–3100.

60. (a) Umemoto, T. (2008) (IM&T Research, Inc.), WO Patent 2010/014665; (b) Umemoto, T., Garrick, L.M., and Saito, N. (2012) *Beilstein J. Org. Chem.*, **8**, 461–471.

61. Umemoto, T. and Singh, R.P. (2012) *J. Fluorine Chem.*, **140**, 17–27.

62. Bowden, R.D., Comina, P.J., Greenhall, M.P., Kariuki, B.M., Loveday, A., and Philp, D. (2000) *Tetrahedron*, **56**, 3399.

63. Kleemann, G. and Seppelt, K. (1981) *Angew. Chem. Int. Ed. Engl.*, **20**, 1037.

64. (a) Taft, R.W. and Lewis, I.C. Jr., (1959) *J. Am. Chem. Soc.*, **81**, 5343; (b) Taft, R.W. Jr., (1960) *J. Phys. Chem.* **64**, 1805.

65. Castro, V., Boyer, J.L., Canselier, J.P., Terjeson, R.J., Mohtasham, J., Peyton, D.H., and Gard, G.L. (1990) *Magn. Reson. Chem.*, **28**, 998.

66. Huheey, J.E. (1965) *J. Phys. Chem.*, **69**, 3284.

67. Roberts, J.D., Webb, R.L., and McElhill, E.A. (1950) *J. Am. Chem. Soc.*, **72**, 408.

68. (a) Wessel, J., Hartl, H., and Seppelt, K. (1986) *Chem. Ber.*, **119**, 453; (b) Henkel, T., Klauck, A., and Seppelt, K. (1995) *J. Organomet. Chem.*, **501**,

1; (c) Kirsch, P., Binder, J., Lork, E., and Röschenthaler, G.-V. 2006 *J. Fluorine Chem.* **127**, 610–619; (d) Winter, R.W. and Gard, G.L. (2004) *J. Fluorine Chem.*, **125**, 549–552; (e) Sergeeva, T.A. and Dolbier, W.R. (2004) *Org. Lett.*, **6**, 2417–2419.

69. Aït-Mohand, S. and Dolbier, W.R. Jr., (2002) *Org. Lett.*, **4**, 3013–3015.

70. Examples: (a) Lim, D.S., Ngo, S.C., Lal, S.G., Minnich, K.E., and Welch, J.T. (2008) *Tetrahedron Lett.*, **49**, 5662–5663; (b) Welch, J.T. (2007) WO Patent 2008/101212; (c) Ponomarenko, M.V., Kalinovich, N., Serguchev, Y.A., Bremer, M., and Röschenthaler, G.-V. (2012) *J. Fluorine Chem.*, **135**, 68–74.

71. (a) Kirsch, P., Bremer, M., Kirsch, A., and Osterodt, J. (1999) *J. Am. Chem. Soc.*, **121**, 11277–11280; (b) Kirsch, P. and Hahn, A. (2006) *Eur. J. Org. Chem.*, 1125–1131.

72. (a) Harvey, R.B. and Bauer, S.H. (1954) *J. Am. Chem. Soc.*, **76**, 859–864; (b) Roberts, H.L. (1960) *J. Chem. Soc.*, 2774–2775.

73. (a) Case, J.R., Price, R., Ray, N.H., Roberts, H.L., and Wright, J. (1962) *J. Chem. Soc.*, 2107–2110; (b) Case, J.R. and Roberts, H.L. (1963) UK Patent 928,412; (1963) *Chem. Abstr.*, **59**, 68933.

5 多氟代烯烃的化学

含氟烯烃作为合成子和在含氟材料化学中都有很重要的应用[1]。在本节中，我们将举例说明这类化合物的化学，但并不准备把它写成含氟烯烃的大全。本节的目的仅仅是想向大家介绍一些具有这类有趣结构的化合物在有机合成中和材料化学中的应用例子。

5.1 含氟多次甲基化合物

含氟烯烃主要发生两类反应，即：亲核取代反应和亲核加成反应（参见 2.4.7 节）。从图式 5.1 中可以发现，这两类反应具有相同的中间体——碳负离子，该碳负离子既可以攫氢生成加成产物，也可以发生 β-氟消除反应生成取代产物，反应的最终结果取决于反应介质的酸碱性。

图式 5.1 四氟乙烯和亲核试剂反应的两种途径

含氟烯烃在和碱性的亲核试剂，如有机金属试剂或烷氧负离子反应时，主要发生亲核取代反应[2]。另一方面，当它和弱碱性和中性的亲核试剂如苯酚负离子和苯酚混合物反应时，则主要发生加成反应[3]（图式 5.2）。

这种类型的反应不止局限于四氟乙烯。一方面，它可以扩展到含少氟的烯烃中[4]，另一方面，它也可以扩展到共轭的多氟代次甲基化合物中[5,6]（图式 5.3）。

图式 5.2 全烯丙烯与醇或酚的氟烷基化反应或氟烯基化反应（HFP：六氟丙烯）[2,3]。P. Kirsch, E. Poetsch 和 R. Sander, 1995 年, 未发表工作

图式 5.3 α,β-二氟肉桂腈顺反异构体的合成[4]及水解制备 α,β-二氟肉桂酸顺反异构体混合物

以三氟氯乙烯为原料，通过分步地和芳基格氏试剂的亲核取代反应、丁基锂和烯基氯的金属交换反应，然后和二氧化碳反应，可以很方便地合成 α,β-二氟肉桂酸类化合物（图式 5.4）。在这个反应过程中，第一步格氏试剂或金属锂试剂和含氟烯烃的反应，在室温下往往需要数小时才能完成[7]。但是如果在体系中加入催化量的碘化亚铜（CuI），该反应可以在 -70℃ 的条件下，几分钟内即可完成（P. Kirsch, A. Hahn 和 A. Ruhl, 2001 年, 未发表结果）。其原因是由于加入的碘化亚铜中的铜离子和格氏试剂发生金属交换反应，生成二芳基铜试剂。二芳基铜试剂属于"软碱"，和属于"硬碱"的格氏试剂或金属锂试剂相比，它能更快地与含氟烯烃发生反应，生成相应的产物。

有很多不同的方法和策略可以用来合成含氟烯烃前体[9]，其中的一种策略是通过羰基化合物和 α-氟代烷基膦叶立德的 Wittig 反应来制备[10]（图式 5.5）。

制备含氟烯烃的另一个主要方法是以适当的原料为前体，通过过渡金属催化的碳-碳键偶联的氟乙烯基化反应来实现[11]。含氟乙烯基金属试剂可以方便地从常用的氢氟烷烃（HFC），如 HFC-134a[12]（图式 5.6），和丁基锂反应现场制得，然后

图式 5.4 α,β-二氟肉桂酸衍生物的合成[7,8]

图式 5.5 羰基化合物和 α-氟代烷基膦叶立德的 Wittig 反应制备一氟或二氟烯烃 [SBAH：二氢双（甲氧基乙氧基）铝酸钠][10d]

通过和 $ZnCl_2$ 的金属交换反应，制备相应的锌试剂进行偶联反应。在这里，除了锌试剂被常用于偶联反应外，另外如含氟乙烯基锡试剂[13]、含氟乙烯基硼试剂[14]也已成功地应用于偶联反应。

图式 5.6 过渡金属催化含氟乙烯基金属试剂和其他合成子的偶联反应[11e,12,15]

制备共轭含氟多烯的另一个有效方法是通过对共轭含氟烯烃的氟原子的亲核取代反应来实行的[6,16]（图式 5.7）。

图式 5.7 通过烯基锂和含氟烯烃的亲核取代反应制备含氟共轭多烯化合物[6,17]

由于含氟烯烃在结构上很容易被修饰和转化，所以它们被广泛地应用于设计和合成一些功能材料中，如液晶材料[8,18,19]、非线性光学（NOL）材料[20]及全息数据储存器材料[21]（图式 5.8）。

图式 5.8

图式 5.8 含氟烯烃应用于液晶材料（a）[8,19]、非线性光学（NOL）材料（b）[20]及全息数据储存器材料（c）[21]的例子

5.2 含氟烯醇醚合成子

二氟烯醇醚是合成含偕二氟亚甲基化合物的前体，它是一个亲核的二氟亚甲基合成子[22]，在这个合成子中，通过不同的反应，可以在二氟亚甲基的 α 位引入各种不同的结构和官能团[23]。与不含氟的烯醇醚合成子相类似，二氟烯醇醚也可以和各种不同的亲电试剂及自由基[24]发生反应，很方便地合成一些含氟的天然产物的类似物和具有生物活性的其他化合物。

一些含有三氟乙酰基结构的化合物，如三氟甲基酮和三氟醋酸酯，在三甲基氯硅烷（Me₃SiCl）存在下，通过和金属镁的还原反应，可以很方便地被转化成相应的二氟烯基三甲基硅醚[25]或三甲基硅二氟醋酸酯类化合物[26]（图式 5.9）。这些很容易合成得到的中间体，是亲核合成具有二氟亚甲基结构化合物的非常有用的合成子。对于三氟甲基亚胺类化合物[28]也可以进行相类似的转化[27]。

图式 5.9 金属镁促进的三氟乙酰基活化反应[25~28]

二氟烯基三甲基硅醚及它们的烯胺类似物可以和一系列不同的亲电试剂发生反应[27]（图式 5.10 和图式 5.11）。例如：它们已经成功地被用于含氟氨基酸[28]和抗疟疾药物的合成[29]。

图式 5.10 二氟烯基硅醚及二氟烯基胺类化合物的反应例子（CAS：樟脑磺酸）[25,28]

同样金属镁也可以将二氟甲基酮还原成相应的单氟烯醚类化合物[30]。利用这个策略，通过一步或两步还原——脱硅的步骤，就可以将三氟甲基酮类化合物转化成相应的二氟甲基和一氟甲基酮类化合物（图式 5.12）。如果利用氘代试剂脱硅法代替传统的氢脱硅法，就可以很方便地合成一些氘代二氟甲基和一氟甲基酮类化合物。

图式 5.11 利用二氟烯基三甲基硅醚合成含二氟亚甲基青蒿素的衍生物[29]

图式 5.12 金属镁作用下,从三氟甲基酮化合物分步制备二氟甲基和一氟甲基酮类化合物[30]。本策略也可用于制备氘代二氟甲基和一氟甲基酮类化合物

二氟烯基三甲基硅醚在加热的条件下,会发生环化反应,生成由三甲基硅保护的四氟环丁烷二醇类化合物[31]。三甲基硅保护的四氟环丁环二醇通过四丁基氟化铵(TBAF)脱去三甲基硅保护后,可以得到顺式和反式两个二醇的异构体,其中反式异构体有相当的稳定性,而顺式异构体全部转化成相应的 2,2,3,3-四氟-1,4-丁二酮类化合物(图式 5.13)。本开环反应是通过一个双自由基的机理进行的,生成

的双自由基中间体被空气氧化而转化成相应的二酮类化合物。

图式 5.13 二氟烯基三甲基硅醚的热环化反应及产物的转化[31]

通过三氟甲基乙烯基酮和 Mg/Me_3SiCl 体系反应，可以很方便地制备二氟代的 Danishefsky 二烯类似物 (**1**)[32]（图式 5.14），它是一个合成含氟杂环化合物的非常有用的合成子[33]。

三氟乙醇是另一个廉价而且可以方便地用来制备二氟烯基醚合成子的原料。一些 O-取代的三氟乙醇衍生物，通过 LDA 作用下的氟化氢消除反应及随后的金属化反应，可以很方便地转化成 1-锂-2,2-二氟烯醚类衍生物[34]。这个具有两个反应中心的两个碳的合成子，既可以和两个不同的亲电试剂发生串联反应，也可以先和一个亲电试剂发生反应，然后进行亲电环化反应生成含氟环状化合物（图式 5.15）。

图式 5.14

图式 5.14 二氟代 Danishefsky 二烯类似物 (1)[32] 的制备及在有机合成中的应用

图式 5.15 两个不同的 1-锂-2,2-二氟烯醚类衍生物的制备[34] (**2** 和 **3**)(框内)及它们在有机合成中应用例子。(MEM:2-甲氧基乙氧甲基;DEC:N,N-二乙基氨基甲酰基)

在还原剂的存在下,通过酯及内酯和 $CF_2Br_2/P(NMe_2)_3$ 体系的 Wittig 反应,也可以制备一系列的二氟烯醚类化合物[36,37](图式 5.16)。

图式 5.16 从酯及内酯制备二氟烯醚类化合物

通过金属锌对卤代二氟羧酸酯的还原反应,可以方便地制备二氟乙酯的烯醇锌盐中间体[38]。虽然 O-三甲基硅醚二氟乙酯烯醇和羰基化合物反应的产物和 Reformatsky 反应的产物相同[39]（图式 5.17），但在手性催化剂的作用下，前者有更高的对映体选择性[40]（图式 5.18）。

图式 5.17 利用一溴二氟醋酸乙酯的 Reformatsky 反应合成含偕二氟亚甲基糖类似物的例子[39c]

图式 5.18 用卤代二氟乙酸酯制备 O-三甲基硅二氟乙酯烯醇醚的及其在合成中的应用的例子（DEAD：偶氮二甲酸二乙酯）[38a,40]

另外还有一类合成子是通过三氟乙醛[43]的缩醛胺[41]或半缩醛胺[42]类化合物消除一分子氟化氢（HF）而生成的。它们和 O-三甲基硅二氟乙酯烯醇醚有相似的反应性（图式 5.19）。

图式 5.19 二氟乙烯酮二缩醛胺 (a)[41] 及二氟乙烯酮半缩醛胺 (b)[43] 的制备和应用例子

参考文献

1. (a) Chambers, R.D. (1997) *Organofluorine Chemistry: Fluorinated Alkenes and Reactive Intermediates*, Topics in Current Chemistry, Vol. 192, Springer, Heidelberg; (b) Chambers, R.D. (1997) *Organofluorine Chemistry: Techniques and Synthons*, Topics in Current Chemistry, Vol. 193, Springer, Heidelberg.

2. Okuhara, K., Baba, H., and Kojima, R. (1962) *Bull. Chem. Soc. Jpn.*, 35, 532–535.

3. (a) Coffman, D.D., Raasch, M.S., Rigby, G.W., Barrick, P.L., and Hanford, W.E. (1949) *J. Am. Chem. Soc.*, 71, 747–753; (b) Miller, W.T. Jr., Fager, E.W., and Griswold, P.H. (1948) *J. Am. Chem. Soc.*, 70, 431; (c) Hanford, W.E. and Rigby, G.W. (1946) US Patent 2,409,274; (1947) *Chem. Abstr.*, 41, 4798.

4. Sevastyan, A.P., Khranovskii, V.A., Fialkov, Y.A., and Yagupolskii, L.M. (1974) *J. Org. Chem. USSR*, 10, 417–418.

5. Review: Kremlev, M.M. and Yagupolskii, L.M. (1998) *J. Fluorine Chem.*, 91, 109–123.

6. Shtarev, A.B., Kremlev, M.M., and Chvátal, Z. (1997) *J. Org. Chem.*, 62, 3040–3045.

7. Yagupolskii, L.M., Kremlev, M.M., Khranovskii, V.A., and Fialkov, Y.A. (1976) *J. Org. Chem. USSR*, 12, 1365–1366.

8. Kirsch, P., Hirschmann, H., and Krause, J. (1998) DE Patent 19906254; (1999) *Chem. Abstr.*, 131, 221337.

9. (a) Burton, D.J., Yang, Z.-Y., and Qiu, W. (1996) *Chem. Rev.*, 96, 1641; (b) van Steenis, J.H. and van der Gen, A. (2002) *J. Chem. Soc., Perkin Trans. 1*, 2117–2133.

10. (a) Fuqua, S.A., Duncan, W.G., and

Silverstein, R.M. (1965) *J. Org. Chem.*, **30**, 1027–1029; (b) Fuqua, S.A., Duncan, W.G., and Silverstein, R.M. (1965) *J. Org. Chem.*, **30**, 2543–2545; (c) Herkes, F.E. and Burton, D.J. (1967) *J. Org. Chem.*, **32**, 1311–1318; (d) Hayashi, S., Nakai, T., Ishikawa, N., Burton, D.J., Naae, D.G., and Kesling, H.S. (1979) *Chem. Lett.*, 983–986.

11. (a) Burton, D.J. (1992) in *Organometallics in Synthetic Organofluorine Chemistry* in *Synthetic Fluorine Chemistry* (eds G.A. Olah, R.D. Chambers, and G.K.S. Prakash), John Wiley & Sons, Inc., New York, pp. 205–226; (b) Heinze, P.L. and Burton, D.J. (1988) *J. Org. Chem.*, **53**, 2714–2720; (c) Morken, P.A. and Burton, D.J. (1993) *J. Org. Chem.*, **58**, 1167–1172; (d) Davis, C.R. and Burton, D.J. (1996) *Tetrahedron Lett.*, **37**, 7237–7240; (e) Nguyen, B.V. and Burton, D.J. (1997) *J. Org. Chem.*, **62**, 7758–7764.

12. Burdon, J., Coe, P.L., Haslock, I.B., and Powell, R.L. (1996) *Chem. Commun.*, 49–50.

13. (a) Sorokina, R.S., Rybakova, L.F., Kalinovskii, I.O., and Beletskaya, I.P. (1985) *Bull. Acad. Sci. USSR Div. Chem. Sci.*, **34**, 1506–1509; (b) Sorokina, R.S., Rybakova, L.F., Kalinovskii, I.O., Chernoplekova, V.A., and Beletskaya, I.P. (1982) *J. Org. Chem. USSR*, **18**, 2180.

14. (a) Frohn, H.-J., Adonin, N.Y., Bardin, V.V., and Starichenko, V.F. (2002) *J. Fluorine Chem.*, **117**, 115–120; (b) Frohn, H.-J., Adonin, N.Y., Bardin, V.V., and Starichenko, V.F. (2002) *Tetrahedron Lett.*, **43**, 8111–8114.

15. Jiang, X.-K., Ji, G.-Z., and Wang, D.Z.-R. (1996) *J. Fluorine Chem.*, **79**, 173–178.

16. Yagupolskii, L.M., Kremlev, M.M., Fialkov, Y.A., Khranovskii, V.A., and Yurchenko, V.M. (1976) *J. Org. Chem. USSR*, **12**, 1565.

17. Yagupolskii, L.M., Kremlev, M.M., Fialkov, Y.A., Khranovskii, V.A., and Yurchenko, V.M. (1977) *J. Org. Chem. USSR*, **13**, 1438–1439.

18. Moklyachuk, L.I., Kornilov, M.Y., Fialkov, Y.A., Kremlev, M.M., and Yagupolskii, L.M. (1990) *J. Org. Chem. USSR*, **26**, 1324–1329.

19. Kirsch, P., Krause, J., Hirschmann, H., and Yagupolskii, L.M. (2001) DE Patent 10102630; (2001) *Chem. Abstr.*, **135**, 325345.

20. Shtarev, A.B. and Chvátal, Z. (1997) *J. Org. Chem.*, **62**, 5608–5614.

21. Kobatake, S., Shibata, K., Uchida, K., and Irie, M. (2000) *J. Am. Chem. Soc.*, **122**, 12135–12141.

22. Reviews: (a) Tozer, M.J. and Herpin, T.F. (1996) *Tetrahedron*, **52**, 8619–8683; (b) Percy, J.M. (1997) *Top. Curr. Chem.*, **193**, 131–195.

23. Shi, G.-Q. and Cai, W.-L. (1996) *Synlett*, 371–372.

24. Okano, T., Nakajima, A., and Eguchi, S. (2001) *Synlett*, 1449–1451.

25. Amii, H., Kobayashi, T., Hatamoto, Y., and Uneyama, K. (1999) *Chem. Commun.*, 1323–1324.

26. Amii, H., Kobayashi, T., and Uneyama, K. (2000) *Synthesis*, (14) 2001–2003.

27. Uneyama, K. and Amii, H. (2002) *J. Fluorine Chem.*, **114**, 127–131.

28. (a) Mae, M., Amii, H., and Uneyama, K. (2000) *Tetrahedron. Lett.*, **41**, 7893–7896; (b) Suzuki, A., Mae, M., Amii, H., and Uneyama, K. (2004) *J. Org. Chem.*, **69**, 5132–5134.

29. Chorki, F., Grellepois, F., Crousse, B., Ourévitch, M., Bonnet-Delpon, D., and Bégué, J.-P. (2001) *J. Org. Chem.*, **66**, 7858–7863.

30. Prakash, G.K.S., Hu, J., and Olah, G.A. (2001) *J. Fluorine Chem.*, **112**, 357–362.

31. Kobayashi, S., Yamamoto, Y., Amii, H., and Uneyama, K. (2000) *Chem. Lett.*, 1366.

32. (a) Danishefsky, S. (1981) *Acc. Chem. Res.*, **14**, 400; (b) Danishefsky, S.J., DeNinno, M.P. (1987) *Angew. Chem. Int. Ed. Engl.*, **26**, 15; (c) Danishefsky, S. (1989) *Chemtracts Org. Chem.*, **2**, 273.
33. Amii, H., Kobayashi, T., Terasawa, H., and Uneyama, K. (2001) *Org. Lett.*, **3**, 3103–3105.
34. (a) Patel, S.T., Percy, J.M., and Wilkes, R.D. (1995) *Tetrahedron*, **51**, 9201–9216; (b) Howarth, J.A., Owton, W.M., Percy, J.M., and Rock, M.H. (1995) *Tetrahedron*, **51**, 10289–10302.
35. (a) Kariuki, B.M., Owton, W.M., Percy, J.M., Pintat, S., Smith, C.A., Spencer, N.S., Thomas, A.C., and Watson, M. (2002) *Chem. Commun.*, 228–229; (b) Dimartino, G., Gelbrich, T., Hursthouse, M.B., Light, M.E., Percy, J.M., and Spencer, N.S. (1999) *Chem. Commun.*, 2535–2536.
36. Houlton, J.S., Motherwell, W.B., Ros, B.C., Tozer, M.J., Williams, D.J., and Slawin, A.M.Z. (1993) *Tetrahedron*, **49**, 8087–8106.
37. Kirsch, P. and Poetsch, E. (1998) *Adv. Mater.*, **10**, 602–606.
38. (a) Kitagawa, O., Taguchi, T., and Kobayashi, Y. (1988) *Tetrahedron Lett.*, **29**, 1803–1806; (b) Taguchi, T., Kitagawa, O., Suda, Y., Ohkawa, S., Hashimoto, A., Iitaka, Y., and Kobayashi, Y. (1988) *Tetrahedron Lett.*, **29**, 5291–5294; (c) Burton, D.J. and Easdon, J.C. (1988) *J. Fluorine Chem.*, **38**, 125–129; (d) Kitagawa, O., Hashimoto, A., Kobayashi, Y., and Taguchi, T. (1990) *Chem. Lett.*, 1307–1310.
39. (a) Hallinan, E.A. and Fried, J. (1984) *Tetrahedron Lett.*, **25**, 2301; (b) Braun, M., Vonderhagen, A., and Waldmüller, D. (1995) *Liebigs Ann.*, 1447–1450; (c) Marcotte, S., D'Hooge, F., Ramadas, S., Feasson, C., Pannecoucke, X., and Quirion, J.-C. (2001) *Tetrahedron Lett.*, **42**, 5879–5882.
40. (a) Iseki, K., Kuroki, Y., Asada, D., and Kobayashi, Y. (1997) *Tetrahedron Lett.*, **38**, 1447–1448; (b) Iseki, K., Kuroki, Y., Asada, D., Takahashi, M., Kishimoto, S., and Kobayashi, Y. (1997) *Tetrahedron*, **53**, 10271–10280.
41. (a) Xu, Y., Dolbier, W.R. Jr., and Rong, X.X. (1997) *J. Org. Chem.*, **62**, 1576–1577; (b) Ding, Y., Wang, J., Abboud, K.A., Xu, Y., Dolbier, W.R. Jr., and Richards, N.G.J. (2001) *J. Org. Chem.*, **66**, 6381–6388.
42. (a) Billard, T., Langlois, B.R., and Blond, G. (2000) *Tetrahedron Lett.*, **41**, 8777–8780; (b) Billard, T., Langlois, B.R., and Blond, G. (2001) *Eur. J. Org. Chem.*, 1467–1471; (c) Blond, G., Billard, T., and Langlois, B.R. (2001) *Tetrahedron Lett.*, **42**, 2473–2475; (d) Blond, G., Billard, T., and Langlois, B.R. (2001) *J. Org. Chem.*, **66**, 4826–4830; (e) Billard, T. and Langlois, B.R. (2002) *J. Org. Chem.*, **67**, 997–1000.
43. Blond, G., Billard, T., and Langlois, B.R. (2002) *Chem. Eur. J.*, **8**, 2917–2922.

第二部分
氟相化学

6 氟相化学

在大多数的化学合成反应中，反应结束后，产品的分离和纯化是一个既繁琐又费时的过程。在这个过程中，反应生成的副产物、过量的反应试剂及反应的溶剂都必须一一除去或回收。如果在反应中使用了昂贵的催化剂，为了节省反应的成本，必须对该催化剂进行回收和套用。另外在工业化的批量生产中，除了控制成本的考量外，从生态环境的角度考虑，在反应过程中尽量节省试剂和溶剂的用量，正受到越来越多的重视。

多氟或全氟（氟相）的溶剂和试剂，由于其具有独特的理化性质，提供了一条解决上述问题的可行的途径，并且也符合绿色化学的理念[1~6]。多氟或全氟的溶剂的独特理化性质包括：它和一般的由碳氢组成的有机溶剂的溶解性与温度有很强的相关性、低毒性和杰出的化学稳定性。

6.1 氟两相催化反应

绝大多数的全氟脂肪族溶剂在常温下和一般的有机溶剂不能互溶。但是，在升高温度后，它们可以相互溶解，形成一个均相体系，降低温度，该均相体系又可以可逆地转变成互不相溶的两相体系。这种可逆地与温度有极强相关性的溶解性，在全氟代甲基环己烷和苯的相图中（图 6.1）能够明显地反映出来。

氟含量较高的试剂（质量百分比大于 60%），能够很好地溶解在氟相溶剂中。在氟相和碳氢相的两相体系中，氟含量较高的试剂大部分在氟相体系中。这样，通过简单的升温和降温过程，就可以使氟相和碳氢相在均相和两相之间可逆地转化。在两相的状态下，氟相标记的试剂基本上全部留在氟相中，通过简单的相分离过程，就可以方便地将它和其他的反应混合物分开。

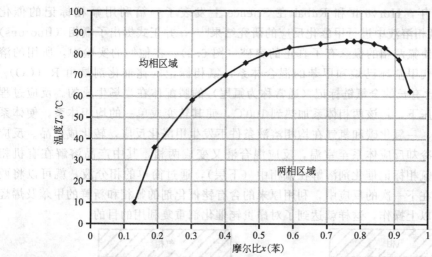

图 6.1 全氟代甲基环己烷/苯的相图（x 表示苯的摩尔分数，T_c 表示两相完全混溶的临界温度，当温度高于该临界温度时，为均相体系）[4,7]

从 20 世纪 90 年代初以来，人们就开始在有机合成中应用氟相溶剂和氟相标记的试剂的技术。最早的例子是应用在昂贵的或有毒催化剂的回收[8]及利用化学惰性的氟相溶剂来稳定活泼的反应中间体[9]（图式 6.1）。

图式 6.1 烯烃二聚催化剂——标准镍催化剂（**1**）和它的氟相标记催化剂（**2**）（$n=3\sim5$）。在氟醚（Hostinert216）（**3**）和甲苯的两相体系中，氟相标记催化剂 **2** 主要溶解在氟相中[10]，而反应产物主要溶解在甲苯中[9]

1994年，Horváth 和 Rábai 在 Science 上发表了一篇利用氟相标记的催化剂[12]在氟相溶液中进行甲醛化反应的研究结果[11]，并正式提出了氟相（fluorous）的概念，使氟两相的概念有了真正的突破（图 6.2）。在他们的实验中，所用的溶液是全氟代甲基环己烷和甲苯的混合体系，氟相标记的铑催化剂是由 $Rh(CO)_2$-(acac)和含有长的全氟链标记（通常称为氟尾）的膦配体在当场生成的。反应过程中，在加压下，将该两相体系加热到100℃，使其转变成单一的均相体系，使体系中的烯烃、一氧化碳和氢气在均相溶液条件下发生甲醛化反应，转化成产品。反应结束后，冷却反应体系至室温，反应混合液又变成两相，其中产品溶解在有机相（上层），氟相标记催化剂溶解在氟相中（下层），通过简单的相分液，就可以将两者分开。在下一次的反应中，利用原来的含有铑催化剂的氟相和新鲜的甲苯及烯烃重复进行以上操作，这样就达到了对昂贵铑催化剂重复利用的目的。

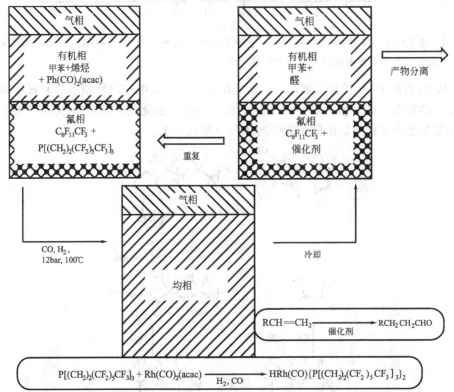

图 6.2 联合碳化公司的甲醛化反应原理[12]。在加压加热的条件下，在一氧化碳和氢气存在下，反应物、催化剂前体及氟相标记的配体，在均相条件下发生反应。反应结束后，冷却反应体系，贵金属催化剂留在氟相，并可以和氟相一起重复使用

在设计氟相标记的膦配体时，必须考虑以下几方面的因素[13]（图式 6.2）：①配体的氟含量必须超过整个配体分子量的60%；②为了减少全氟烷基（氟尾）强吸电子的诱导作用对中心磷原子的影响，必须在全氟烷基和原来配体之间引入$(CH_2)_n$作为阻隔基团；③如果全氟烷基链$(CF_2)_m CF_3$太长，会影响它在氟相和

有机相中的溶解性。研究发现阻隔基团的最适长度是两个碳原子，即 $n=2$，全氟烷链的最适长度是六个碳原子，即 $m=5$。

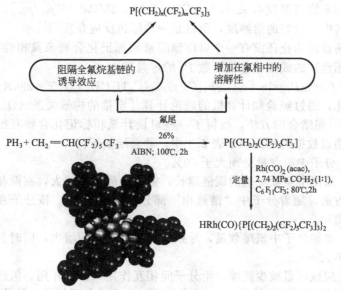

图式 6.2　氟两相体系甲醛化反应的氟相标记膦配体和催化剂的设计和合成[13]

氟两相体系中和温度相关的互溶性[4]，可以通过用 Hildebrand-Scratchard 理论亦称常规溶液理论[7,14]来推算。根据这个理论，它们的临界温度（T_c）（高于此温度，该两相体系可以任何比例相互混溶），与该两相体系以相同体积混合的相分离温度相近。T_c 可以由下列公式计算得到：

$$T_c = \frac{K(V_{m1}+V_{m2})}{4R} \tag{6.1}$$

$$K = (\delta_1 - \delta_2)^2 \tag{6.2}$$

式中，R 为气体常数，V_{mi} 为摩尔体积，K（$J \cdot m^{-3}$）值由式（6.2）计算得到，它是不同种分子间的相互作用能和相同分子间的相互作用能的差值。不同种分子间的相互作用越弱，K 值越大；而 K 值越大表示这两种溶剂的互溶性越差，即具有较高的临界温度 T_c。

$$\delta_i = \sqrt{\frac{\Delta H_i^v}{V_m i}} \tag{6.3}$$

溶剂的 Hildebrand 参数 δ_i（$MPa^{0.5}$）的定义如式（6.3），它的数值是溶剂的汽化焓（ΔH_i^v）和摩尔体积之比的平方根。从式（6.1）和式（6.2）的计算可以发现，对于平均摩尔体积为 100mL/mol 的两种液体，当它们的 Hildebrand 参数的差值绝对值 $|\delta_1 - \delta_2|$ 小于 $7MPa^{0.5}$ 时，这两种液体在室温下就可以互溶。对于一些典型的氟相溶剂，它们的 Hildebrand 参数 δ_i 都比较低（从全氟己烷的 12.1 到全氟三丁胺的 12.7），有机溶剂的 Hildebrand 参数 δ_i 居中（己烷 14.9，甲苯 18.2，二氯甲烷 19.8，乙腈 24.3），一些水溶性溶剂最高（甲醇 29.7，乙二醇 34.9，水

48)。在氟两相体系中，Hildebrand 参数在 $18\text{MPa}^{0.5}$ 左右的有机溶剂最为有用，因为在这种情况下，该两相体系在室温下处于分层状态。超临界二氧化碳与氟相溶剂及有机溶剂的 δ 值与温度有关 $[\delta(\text{scCO}_2) = 18.2\text{MPa}^{0.5} \times \rho_{sc}/\rho_{liq}]$。许多氟相标记化合物在其中有较好的溶解度，所以是一种绿色反应介质[15]。

但是，到目前为止还没有一个可以预测氟相标记化合物亲氟相性（f_i 大于 0，表示有亲氟相性）的或氟相分配系数 P_i 的定量理论[16]。

$$f_i = \ln P_i = \ln[c_i(\text{C}_6\text{F}_{11}\text{CF}_3)/c_i(\text{C}_6\text{H}_5\text{CH}_3)]; \quad T = 298\text{K} \quad (6.4)$$

尽管如此，通过经验和计算机的理论计算［定量的构效关系（QSARs），神经网络模拟）][17]相结合的方法，获得了一些对设计氟相标记化合物有指导作用的规则。这些规则以数据的形式列于表 6.1 中，并总结如下：

规则 1：分子中氟含量必须大于 60%。

规则 2：氟尾中全氟烷基的碳链越长，氟相分配系数越大，在两相中的溶解性越差。另一方面，随着分子中"憎氟相"部分的增加[19,20]，该分子在有机相的溶解度也随之增加。

规则 3：增加分子中氟尾数量，导致氟相分配系数的增大，同时其在氟相中的溶解性变化不大[21]。

规则 4：应该尽量减少能够产生分子间相互作用（静电作用、氢键作用及分散作用的）的憎氟相基团的数量[22]。这方面的一个典型例子就是全氟苯 **12** 和五氟苯 **13**，尽管它们都有很高的含氟量，但由于它们和一些富电子的有机化合物如甲苯等，有很强的静电作用力，所以它们的氟相分配系数很低。

表 6.1　一些化合物（含氟的或不含氟的的氟相分配系数（P_i）（全氟代甲基环己烷/甲苯体系，24℃），亲氟参数（f_i）和分子中的氟含量

续表

化合物	P_i	f_i	氟含量/%
4	0.10	−2.31	0
5	0.98	−0.02	60
6	10.36	2.34	64
7	9.75	2.28	64
8	10.24	2.33	64
9	2.80	1.03	62
10	37.46	3.62	67
11	>3000	>8	66
12	0.39	−0.94	61
13	0.29	−1.24	57

注：参考文献 [18] 的修正或计算数据。

到目前为止，氟相标记物中氟尾的结构（如：直链型、支链型、中间含有杂原子型）及构象的钢性或柔性等，对氟相分配系数的影响，还没有深入研究的报道。

自从 1994 年，发表了利用氟两相体系进行甲醛化反应的报道后，已经出现了很多相同原理应用例子的研究报道。为了更好地回收昂贵的催化剂，人们合成了各种不同的氟相标记的三芳基膦配体[15b,23]（图式 6.3）。

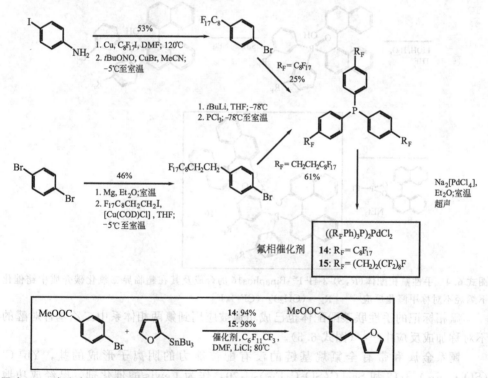

图式 6.3　氟相标记三芳基膦配体的合成及在过渡金属催化中的应用举例[23g]

由于氟相标记的三芳基膦配体在超临界二氧化碳体系（$scCO_2$）中有良好的溶解性能，所以也已经有关于在氟相标记的三芳基膦配体催化剂催化下，在该环境友好超临界二氧化碳介质中的烯烃的不对称甲醛化反应报道[24]（图式 6.4）。

图式 6.4 手性氟相配体 (R,S)-3-H^2F^6-Binaphos **16** 的合成及其在超临界二氧化碳介质中铑催化下烯烃不对称甲醛化反应[24] [R_F＝$(CH_2)_2(CF_2)_6F$]

氟相标记的手性联萘酚配体也已成功地被应用到氟两相体系中二乙基锌对醛的不对称加成反应中[25]（图式 6.5）。

镧系金属和带有全氟烷基链的没有配位能力的阴离子形成的盐，Yb[C-$(SO_2C_8F_{17})_3$]$_3$ **19** 和 Sc[C$(SO_2C_8F_{17})_3$]$_3$ **20**，作为 Lewis 酸催化剂，已经成功地应用在氟两相体系中的 O-酰化反应、傅克反应、D-A 反应和 Mukayama 醇醛反应中[26]（图式 6.6）。在这些反应中，氟相介质避免了由于溶剂的配位作用使 Lewis 酸催化剂失活。催化剂也可以被回收和套用。

图式 6.5 氟两相体系中 C—C 键的不对称形成反应 (a) 及氟相标记催化剂 BINOL 18 的合成 (b) (Cso: 樟脑磺酰基)[25]

虽然全氟溶剂可以被多次地回收和套用，但昂贵的价格和很大的温室效应作用，是这种"经典"的氟两相催化反应的致命弱点。Gladysz 和其合作者报道了一个在有机溶液中其溶解性与温度有很强相关性的氟相标记三烷基膦化合物[27]（图 6.3）。如化合物 $P[(CH_2)_2(CF_2)_8F]_3$ **21** 在辛烷中，100℃时的溶解度是其在 20℃时的 150 倍。这样，由该配体组成的催化剂催化，在一般的碳氢溶剂中，醇对丙烯酸甲酯的加成反应后，只要将反应体系冷却到 −30℃，就可以通过倾析的方法，

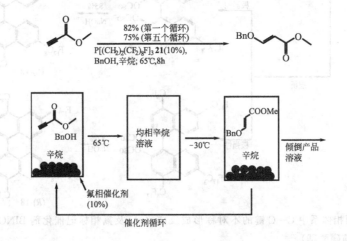

图式 6.6 氟两相体系中镧系金属氟相 Lewis 酸的催化反应[26]

图 6.3 氟相标记三烷基膦化合物 21 在碳氢溶液中的均相催化反应。由于化合物 21 在辛烷中的溶解性与温度有很强的相关性,通过简单的冷却反应体系至 −30℃,就可以将其定量回收(图中下半部分,根据文献 [27] 复制)

几乎定量地回收蜡状催化剂。

一种从有机溶剂中分离含氟催化剂的更加方便的方法,是把氟相设计成固态形式[28]。例如,在 Morita-Baylis-Hillman 反应中所使用的氟相标记的膦配体,可以通过聚四氟乙烯（PTFE，Teflon）对它的吸附，而从体系中分离出来，这里使用的聚四氟乙烯既可以是聚四氟乙烯生料带，也可以是 Gore-Rastex 纤维，同时也可以是两者的混合物[29]（图式 6.7）。

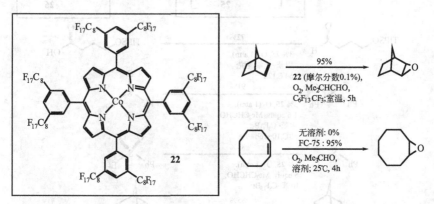

图式 6.7 在 Morita-Baylis-Hillman 反应中所使用的氟相标记的膦配体催化剂，可以通过 PTFE 的吸附而回收。由于有很大的比表面积，Gore-Rastex™ 纤维具有最佳的催化剂回收效果[29]

对于典型的氟两相体系中的催化剂，一个最重要的考虑因素就是催化剂可以很方便地回收和套用。但与碳氢溶剂相比，全氟溶剂还有一个显著的特点就是它们有很强溶解氧的能力，同时它们本身又具有很强的抗氧化能力，所以全氟溶剂和氟相标记催化剂的组合是一个很理想的氧化反应体系。氟相体系中，在氟相标记的钴卟啉 **22** 的催化下[30]，以 2-甲基丙醛作为助还原剂，烯烃和分子氧发生生物模拟的氧化反应。本反应即使没有催化剂，也可以进行[31]（图式 6.8）。

图式 6.8 在氟相溶剂中的催化和无催化的生物模拟氧化反应（FC-75 主要成分为全氟正丁基四氢呋喃，沸点 102℃，3M 公司产品）[30,31]

以氟相标记的氮杂冠醚的镁、钴和铜络合物作为催化剂时，也有相似的结果（**23**，**24**）[32]（图式 6.9）。

图式 6.9 全氟己烷介质中，在过渡金属和氟相标记大环化合物的络合物催化下的环己烯和分子氧的氧化反应[32]

在氟相溶剂中，氟相标记的 β-二酮化合物和钌、镍所形成的络合物也可以催化分子氧对很多不同底物的氧化反应[33]（图式 6.10）。

图式 6.10 在氟相溶剂中，氟相标记的 β-二酮和钌、镍形成的络合物催化的分子氧的氧化反应（**25**, **26**）[33]

相类似的氟相标记的 β-二酮和钯的络合物（**27**）已经被用于在氟两相体系中烯烃的 Wacker 氧化反应，生成相应的酮[34]（图式 6.11）。

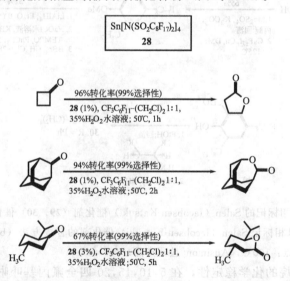

图式 6.11 氟两相体系中氟相标记的 β-二酮和钯（Ⅱ）的络合物（**27**）的 Wacker 氧化反应[34]

另一个在工业上非常重要的氧化反应，是以 35％双氧水作为氧化剂，将酮氧化成相应的酯的 Baeyer-Villiger 氧化反应[35]，也可以在氟两相体系中完成[36]。当以可以回收和套用的氟相标记的锡的 Lewis 酸（**28**）作为催化剂时，可以以很高的选择性和产率将酮转化成相应的酯或内酯化合物（图式 6.12）。

图式 6.12 将酮氧化成相应的酯的 Baeyer-Villiger 氧化反应。本反应在氟两相体系中以氟相标记的锡（Ⅳ）的 Lewis 酸（**28**）作为催化剂。选择性是指生成内酯的量和消耗酮的量的比[36]

利用氟相标记的 Salene（Jacobsen-Katuki）催化剂（**29，30**）[37]，在氟两相体系中，与不同的氧化剂组合，可以以很高的产率和中等到高的对映体选择性（ee），将烯烃[31]转化成相应的环氧化合物（图式 6.13）。

图式 6.13 利用氟相标记的 Salen (Jacobsen-Katsuki) 催化剂 (**29**, **30**) 催化的烯烃不对称环氧化反应 (a)[38a]。氟相标记 Salen (Jacobsen-Katsuki) 催化剂的合成方法 (b) (D-100 主要成分为全氟正辛烷,沸点:100℃,Ausimont 公司产品)

由于全氟己烷的化学稳定性,在 5,10,15,20-四全氟丙基卟啉 (**31**) 作为光敏剂时,可以很好地用单线态氧 ($^1O_2$) 对烯丙醇或环己烯进行光氧化反应,在反应过程中催化剂——氟代卟啉 (**31**) 基本上不发生降解[39] (图式 6.14)。与乙腈溶剂相比,单线态氧在全氟己烷具有较长的寿命 (约 100ms,在乙腈中约 54.4μs)[40],同时,研究发现,如果直接使用没有氟烷基取代的卟啉作为光敏剂,该催化剂很快被氧化分解。

图式 6.14 在氟代卟啉（31）光敏剂存在下，烯丙醇或环己烯和单线态氧（$^1O_2$）的光氧化反应[39a]

参考文献

1. Horváth, I.T. (1998) *Acc. Chem. Res.*, 31, 641–650.
2. Fish, R.H. (1999) *Chem. Eur. J.*, 5, 1677–1680.
3. Hope, E.G. and Stuart, A.M. (1999) *J. Fluorine Chem.*, 100, 75–83.
4. de Wolf, E., van Koten, G., and Deelman, B.-J. (1999) *Chem. Soc. Rev.*, 28, 37–41.
5. Cavazzini, M., Montanari, F., Pozzi, G., and Quici, S. (1999) *J. Fluorine Chem.*, 94, 183–193.
6. Boswell, P.G., Lugert, E.C., Rábai, J., Amin, E.A., and Bühlmann, P. (2005) *J. Am. Chem. Soc.*, 127, 16976–16984.
7. Lo Nostro, P. (1995) *Adv. Colloid Interface Sci.*, 56, 245.
8. (a) Vogt, M. (1991) Zur Anwendung perfluorierter Polyether bei der Immobilisierung homogener Katalysatoren. PhD thesis, RWTH Aachen; (b) Keim, W., Vogt, M., Wasserscheid, P., and Driessen-Hölscher, B. (1999) *J. Mol. Catal. A: Chem.*, 139, 171–175.
9. Zhu, D.-W. (1993) *Synthesis*, 953–954.
10. Marchioni, G., Ajroldi, G., and Pezzin, G. (1996) Structure–Property Relationships in Perfluoropolyethers: A Family of Polymeric Oils, Comprehensive Polymer Science, 2nd Suppl. (eds G. Allen, S.L. and Aggarwal, S. Russo), Pergamon Press, Oxford, pp. 347–388.
11. Horváth, I.T. (1998) *Acc. Chem. Res.*, 31, 641–650.
12. Horváth, I.T. and Rábai, J. (1994) *Science*, 266, 72–75.
13. Horváth, I.T., Kiss, G., Cook, R.A., Bond, J.E., Stevens, P.A., Rábai, J., and Mozeleski, E.J. (1998) *J. Am. Chem. Soc.*, 120, 3133–3143.
14. Scott, R.L. (1958) *J. Phys. Chem.*, 62, 136, and references cited therein.
15. (a) Leitner, W. (2002) *Acc. Chem. Res.*, 35, 746–756; (b) Franciò, G. and Leitner, W. (1999) *Chem. Commun.*, 1663–1664; (c) Koch, D. and Leitner, W. (1998) *J. Am. Chem. Soc.*, 120, 13398; (d) Cooper, A.I., Londono, J.D., Wignall,

G., McClain, J.B., Samulski, E.T., Lin, J.S., Dobrynin, A., Rubinstein, M., Burke, A.L.C., Fréchet, J.M.J., and DeSimone, J.M. (1997) *Nature*, **389**, 368–371.
16. (a) Kiss, L.E., Rabái, J., Varga, L., Kövesdi, I. (1998) *Synlett*, 1243; (b) Szlávik, Z., Tárkányi, G., Tarczay, G., Gömöry, Á., and Rábai, J. (1999) *J. Fluorine Chem.*, **98**, 83.
17. Kiss, L.E., Kövesdi, I., and Rabái, J. (2001) *J. Fluorine Chem.*, **108**, 95–109.
18. Rocaboy, C., Rutherford, D., Bennett, B.L., and Gladysz, J.A. (2000) *J. Phys. Org. Chem.*, **13**, 596–603.
19. Alvey, L.J., Rutherford, D., Juliette, J.J.J., and Gladysz, J.A. (1998) *J. Org. Chem.*, **63**, 6302.
20. Curran, D.P., Hadida, S., Kim, S.-Y., and Luo, Z. (1999) *J. Am. Chem. Soc.*, **121**, 6607.
21. Richter, B., de Wolf, E., van Koten, G., and Deelman, B.-J. (2000) *J. Org. Chem.*, **65**, 3885.
22. (a) Giddings, J.C. (1991) *Unified Separation Science*, John Wiley & Sons, Inc., New York, pp. 16–36; (b) Hildebrand, J.H. and Scott, R.L. (1964) *The Solubility of Nonelectrolytes*, 3rd edn., Dover, New York.
23. (a) Bhattacharyya, P., Gudmundsen, D., Hope, E.G., Kemmitt, R.D.W., Paige, D.R., and Stuart, A.M. (1997) *J. Chem. Soc., Perkin Trans. 1*, 3609–3612; (b) Kling, R., Sinou, D., Pozzi, G., Choplin, A., Quignard, F., Busch, S., Kainz, S., Koch, D., and Leitner, W. (1998) *Tetrahedron Lett.*, **39**, 9439–9442; (c) Mathivet, T., Monflier, E., Castanet, Y., Mortreux, A., and Couturier, J.-L. (1998) *Tetrahedron Lett.*, **39**, 9411–9414; (d) Sinou, D., Pozzi, G., Hope, E.G., and Stuart, A.M. (1999) *Tetrahedron Lett.*, **40**, 849–852; (e) Mathivet, T., Monflier, E., Castanet, Y., Mortreux, A., and Couturier, J.-L. (1999) *Tetrahedron Lett.*, **40**, 3885–3888; (f) Bhattacharyya, P., Croxtall, B., Fawcett, J., Fawcett, J., Gudmunsen, D., Hope, E.G., Kemmitt, R.D.W., Paige, D.R., Russell, D.R., Stuart, A.M., and Wood, D.R.W. (2000) *J. Fluorine Chem.*, **101**, 247–255; (g) Schneider, S. and Bannwarth, W. (2000) *Angew. Chem. Int. Ed.*, **39**, 4142–4145.
24. Franciò, G., Wittmann, K., and Leitner, W. (2001) *J. Organomet. Chem.*, **621**, 130–142.
25. Tian, Y. and Chan, K.S. (2000) *Tetrahedron Lett.*, **41**, 8813–8816.
26. Mikami, K., Mikami, Y., Matsumoto, Y., Nishikido, J., Yamamoto, F., and Nakajima, H. (2001) *Tetrahedron Lett.*, **42**, 289–292.
27. Wende, M., Meier, R., and Gladysz, J.A. (2001) *J. Am. Chem. Soc.*, **123**, 11490–11491.
28. Baker, R.J., Colavita, P.E., Murphy, D., Platts, J.A., and Wallis, J.D. (2012) *J. Phys. Chem. A*, **116**, 1435–1444.
29. Seidel, F.O. and Gladysz, J.A. (2008) *Adv. Synth. Catal.*, **350**, 2443–2449.
30. Pozzi, G., Montanari, F., and Quici, S. (1997) *Chem. Commun.*, 69–70.
31. Pozzi, G., Montanari, F., and Rispens, M.T. (1997) *Synth. Commun.*, **27**, 447–452.
32. (a) Vincent, J.-M., Rabion, A., Yachandra, V.K., and Fish, R.H. (1997) *Angew. Chem. Int. Ed. Engl.*, **36**, 2346–2348; (b) Pozzi, G., Cavazzini, M., Quici, S., and Fontana, S. (1997) *Tetrahedron Lett.*, **38**, 7605–7608.
33. Klement, I., Lütjens, H., and Knochel, P. (1997) *Angew. Chem. Int. Ed. Engl.*, **36**, 1454–1456.
34. Betzemeier, B., Lhermitte, F., and Knochel, P. (1998) *Tetrahedron Lett.*, **39**, 6667–6670.
35. cf. Renz, M. and Meunier, B. (1999) *Eur. J. Org. Chem.*, **54**, 737–750.
36. Hao, X., Yamazaki, O., Yoshida, A., and

Nishikido, J. (2003) *Tetrahedron Lett.*, **44**, 4977–4980.

37. (a) Jacobsen, E.N. (1993) in *Catalytic Asymmetric Synthesis* (ed. I. Ojima), Wiley-VCH Verlag GmbH, Weinheim, p. 159; (b) Katsuki, T. (1996) *J. Mol. Catal.*, **113**, 87, and references cited therein.

38. (a) Pozzi, G., Cinato, F., Montanari, F., and Quici, S. (1998) *Chem. Commun.*, 877–878; (b) Cavazzini, M., Manfredi, A., Montanari, F., Quici, S., and Pozzi, G. (2000) *Chem. Commun.*, 2171–2172.

39. (a) DiMagno, S.G., Dussault, P.H., and Schultz, J.A. (1996) *J. Am. Chem. Soc.*, **118**, 5312–5313; (b) for a similar reaction, see: Chambers, R.D., and Sandford, G. (1996) *Synth. Commun.*, **26**, 1861–1866.

40. Ogilby, P.R. and Foote, C.S. (1983) *J. Am. Chem. Soc.*, **105**, 3423–3430.

7 氟相合成和组合化学

7.1 氟相合成

氟相溶剂和氟两相体系不仅在催化反应中得到了应用，而且在经典的有机合成化学中也有广泛的应用。从 20 世纪 90 年代中叶开始，就有了关于氟相标记试剂在有机合成中应用的报道，利用这个策略既可以简化反应后处理的过程也可以回收和套用试剂，这一点对一些有毒试剂来说显得尤为重要。其中最早的例子之一，是由 Curran 及同事报道的，利用氟相标记卤化锡[1]和锡氢[2]化合物进行反应，达到了既简化反应后处理的过程又可以回收和套用试剂的目的[3]（图式 7.1）。氟相标记卤化锡可以被还原成相应的氟相标记锡氢试剂，后者是自由基还原有机卤化物的可选试剂之一。反应结束后，氟相标记的锡氢试剂转化成了氟相标记卤化锡试剂，它可以很方便地通过氟相溶剂萃取从反应体系中回收。

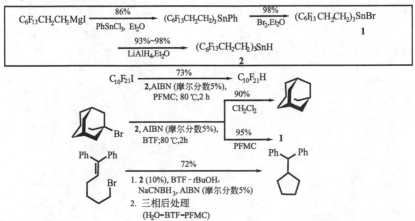

图式 7.1 利用氟相标记的锡氢试剂 **2** 进行的自由基还原反应例子。本试剂可以通过有机相和氟相的液-液相萃取，从反应体系中分离回收[2a,3]

氟相标记卤化锡也可以作为活化的三烷基锡的前体，在 Stille 反应中得到应用[4]。在 Stille 反应中，三烷基芳基锡（通常是三丁基锡）在钯催化下，和溴代芳烃发生交叉偶联反应。将 Stille 反应应用到工业化大规模生产的主要障碍，是反应过程中所生成的大量有毒的有机锡副产物。如果用氟相标记卤化锡来进行反应，则反应结束后，反应过程中所生成的有机锡副产物，可以很方便通过有机相-水相-氟相的三相萃取过程，将其分开[1a,1d]（图式 7.2）。这样，由于已经将有机锡化合物分离，使产品二芳基化合物的纯化过程也大大地简化。

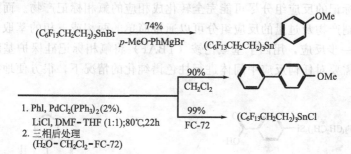

图式 7.2 氟相标记三烷基芳基锡参与的 Stille 反应[1a]。三相萃取的后处理方法可以将有毒的有机锡副产物很方便地分离（也有可能套用）（FC-72：主要是分子式为 C_6F_{14} 的各种异构体，沸点：56℃，3M 公司产品）

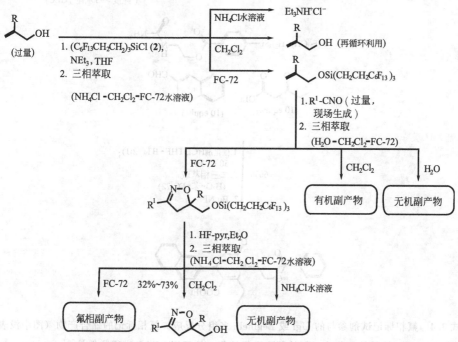

图式 7.3 利用氟相标记硅保护基（R=H，CH_3；R^1=CH_3，C_3H_7，Ph）的策略，简化了 1,3-偶极环加成反应产品的纯化过程[5]。利用 Huisgen 或 Mukaiyama 的方法现场制备硝酮类化合物（R^1-CNO）[6]

氟相标记的三烷基硅保护基也已经被用于简化复杂反应混合物的分离过程中[5]（图式7.3）。反应结束后，通过简单的有机相-水相-氟相的三相萃取过程，就可以将反应产品进行分离，从而避免了通常使用的柱色谱过程。从这个意义上来说，氟相标记保护基的概念和固载化试剂的化学有共同之处，因为它们都是为了简化繁琐的反应后处理过程而发展起来的。

氟相标记试剂简化有机合成反应中分离操作过程的另一个例子，是在多组分反应中，如：Ugi[7]或Beginelli[8]反应（图式7.4）。在反应中，利用其他组分大大过量，将氟相标记的反应组分尽可能完全转化成相应的氟相标记产物。而氟相标记产物与反应的副产物及过量的反应组分可以通过简单的两相或三相的萃取，将它们分开[5]。最后一步反应，用四丁基氟化铵（TBAF）将氟相标记硅保护基脱除。这样就可以在不需要对任何反应中间体进行柱色谱纯化的情况下，很方便地得到高纯度的产品。

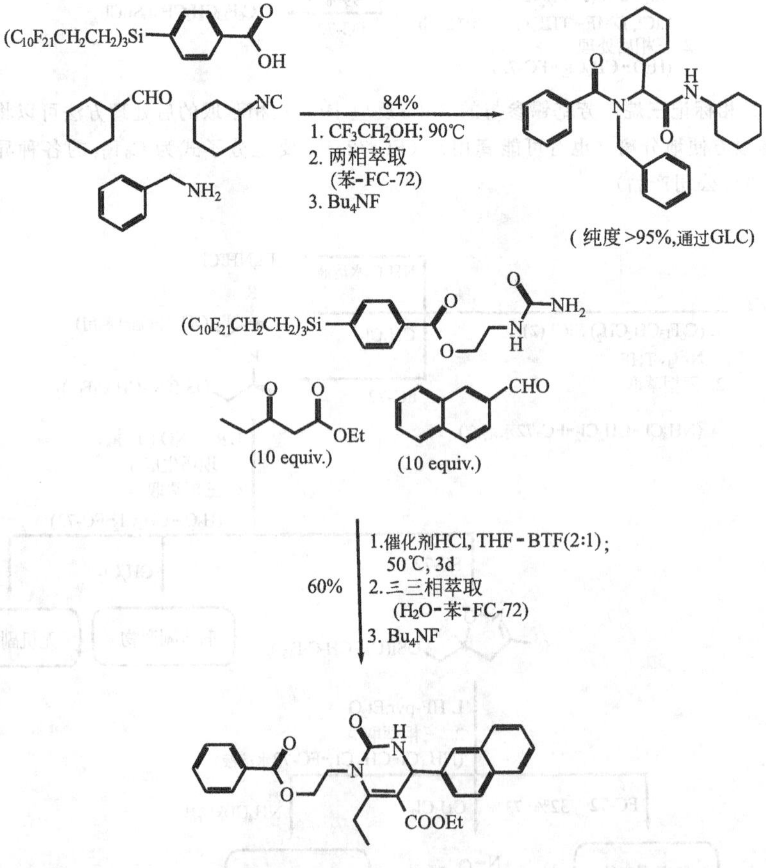

图式 7.4 氟相标记试剂参与的 Ugi 或 Beginelli 多组分反应。氟相标记的缩合产物（图中没表示出来）可以通过简单的两相或三相的萃取进行纯化，然后用 TBAF 进行脱保护[5]

形成糖苷键连接的方法有多种多样[9]。总的来讲，在大部分的方法中，通过糖基的给体或受体组分的大大过量，使糖苷化的产率得到优化。然而这种办法并不是最佳的选择，因为将产物和过量的反应组分的分离并不是件容易的事情。在这里，应用氟相标记试剂的途径，提供了解决这个问题的一种理想的方法。在糖化学中，官能团的保护，是一个很重要的策略，利用改进的氟相标记的保护基，如氟相标记的苄基，可以使我们想要的糖缩合产物的分离和纯化得到简化，而且，氟相标记的保护试剂（**3**）可以方便地被回收和套用[10]（图式7.5）。

图式7.5 氟相标记的苄基保护基[$Bn_F = (C_6F_{13}CH_2CH_2)_3SiPhCH_2$]的合成（方框内）和在糖化学中的应用[10a]。应用 Bn_F 作为保护基，使过量的糖基受体很方便地从糖缩合产物中分离[11]

相类似的策略也被用于更复杂化合物——神经酰胺（Globotriaosylceramide）（Gb3）[10b] 全合成中三糖片段的合成（图式 7.6）。在这个合成过程中，由于使用了氟相标记的酰基保护基，中间体的纯化过程变得像糖的固相合成化学中一样，相当简便[12]。

图式 7.6 利用氟相标记的酰基（Bfp）保护的神经酰胺（Globotriaosylceramide）（Gb3）[10b] 中三糖片段的合成（$EtOC_4F_9$ 是 3M 公司的产品，商品名为 Novec HFE-7200）

7.2 氟相固定相的分离技术

为了更有效地应用氟两相体系，氟相也可以是固定相。氟相化合物或带有"氟尾"的化合物和"氟反向硅胶"有很强的亲和性[1c,13]，氟反向硅胶是一种含有氟烷基的硅胶产品[14]。利用这个亲和性，可以将许多氟含量比较高的化合物很方便地进行分离和纯化。该纯化过程分两步进行，首先通过固相萃取的方法（SPE）[15]将氟相化合物和其他化合物分开，然后，利用亲氟相溶剂梯度色谱的方法，将亲氟相化合物一一分开[16]。

在氟相固相萃取（FSPE；图 7.1）过程中，含有有机物和氟相化合物的反应混合物在氟相硅胶柱上，用憎氟相溶剂，如乙腈、甲醇或甲醇和水的混合溶剂等，将有机物洗脱下来。这时候，由于氟相化合物和氟相硅胶有很强的亲和性，还吸附在硅胶柱上。然后用亲氟相溶剂，如四氢呋喃（THF）、乙醚或三氟甲苯（BTF），作为流动相，将氟相化合物从柱上洗脱。

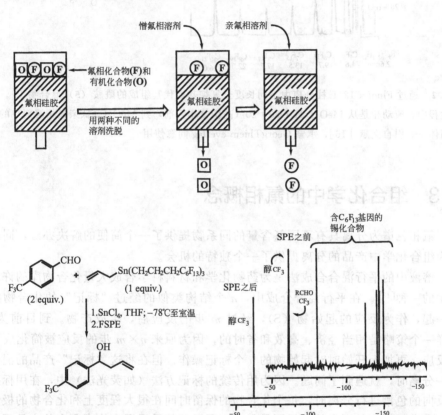

图 7.1 氟相固相萃取（FSPE）的原理。对三氟甲基苯甲醛和氟相标记的烯丙基锡试剂进行烯丙基化反应后，反应混合物通过氟相固相萃取进行后处理。图右是反应混合物在经过氟相固相萃取前后的[19]F NMR 的对比图。引自文献 [16]，承蒙 GeorgThiemeVerlag 同意使用

如果应用混合溶剂作为流动相，流动相通过从憎氟相到亲氟相的梯度变化，在氟反向硅胶柱（FRPSG）也可以进行真正意义上的柱色谱分离（图 7.2）。虽然在氟反向硅胶柱上，我们不能将"通常的"有机化合物一一分开，但我们可以将一些含有不同长度和数量全氟烷基取代基化合物进行有效的分离。在氟相同系物的分离

中，一般保留时间和分子中的氟含量有关。氟含量越高，保留时间越长；而氟含量越低，则保留时间越短，先被洗脱。但这个规律也不是绝对的，除了氟含量对保留时间有影响外，底物的极性及结构对保留时间也有很大的影响[17]。

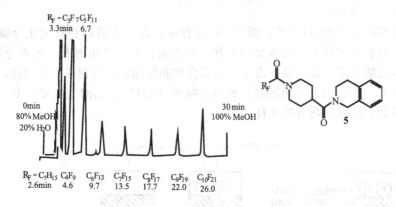

图 7.2 通过 Fluofix 120E 柱分离由不同长度全氟烷基取代基组成的酰胺（5）混合物[16]。在分离过程中，流动相是从 MeOH/H_2O 80∶20（高憎氟相溶剂）到 MeOH（低亲氟相溶剂）的梯度溶剂体系。引自文献 [16]，承蒙 GeorgThiem everlag 同意使用

7.3 组合化学中的氟相概念

氟相色谱为分离具有不同氟含量的同系物提供了一个简便的解决办法，同时它也为组合化学中产品的分离提供了一个独特的机会。

溶液中的平行混合合成法是为药物化学和材料科学合成大量化合物库的许多方法中的一种[18]。在平行混合合成中，n 个结构类似的经过"标记"的化合物混合在一起，作为反应的起始物（S），经过 m 步的反应后，生成产物。到目前为止，这样一个策略是相当经济、高效和省时的，因为原来 $n\times m$ 步的反应被简化成了 m 步反应，再加上开始时对起始物的 n 个标记操作。但在将这"标记"产品的混合物一一分离时，就遇到了问题。因为用传统的标记方法（如荧光法）中，在用标准的或反向的色谱进行分离时，每个化合物的保留时间在很大程度上和化合物的极性有关，和它们结构差别上的关系不是很大。所以即使最后混合物中所有的产品都能一一分开，但为了表征这些分离得到的化合物，并与化合物库中结构一一对应，也要花很大的精力。由于这些困难，对于传统的液相混合合成法中，必须面对化合物库的结构分析时所谓的去重合问题[19]。

氟相合成和氟相色谱的结合应用，为解决标记问题提供了一个很好的途径（图7.3）。如果将反应起始的化合物库（S^n），用不同长度全氟烷基（F^n）进行标记，将它们混合后，进行一系列的化学转化后，通过氟相色谱，就可以将这个产品库中的化合物（F^n-P^n）一一分离和纯化。该策略的另一个优点是如果是一个比较

小的产品库,那么我们可以根据标记产品的洗脱次序,来确定各个化合物的结构,因为,化合物在氟相柱中的保留时间和全氟烷基链的长短有很大的关系。

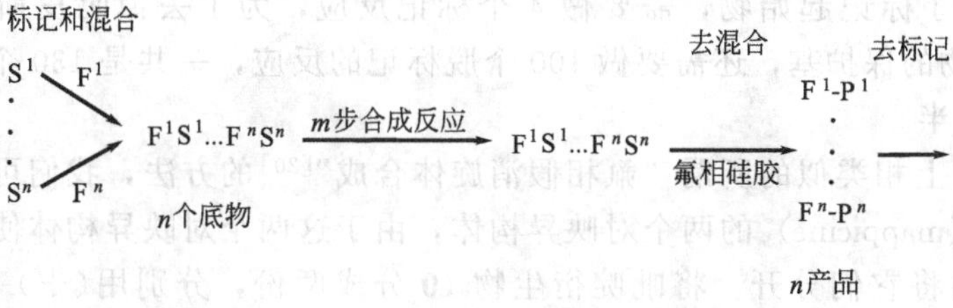

图7.3 氟相混合合成原理图解[17,20]。图中,$m \times n$ 步合成反应可以通过 m 步的合成步骤和 n 个标记反应及 n 个去标记反应来完成

氟相混合合成的策略已经在药物化学的化合物库制备中得到了应用[17,20~22]。在合成过程中,通过对氟相标记的化合物库引入不同的官能团进行化学转化,形成一个大的产品库,然后通过氟相色谱对它们一一分离。图式7.7列出了一个具有100

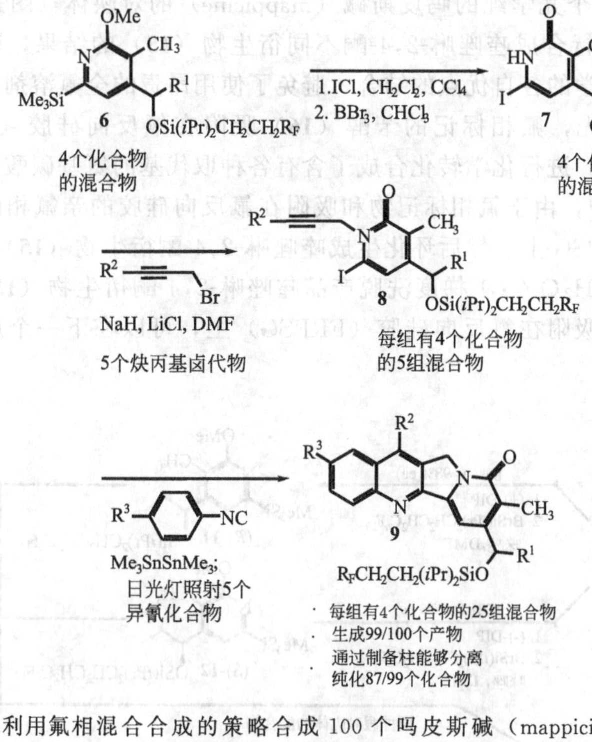

图式7.7 利用氟相混合合成的策略合成100个吗皮斯碱(mappicine)衍生物[20]。图中 R^1,$R_F = Pr, C_4F_9$;Et,C_6F_{13};iPr,C_8F_{17};$CH_2CH_2C_6H_{11}$,$C_{10}F_{21}$;$R^2 = H$,Me,Et,C_5H_{11},$Si(iPr)Me_2$;$R^3 = H$,F,Me,OMe,CF_3。混合物 **6**(4个化合物)转化成 **7**(4个化合物),将 **7** 分成5份,分别和5个不同的炔丙基溴反应生成 **8**。这5份 **8**(每份含有四个不同的炔丙基胺)的每一份又分成5份,与5个不同的异腈反应,生成5份(每份中含有20个)消旋的吗皮斯碱(mappicine) **9**。然后通过 Fluofix 120E 的色谱柱将每份进行分离纯化(条件:0~30min,80%MeOH/H_2O 到 100%MeOH;30~40min,100%MeOH 到 90%MeOH/10%THF)

个吗皮斯碱（mappicine）衍生物组成的化合物库的合成路线。在这里，原来需要做 300 个反应的工作量，通过氟相混合合成的策略，简化到了只有 26 个反应就能完成。当然为了标记起始物，需要做 4 个标记反应，为了去掉吗皮斯碱（mappicine）衍生物的保护基，还需要做 100 个脱标记的反应，一共是 130 个反应，还不到原来的一半。

利用与以上相类似的所谓"氟相假消旋体合成"[20]的方法，我们可以同时合成吗皮斯碱（mappicine）的两个对映异构体，由于这两个对映异构体使用了氟相标记，很容易将它们分开。将吡啶衍生物 **10** 分成两份，分别用（＋）-和（－）-松茨基氯化硼（DIP-Cl）还原分子中的羰基官能团。所得到的光学纯的醇进行进一步的衍生化——（R）对映体的羟基用 $BrSi(iPr)_2CH_2CH_2C_6F_{13}$ 进行保护，得到 (R)-**11**；而(S)对映体的羟基用 $BrSi(iPr)_2CH_2CH_2C_8F_{17}$ 进行保护，得到相类似的对映体(S)-**12**。然后将这两个对映异构体混合，经过一系列的化学转化，生成吗皮斯碱（mappicine）(R)-**13** 和(S)-**14**。将这个混合物进行氟相色谱分离和脱保护后，就可以得到两个光学纯的吗皮斯碱（mappicine）的对映体（图式 7.8）。

最近报道的一个平行合成喹唑啉-2,4-酮不同衍生物（**15**）的结果，展示了通过对氟相合成和固相化学的各自优点的结合，避免了使用昂贵的全氟溶剂的一个例子[22]（图式 7.9）。首先，氟相标记的苄醇（**16**）吸附在氟反向硅胶（FRPSG）上。然后将它分成数份，进行化学转化合成了含有各种取代基的氨基碳酸酯类衍生物（**17**），在这个过程中，由于氟相标记物和吸附在氟反向硅胶的亲氟相的相互作用，**17** 继续吸附在 FRPSG 上。然后环化生成喹唑啉-2,4-酮衍生物（**15**），经过憎氟相溶剂水和 $CH_3CN/H_2O\ 4:1$ 梯度洗脱产品喹唑啉-2,4-酮衍生物（**15**），氟相标记的苄醇（**16**）继续吸附在氟反向硅胶（FRPSG）上，可以在下一个反应中重复使用。

图式 7.8 "氟相类消旋合成"——吗皮斯碱（mappicine）的两个对映体合成[20]。（DIP=松莰基硼烷；R_F：C_6F_{13} 或 C_8F_{17}）

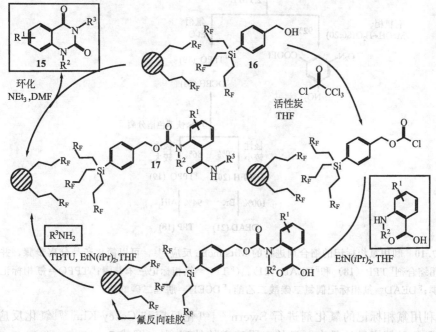

图式 7.9 取代喹唑啉-2,4-酮（15）化合物库的氟相合成[22]。这里的核心是氟相标记的氨基碳酸苄酯是通过分步合成的，而且这些中间体能够吸附在氟反向硅胶（FRPSG）上。目标化合物库（15）结构上的多样性是通过引入不同的邻氨基苯甲酸和伯胺衍生物（方框内）来实现的。（TBTU=O-苯并三唑-N,N,N',N'-四甲基脲四氟化硼盐）

最近几年，除了氟相组合化学的研究外，也发展了一些与固载化合成相类似的氟相技术。在 Mitsunobu[23] 反应中，利用氟相标记的缩合剂进行反应后，氟相标记的缩合剂可以很方便地和缩合产物进行分离[24]（图式 7.10）。

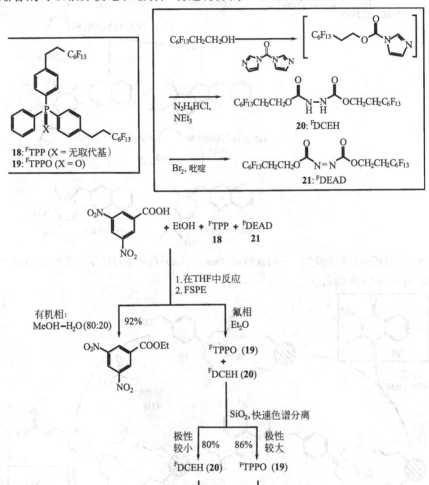

图式 7.10 利用氟相标记的缩合剂进行的 Mitsunobu 反应[24]，可以简化产品分离步骤，并且回收套用缩合剂 FTPP（18）和 FDEAD（21）。（FTPP＝氟相标记三苯基膦；FTPPO＝氟相标记三苯基氧膦；FDEAD＝氟相标记偶氮二碳酸二乙酯；FDCEH＝肼基二碳酸酯）

利用氟相标记的氧化剂进行 Swern[25] 氧化反应和 Corey-Kim[26] 氧化反应时，可以避免对等当量的具有恶臭的二甲硫醚的处理[27]（图式 7.11）。

利用氟相标记的清除剂，可以很方便地将复杂反应混合物中的过量反应试剂进行清除[28]（图式 7.12）。因此，利用氟相标记酸酐 24 和异氰酸酯 25 来除去过量胺的试剂。一些定制的除去别的反应组分的氟相标记的清除剂，也已有报道。

图式 7.11 利用氟相标记的氧化剂将醇氧化成相应的醛或酮的 Swern 和 Corey-Kim 氧化反应[27]
(^{F}DMS＝氟相标记二甲硫醚；^{F}DMSO＝氟相标记二甲亚砜)

图式 7.12 利用氟相标记的清除剂可以方便地除去复杂反应混合物中的过量反应试剂[28]

利用氟相标记的清除剂来除去过量反应试剂时，并不一定要在它们之间形成共价键，才能将其溶解到氟相溶剂中，例如，"低氟"的 N,N'-二氟烷基脲和全氟烷基羧酸之间形成的氢键，也可以达到分离的目的[29]。虽然二氟烷基脲在有机溶剂中有较大的溶解度，但当它和全氟烷基羧酸通过氢键形成复合物后，它的亲氟性大大增加，几乎可以完全溶解在氟相溶剂中（图式 7.13）。

图式 7.13 "低氟"的氟相试剂 N,N'-二氟烷基脲（$R_F = C_6F_{13}$）在 C_6F_{14}/CH_2Cl_2 的两相体系中，具有较低的氟相分配系数（30∶70）。加入全氟烷基庚酸后，其氢键复合物分配系数改变为 99∶1，几乎可以完全溶解在氟相溶剂中而从有机溶剂中除去[29]。

参照在固相组合化学中的概念，张和他的同事发明了好几个氟相标记的"捕捉和释放"辅基[30]（图式 7.14）。这个辅基，在复杂合成的开始阶段，作为亲氟相的辅基，简化了中间体的分离过程。在最后的反应步骤中，其他的反应试剂取代了这个氟相的结构片段。从而使组合化学的化合物库中有了更多的结构多样性。

图式 7.14 利用氟相标记的"捕捉和释放"辅基的例子[30b]（$R_F = CH_2CH_2C_8F_{17}$）

氟相标记技术不仅可以应用于合成及化合物库的组建，类似的标记技术也已被应用于蛋白生物学领域中[31]。通过蛋白酶，蛋白质被水解为小的多肽结构片段。如果向这个活性的多肽化合物库中，在特定的位置连上氟相标记的硫醇。利用氟相固相萃取（FSPE）技术，将标记过的和未被标记的多肽化合物进行分离和浓缩，并直接通过质谱进行分析（图 7.4）。

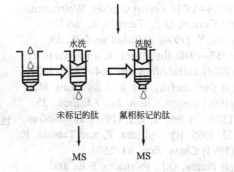

图 7.4 氟相蛋白生物学是基于对特定活化的复杂多肽化合物库的分离和浓缩的技术。经文献 [31] 授权复制

参考文献

1. (a) Curran, D.P. and Hoshino, M. (1996) *J. Org. Chem.*, **61**, 6480–6481; (b) Larhed, M., Hoshino, M., Hadida, S., Curran, D.P., and Hallberg, A. (1997) *J. Org. Chem.*, **62**, 5583; (c) Curran, D.P., Hadida, S., and He, M. (1997) *J. Org. Chem.*, **62**, 6714–6715; (d) Hoshino, M., Degenkolb, P., and Curran, D.P. (1997) *J. Org. Chem.*, **62**, 8341; (e) Spetseris, N., Hadida, S., Curran, D.P., and Meyer, T.Y. (1998) *Organometallics*, **17**, 1458; (f) Curran, D.P. and Luo, Z. (1998) *Med. Chem. Res.*, **8**, 261; (g) Curran, D.P., Luo, Z., and Degenkolb, P. (1998) *Bioorg. Med. Chem. Lett.*, **8**, 2403; (h) Ryu, I., Niguma, T., Minakata, S., Komatsu, M., Luo, Z., and Curran, D.P. (1999) *Tetrahedron Lett.*, **40**, 2367–2370.

2. (a) Curran, D.P. and Hadida, S. (1996) *J. Am. Chem. Soc.*, **118**, 2531–2532; (b) Horner, J.H., Martinez, F.N., Newcomb, M., Hadida, S., and Curran, D.P. (1997) *Tetrahedron Lett.*, **38**, 2783; (c) Hadida, S., Super, M., Beckman, E.J., and Curran, D.P. (1997) *J. Am. Chem. Soc.*, **119**, 7406; (d) Ryu, I., Niguma, T., Minakata, S., Komatsu, M., Hadida, S., and Curran, D.P. (1997) *Tetrahedron Lett.*, **38**, 7883.

3. Review: Curran, D.P., Hadida, S., Kim, S.-Y., and Luo, Z. (1999) *J. Am. Chem. Soc.*, **121**, 6607–6615.

4. (a) Milstein, D. and Stille, J.K. (1978) *J. Am. Chem. Soc.*, **100**, 3636–3638; (b) Stille, J.K. (1986) *Angew. Chem. Int. Ed. Engl.*, **25**, 508–523; (c) Mitchell, T.N. (1992) *Synthesis*, 803–815.

5. Studer, A., Hadida, S., Ferritto, R., Kim, S.-Y., Jeger, P., Wipf, P., and Curran, D.P. (1997) *Science*, **275**, 823–826.

6. Caramella, P. and Grünanger, P. (1984) *1,3-Dipolar Cycloaddition Chemistry*, Vol.

1, Wiley–Interscience, New York, pp. 291–392.
7. Ugi, I. (1982) *Angew. Chem. Int. Ed. Engl.*, 21, 810.
8. (a) Biginelli, P. (1893) *Gazz. Chim. Ital.*, 23, 360–416; (b) Kappe, C.O. (1993) *Tetrahedron*, 49, 6937–6963.
9. Lindhorst, T.K. (2000) *Essentials of Carbohydrate Chemistry and Biochemistry*, Wiley-VCH Verlag GmbH, Weinheim.
10. (a) Curran, D.P., Ferritto, R., and Hua, Y. (1998) *Tetrahedron Lett.*, 39, 4937–4940; (b) Miura, T. and Inazu, T. (2003) *Tetrahedron Lett.*, 44, 1819–1821.
11. (a) Danishefsky, S.J. and Bilodeau, M.T. (1996) *Angew. Chem. Int. Ed. Engl.*, 35, 1380; (b) Boons, G.J. (1996) *Tetrahedron*, 52, 1095; (c) Toshima, K. and Tatsuta, K. (1993) *Chem. Rev.*, 93, 1503.
12. (a) Plante, O.J., Palmacci, E.R., and Seeberger, P.H. (2001) *Science*, 291, 1523; (b) Ando, H., Manabe, S., Nakahara, Y., and Ito, Y. (2001) *J. Am. Chem. Soc.*, 113, 3848.
13. (a) Berendsen, G.E. and Galan, L.D. (1978) *J. Liq. Chromatogr.*, 1, 403; (b) Berendsen, G.E., Pikaart, K.A., Galan, L.D., and Olieman, C. (1990) *Anal. Chem.* 1980, 52; (c) Billiet, H.A.H, Schoenmakers, P.J., and de Galan, L. (1981) *J. Chromatogr.*, 218, 443; (d) Sadek, P.C. and Carr, P.W. (1984) *J. Chromatogr.*, 288, 25; (e) Kainz, S., Luo, Z., Curran, D.P., and Leitner, W. (1998) *Synthesis*, 1425–1427.
14. Curran, D.P. (1999) *Med. Res. Rev.*, 19, 432–438.
15. (a) Gayo, L.M. and Suto, M.J. (1997) *Tetrahedron Lett.*, 38, 513; (b) Siegel, M.G., Hahn, P.J., Dressman, B.A., Fritz, J.E., Grunwell, J.R., and Kaldor, S.W. (1997) *Tetrahedron Lett.*, 38, 3357; (c) Flynn, D.L., Crich, J.Z., Devraj, R.V., Hockerman, S.L., Parlow, J.J., South, M.S., and Woodard, S. (1997) *J. Am. Chem. Soc.*, 119, 4874.
16. Curran, D.P. (2001) *Synlett*, 1488–1496, and references cited therein.
17. Curran, D.P. and Oderaotoshi, Y. (2001) *Tetrahedron*, 57, 5243–5253.
18. (a) Balkenhohl, F., von dem Büssche-Hunnefeld, C., Lansky, A., and Zechel, C. (1996) *Angew. Chem. Int. Ed. Engl.*, 35, 2289; (b) Lam, K.S., Lebl, M., and Krchnak, V. (1997) *Chem. Rev.*, 87, 411; (c) Furk, A. (1996) in *Combinatorial Peptide and Nonpetide Libraries* (ed. G. Jung), Wiley-VCH Verlag GmbH, Weinheim, pp. 111–137; (d) Nicolaou, K.C., Xiao, X.Y., Parandoosh, Z., Senyei, A., and Nova, M.P. (1995) *Angew. Chem. Int. Ed. Engl.*, 34, 2289.
19. (a) An, H. and Cook, P.D. (2000) *Chem. Rev.*, 100, 3311; (b) Houghten, R.A., Pinilla, C., Appel, J.R., Blondelle, S.E., Dollery, C.T., Eicheler, J., Nefzi, A., and Ostresh, J.M. (1999) *J. Med. Chem.*, 42, 3743; (c) Carell, T., Wintner, E.A., Sutherland, A.J., Rebek, J. Jr., Dunayevskiy, Y.M., and Vouros, P. (1995) *Chem. Biol.*, 2, 171; (d) Boger, D.L., Chai, W.Y., and Jin, Q. (1998) *J. Am. Chem. Soc.*, 120, 7220.
20. Luo, Z., Zhang, Q., Oderaotoshi, Y., and Curran, D.P. (2001) *Science*, 291, 1766–1769.
21. Zhang, W. (2003) *Tetrahedron*, 49, 4475–4489.
22. Schwinn, D., Glatz, H., and Bannwarth, W. (2003) *Helv. Chim. Acta*, 86, 188–195.
23. (a) Mitsunobu, O. (1991) in *Comprehensive Organic Synthesis*, vol. 6 (eds. B.M. Trost, and I. Fleming), Pergamon Press, Oxford, pp. 1, 65; (b) Hughes, D.L. (1992) *Org. React. (N. Y.)*, 42, 335; (c) Hughes, D.L. (1996) *Org. Prep. Proced. Int.*, 28, 127.
24. Dandapani, S. and Curran, D.P. (2002) *Tetrahedron*, 58, 3855–3864.
25. (a) Review: Mancuso, A.J. and Swern, D. (1981) *Synthesis*, 165; (b) Mancuso,

A.J., Huang, S.-L., and Swern, D. (1978) *J. Org. Chem.*, **43**, 2480; (c) Tidwell, T.T. (1990) *Org. React.*, **39**, 297; (d) Tidwell, T.T. (1990) *Synthesis*, 857.
26. Corey, E.J. and Kim, C.U. (1972) *J. Am. Chem. Soc.*, **94**, 7586.
27. Crich, D. and Neelamkavil, S. (2002) *Tetrahedron*, **58**, 3865–3870.
28. (a) Zhang, W., Chen, C., and Nagashima, T. (2003) *Tetrahedron Lett.*, **44**, 2065–2068; (b) Zhang, W., Curran, D.P., and Chen, C. (2002) *Tetrahedron*, **58**, 3871–3875; (c) Lindsley, C.W., Zhao, Z., and Leister, W. (2002) *Tetrahedron Lett.*, **43**, 4225–4228.
29. Palomo, C., Aizpurua, J.M., Loinaz, I., Fernandez-Berridi, M.J., and Irusta, L. (2001) *Org. Lett.*, **3**, 2361–2364.
30. (a) Zhang, W. (2003) *Org. Lett.*, **5**, 1011; (b) Chen, C. and Zhang, W. (2003) *Org. Lett.*, **5**, 1015–1017.
31. Brittain, S.M., Ficarro, S.B., Brock, A., and Peters, E.C. (2005) *Nat. Biotechnol.*, **23**, 463–468.

第三部分
有机氟化合物的应用

8
卤氟烷、氢氟烷及相关化合物

不同类型的氟氯烃是一类具有很高经济价值的，也是第一类被产业化大批量生产的含氟化合物[1]（CFCs；表 8.1）。起初，它们被用做制冷设备和空调设备的制冷剂。后来也被推广到其他应用领域，如喷雾罐中的气雾剂、生产隔热高分子材料过程中的发泡剂等。1928 年，Frigidaire 公司的 T. Midgley 首次发现和报道了 CFCs 的独特用途[2,3]。CFCs 类化合物有许多很特殊的化学和物理性质，如高挥发性、低反应活性、无毒及不可燃等，这些特殊的性质，使它们有了许多特殊的用途。1933 年，第一台利用 CFCs 作为制冷剂的家用冰箱问世。在它们最高峰时期，全世界 CFCs 的总产量达到百万吨/年的规模。

这些通常被称为氟里昂（Freons）（在德国被称为 Frigens）且有很高工业经济价值的含氟化合物主要包括：Freon 11（$CFCl_3$），Freon 12（CF_2Cl_2），Freon 113（$CFCl_2CF_2Cl$）和 Freon 114（$CClF_2CClF_2$）及氢氯氟烷（HCFC）Freon 22（HCFC-22，CHF_2Cl）。通常我们用三个数字来对 CFC 或 HCFC 体系进行命名，其中，最后一个数字表示分子中氟原子的数量，中间数字表示分子中的氢原子数加 1，第一个数字表示分子中碳原子数减 1。对于甲烷系列的衍生物，由于第一个数字等于 0，所以通常将其省略了。分子中所有没表示出来的原子被认为是氯原子[4]。

被称为哈龙（Halon）的物质是一类含溴含氟的烷烃类化合物，如 CF_3Br 和 CF_2Br_2，它是一类直到现在还被广泛地使用的灭火剂化学品。对于 Halon 类化合物，通常使用由 5 个数字组成的体系来对它进行命名。在这里，这五个数字依此分别表示分子中 C，F，Cl，Br，I 的原子数，如 Halon 1211 就代表分子式为 CF_2BrCl 的化合物。由于 Halon 类化合物无毒性，也不可燃，所以它是最理想的灭火剂。由于 C—Br 键的均裂解离能较低（64.3kcal·mol^{-1}），所以它可以在较低的温度下发生离解，从而吸收了火焰中的能量，起到灭火的作用。

表 8.1　一些（氢）氯氟烷的性质和用途

化合物	沸点/℃	用途
HFC-23(CHF_3)	-81	与 CFC-13 的共沸物被用做生化冷冻剂
CFC-13($CClF_3$)	-82	同上
HCFC-22($CHClF_2$)	-41	家用、超市及工业用空调及冷冻装置的制冷剂，在日本被用做家用冰箱的制冷剂，生产四氟乙烯原料，生产聚苯乙烯聚合物的发泡剂
CFC-12(CCl_2F_2)	-30	家用冰箱、汽车用空调、超市保鲜冷柜、工业空调、热带地区空调制冷剂，医用气雾剂
CFC-11(CCl_3F)	-24	水冷空调系统制冷剂，生产聚氨酯发泡剂，医用气雾剂
Halon1211($CBrClF_2$)	-4	灭火剂
Halon2402($CBrF_2CBrF_2$)	-47	灭火剂
CFC-113(CCl_2FCClF_2)	-48	火车开关齿轮冷却液，溶剂，生产三氟氯乙烯原料
HFC-134a(CF_3CH_2F)	-27	家用冰箱、汽车用空调、超市保鲜冷柜制冷剂，发泡剂，香精香料萃取溶剂

自从人们发现 CFC 及相关的化合物对大气中的臭氧层有很大的破坏作用之后，于 1987 年签订了蒙特利尔协定书，对这类对臭氧层有破坏作用的氟里昂的使用进行了严格的限制，目前已禁止了它们的使用。由于这些化合物具有的独特性质，所以在有些应用领域是不可替代的，因此，人们花了很多的精力和财力，来开发一些在大气层中寿命比较短的，不破坏臭氧层的替代品（图式 8.1）。

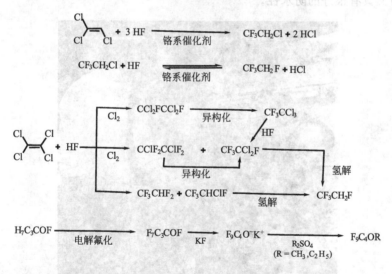

图式 8.1　一些 CFC 替代品的合成方法[1]

这类替代品中的大部分是含氢含氟的烷烃（HFC）或含氟的醚类化合物（HFE），例如 E143a（CF_3OCH_3），E134（CHF_2OCHF_2）和 E125（CF_3OCHF_2）等，这些化合物被用作为制冷剂和发泡剂，$C_4F_9OCH_3$ 和 $C_4F_9OC_2H_5$ 被用来替代 CFC-113（CCl_2FCClF_2），作为清洗剂。

合成 CFC、HCFC 及 Halon 产品的主要方法是 Swarts 氟化法。该方法是在固体 Lewis 酸（如铬盐）的催化下，无水 HF 和氯代或溴代烷烃发生的氟化反应。另外还有在 Lewis 酸催化下的卤素重排反应和氯和溴的氢解反应。

8.1 聚合物和润滑油

含氟聚合物到目前为止还是用量最大的含氟有机化合物[5]。对含氟聚合物的研究，是从 1938 年 DuPont 公司的 R. J. Plunkett 无意中发现聚四氟乙烯（PTFE，或 Teflon）后开始的（图 8.1）。当他将一个莫名其妙地失去了压力但还保持原来重量的四氟乙烯钢瓶割开后，发现了一种具有特殊性质的白色粉末，即聚四氟乙烯，使它成为了当今用途最广的含氟聚合物。

PTFE 对大多数具有很强腐蚀性的化学试剂，如元素氟、六氟化铀、熔融的碱金属氢氧化物、热的矿物酸等都有很强的化学稳定性。作为一种结构材料，它在接近绝对零度到 260℃的温度范围内，其性能保持不变。另外与全氟烷烃一样，它的表面张力很低，使它具有很低的摩擦系数和抗黏结的特性。PTFE 的最早和最广泛应用的领域之一是作为不粘锅的涂层。最近，一种商标名为 "Gore-Tex" 的服装，是由 PTFE 片拉伸所形成的超细纤维制成的。"Gore-Tex" 服装既具有良好的透气性，同时又具有很好的防水性。

图 8.1　R. J. Plunkett（右）割开了一个装着聚合的四氟乙烯的钢瓶。感谢 Hagley 博物馆和图书馆，华盛顿，特拉华州，美国

低分子量的四氟乙烯调聚物（相对分子质量在 3000～50000），是通过在链转移试剂（如甲基环己烷）的存在下的四氟乙烯聚合，或通过对高分子量的聚四氟乙

烯的 γ 辐射来制备的。它是一种高性能的润滑剂，具有杰出的抗化学降解的性能[6]（图式 8.2）。

$$CHClF_2 \xrightarrow{750\sim850\ ℃} :CF_2 + HCl$$

副反应生成六氟丙烯，在 $K_2S_2O_8$，水基乳液条件下生成 $-(CF_2CF_2)_n-$

图式 8.2 $CHClF_2$ 裂解制备四氟乙烯。在裂解过程中，一个副反应是二氟卡宾插入到四氟乙烯分子中，生成了六氟丙烯。四氟乙烯的水基乳液，在 10～70atm 和过氧化物催化的条件下，发生自由基聚合反应，生成聚四氟乙烯的白色粉末

在旨在制造第一颗原子弹的 Manhattan 计划中[7]，对能够经受住六氟化铀（UF_6）的强腐蚀性的材料、润滑剂和冷却液有了很强烈的需求（图式 8.3）。

$$U_3O_8 \xrightarrow{H_2} UO_2 \xrightarrow{HF;\ 550℃} UF_4 \xrightarrow{F_2;\ 250℃} UF_6$$

气相扩散 → $^{235}UF_6$ (0.6%) → ^{235}U；$^{238}UF_6$ (99.4%) → ^{238}U

图式 8.3 具有挥发性的六氟化铀（UF_6）的合成。利用六氟化铀，通过气相扩散的方法，从 ^{238}U 中分离 0.6％ ^{235}U 的同位素。因为只有 ^{235}U 能够用来制造原子弹，与 ^{238}U 相比，只有 ^{235}U 会发生由中子引发的快速裂变反应[7]

到目前为止，具有挥发性的六氟化铀（升华温度 65℃），一直是从铀的主要同位素 ^{238}U 中分离 0.6％ ^{235}U 同位素的关键原料（图 8.2）。由于六氟化铀（UF_6）的反应活性和元素氟相仿，所以它可以和大部分的金属发生快速氧化反应，并且和普通有机化合物发生强烈反应。1943 年，首座通过气相扩散法大规模分离铀同位素的工厂建成时，聚四氟乙烯的密封材料和压缩的镍粉材料制成的扩散罩起到了关键的作用。自从 1945 年 8 月 6 日在广岛爆炸了由 ^{235}U 制成的第一颗原子弹后，核武器计划成了东、西方两大阵营推动有机氟工业发展的一股主要的力量。

除了它的一些优良性能外，聚四氟乙烯也有它自身的缺点。首先由于聚四氟乙烯有很高熔融黏度，所以它不能像其他聚合物一样，进行挤出加工。它只能通过聚四氟乙烯粉末在高压高温（100～300atm，365～385℃）下烧结成型。然后，通过机械切割，制造成最终产品。对于用这种办法制成的 PTFE 化学实验仪器，有个致命的缺点是它的不透明性，另一个缺点是它的导热性很差。聚四氟乙烯粉末的

高压高温成型过程及后面的机械加工过程，和一些高熔点的金属和陶瓷的加工过程相类似。但是如果将四氟乙烯和5%全氟丙烯共聚，则它的玻璃化温度可以大大降低，从而可以对它进行熔融加工。

图 8.2 （a）位于美国田纳西州橡树岭的 K-25 设备，在这里利用六氟化铀的气相扩散分离 ^{235}U 的同位素。（b）1945 年 8 月 6 号在广岛爆炸的原子弹是由这个工厂生产的 ^{235}U 制成的。感谢曼哈顿计划遗产保护协会[8]

聚四氟乙烯的另一个缺点是在一定的使用压力下，它会发生蠕变，从而影响了聚四氟乙烯器件的机械稳定性。这个缺点可以通过在聚四氟乙烯加入一些填料，如玻璃或碳等，在一定程度上得到克服。另外，我们前面提到的聚四氟乙烯的优点，即它的不粘性，在加工器件过程中，也成了它的缺点，因为通常它很难附着在其他的金属表面上。生产不粘锅的过程中，聚四氟乙烯涂层是吸附在经过特殊处理的金属铝表面的。

20 世纪 60 年代，通过四氟乙烯和三氟乙烯基醚 [如七氟丙基三氟乙烯基醚（PPVE）等] 的共聚，得到了具有弹性的含氟聚合物，俗称氟橡胶或氟弹性体。这种被称为第二代的含氟聚合物，结合了高热稳定性和高化学稳定性及具有弹性的优点，可以用于涂层或密封材料及其他部件，它可以通过传统的挤出或成型工艺进行加工。

聚三氟氯乙烯（PCTFE）是一种早期替代聚四氟乙烯的材料，它由 Cornell 大学的 W. T. Miller 教授于 1941 年发明（图式 8.4）。与聚四氟乙烯相比，这种材料可以在 250～300℃挤出加工。根据聚三氟氯乙烯相对分子质量的不同，它可以被用做热塑性塑料或润滑油。

另一个具有优良性能且被广泛应用的含氟材料是聚偏氟乙烯（PVDF）（图式 8.5）。在产量上，聚偏氟乙烯（PVDF）是仅次于聚四氟乙烯（PTFE）的第二大类

图式 8.4　聚三氟氯乙烯（PCTFE）的合成

图式 8.5　聚偏氟乙烯（PVDF）单体偏氟乙烯的制备

含氟聚合物。由于它既可以很方便地加工成各种稳定的机械组件，而且用它制成的薄膜有很好的透光性和抗紫外性能，所以它被广泛用于太阳能面板的涂层（作为具有柔性的轻质玻璃的替代品）和高性能油漆的配方组分之一及其他各种涂层中。

PVDF 并不仅仅用在结构性材料上。由于它的定向膜有压电性质，它也被应用在了高灵敏的麦克风，传声装置及军事上一些领域。最近，它也被用在了声波驱动的纳米发电机上[9]或铁电、高可靠性的电子存储器中[10]。另外，通过和少量其他单体的共聚，增加弹性，可以进一步改进 PVDF 的压电性能。

PVDF 的有趣的绝缘性质可以从其聚合物结构中氟原子的排列方式得到解释。在聚偏氟乙烯伸展的分子链的弯曲结构中，所有的偕二氟亚甲基都垂直地处在分子链的同一个方向。由于这样的排列，使分子中的碳氟键的偶极矩是相互叠加的，而且它们也和相邻分子链的偶极矩也是相互叠加的（图 8.3）。与之相对应，在它的异构体——乙烯和四氟乙烯的共聚物（ETFE）的分子链中，由于两个相邻的偕二氟亚甲基的取向是相反的，所以每个—CF_2—基团的偶极矩都被相互抵消了。

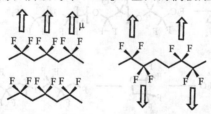

图 8.3　具有压电性的聚偏氟乙烯（PVDF）和没有压电性的异构体乙烯和四氟乙烯的共聚物（ETFE）[11]

被称为第三代含氟聚合物的是分子内含有醚结构的一类含氟聚合物。它们的单体是三氟乙烯基醚或具有环状结构的二氟乙烯基二醇的醚。聚全氟醚（PFAs）材料可以很方便地进行加工，同时，由于其具有很好的透光性能，它常被用做有腐蚀性试剂参与反应的化工设备中。PFA 的另一个用途是作为离子分析的样品容器（图式 8.6）。

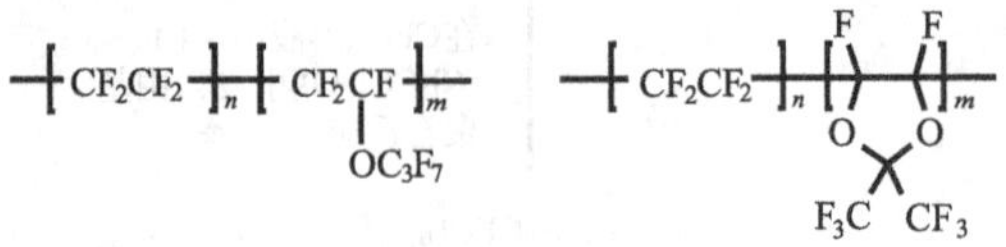

图式 8.6　左图：全氟聚醚例子：PFA 被用做分析化学中的实验仪器。右图：Teflon AF 被用于制造电子电路

全氟醚的调聚物被用来作为大多数含氟润滑剂的基础油[6]（图式 8.7）。和全氟烷烃的油相类似，这类化合物也具有很低的表面能和低的摩擦系数[12]，但和它们相应的烃组分的矿物油相比，通常它们的润滑性能较差。与那些比较廉价（通常只有一半的价格）烃组分的矿物油相比，它具有非常杰出的抗化学降解的能力（特别是对被氧化成羧酸的反应）、有很低的蒸气压和与有机溶剂不互溶性等优点。所以全氟醚的油被用做制备微芯片的等离子腐蚀罐中真空泵的润滑油，因为在这个体系中，聚集着很多有腐蚀性的气体，如：氟化氢或四氟化硅等。在相同的黏度下，和烃类化合物类润滑剂相比，全氟醚润滑油的蒸气要低得多，使它们成为了各种航天器器件的中理想润滑油。如在 1985 年针对哈雷彗星的 Giotto 计划的航天器中，一些在高真空环境下不停运行的关键部件中，就是以全氟醚作为润滑油的。

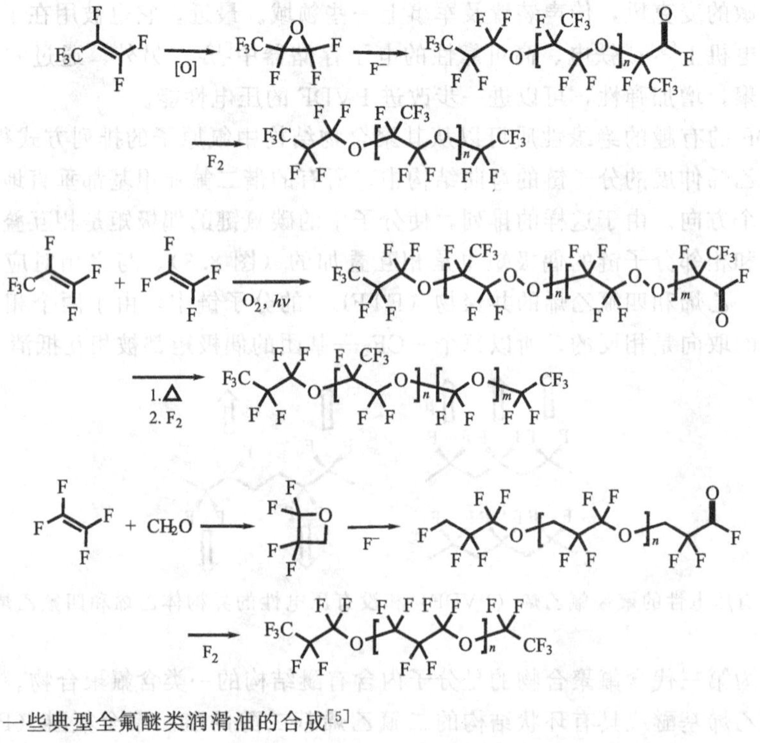

图式 8.7　一些典型全氟醚类润滑油的合成[5]

同时，聚全氟醚也是一类很重要的活性功能材料。离子交换膜（DuPont 公司

的商品名为"Nafion")是一类含有磺酸基团的聚全氟醚化合物,作为氯碱工业中电解槽的离子交换膜,它已经使用了近 30 年。从而使在经典的 Gastner-Kellner 电解槽中,避免了使用大量有毒的金属汞(图式 8.8)。Nafion 膜的最早用途之一是在携带人类首次登上月球的 Apollo 登月计划中的飞行器中,作为氢氧燃料电池中的膜材料。

$$CF_2=CF-O-CF_2-CF(CF_3)-O-CF_2-CF_2-SO_2F$$

图式 8.8 Nafion 膜是通过含磺酰氟基团的三氟乙烯基醚单体和四氟乙烯的共聚物水解后变成磺酸制得的

Nafion 也可以看成是三氟甲磺酸的聚合类似物,所以它是第一个固体超强酸。

20 世纪 90 年代末期,在电子工业中,大规模生产电子电路的光平板蚀刻技术中,已经成功地将激光的波长从 248nm(KrF 激光器)降到了 193nm(ArF 激光器)。已经在实验的下一步是将波长降到 157nm(F_2-激光器)[13]。事实上,目前(2012 年)标准的分辨率是 45nm,而正在发展的是分辨率为 22nm 的蚀刻技术。157nm 的技术,需要以有机或无机氟化学为基础。到目前为止,已知可以作为如此短的波长的平板镜的光学材料是氟化钙(CaF_2)。

现在最大的挑战是设计一种在 157nm 波长条件下具有很好透光性的光刻胶[14]。在光平板蚀刻过程中,通过在晶片表面涂一层抗光蚀剂,然后盖上电路模板,在一定波长的光照射后,就得到了具有复杂结构的芯片。在"正"的光刻胶中,被辐射区域,由于光的照射,引起化学变化,使它们的溶解性比没有照射过的光刻胶要好。因此,被光照射过的光刻胶,可以用适当的溶剂洗掉。已经有线路图的芯片进行进一步的离子蚀刻,选择性的腐蚀掉没有光刻胶保护的晶片材料。除去尚存的光刻胶剂后,电路模板上的电路就转移到了晶片上。通过一系列这样复杂的蚀刻过程,我们就可以大量生产各种不同类型的集成电路芯片。现代光学的成果,能够使电路模板的尺寸减少到辐射光源波长的一半。

作为光刻胶,至少要满足下面的条件(详细讨论参见文献 [14]):①它们需要具有成像性质及选择性的溶解性质的功能。②在成像的波长范围内,它们的透光性能要相当好,使光能完全穿过光刻胶。③在选择性溶解后留下来的没有被光照射过的光刻胶,必须具有抗离子蚀刻的能力。

现在使用的光刻胶还不能在 157nm 的波长下使用,这主要是因为在 157nm 的波长时,这种光刻胶的透光性能太低。虽然含有芳环结构的材料,在 248nm 的条件下,相当有用,但在当前的 193nm 技术中,只有纯脂肪族的聚合物才能使用。而在 157nm 的照射条件下,即使是对于大多数的脂肪族的聚合物材料,其吸光性还是太强。因此,只有那些光吸收性能通过实验优化[15]或分子模型设计[16]的部分氟代的聚合物,才有可能被使用。通过照射后的"溶解开关"可以通过添加一些具有光活化性质的超强酸(如六氟化锑的二芳基高碘化合物)来达到[17],通常它们可以将聚合物中对酸不稳定的叔丁酯的碳氧键切断（图式 8.9）。

图式 8.9　157nm 的光刻胶候选化合物[14]。全氟异丙醇基团能增加透光性和基本的溶解性。叔丁酯基团可以作为对酸不稳定溶解开关被光引发的超强酸活化

8.2　在电子工业中的应用

除了聚合物以外，很多小分子的有机氟化物，在电子工业中也有多方面的应用。表 8.2 列出了全氟烷烃和全氟醚类化合物在电子工业中的一些典型用途。

表 8.2　含氟化合物在电子制造过程中的应用[18]

应用	需要性质	化合物
芯片震动试验	和密封树脂不反应，液态温度范围较宽	全氟环醚
打印电路板的气相焊接	热稳定性，和密封树脂不反应	全氟菲
超级计算机冷却液	和树脂不反应，良好的传热性	全氟烷烃
气体泄漏示踪剂	对 CFC 电子俘获器高度敏感	全氟环己烷
代替 CFC-113 的芯片清洗剂	不可燃	全氟烷烃

一些含氟的有机化合物气体，如 CF_4、$CClF_3$、CHF_3 和 C_2F_6 等，在制造微芯片的等离子蚀刻过程中，被用做蚀刻剂[18,19]。与半导体制造过程所使用的所有其他化学品一样，这些气体蚀刻剂的纯度必须非常高，以避免杂质可能引起的对经过仔细计算和调整的半导体的电子参数的改变。

对以前使用的第一代液体蚀刻剂来说，有个问题始终没有解决，这就是它不能在硅晶片上蚀刻线性的"垂直墙"。这主要是由于它们的表面张力。蚀刻速度与被蚀刻部件的确切几何环境及接触表面的性质的关系太密切而引起。

相反，在各向异性的等离子蚀刻过程中，只要将保护好的晶片放入到通过对全氟烷烃放电所形成的等离子体系中，就可以很容易地得到线性的"垂直墙"，这主要是因为在这种情况下，蚀刻速度和晶片的晶体结构有关（图 8.4）。在该等离子体系中，包含着各种不同的带有电荷的碎片，其中激发态的氟原子，能够将硅腐蚀

成气相的四氟化硅（SiF_4）。对于通过193nm或157nm光蚀刻的微小晶片来说，等离子蚀刻是一道必不可少的工序。

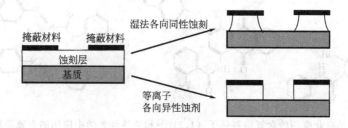

图8.4 各向异性的等离子蚀刻过程中，使用液体或气体（等离子）蚀刻剂的比较

在制造微型机械元件过程中，通常需要进行与晶片表面平行的蚀刻。三氟化溴（BrF_3）可以作为这种特殊的各向异性蚀刻方式的蚀刻剂。由于三氟化溴的活性很高，在使用它作为蚀刻剂时，并不需要通过电活化形成等离子体系。

在典型的芯片制造过程中，为了在硅芯片的表面涂上各种功能膜，需要有一系列的化学气体沉积（CVD）的步骤。这些金属层（如钨）或电子元器件（如SiO_2、Si_2N_3、各种掺杂的氧化物、硅氮氧化物）是从活性的、气相的化学前体（如SiH_4、四乙氧基硅和六氟化钨等）沉积而成的。在每个沉积步骤后，在化学气体沉积过程中的一些留存在真空罐体系中的残留物，需要将它们除去。在传统的制造工艺中，通常是将生产线停下来，用手工溶剂清洗罐内残留物来完成的。这个过程相当耗时，对资本密集型的芯片生产线的来讲（FAB），这种停工的浪费极不合算。现在沉积真空罐体中的残留物，可以通过用不同氟化合物的等离子体系来进行清洗。与在等离子蚀刻过程中一样，在这个"干"洗[20]过程中，这些残留物被激发态的氟原子转化成挥发性氟化物而除去。常用清洁真空罐的气体包括NF_3[21]和现在常用的一些更低毒性的C_2F_6、C_3F_8及混合气体CF_4/O_2和C_2F_6/O_2[22]。

有机氟化物除了这些在硅基电子元器件制造中的基本应用外，一些在以NMR为基础的定量计算中作为功能介质的定制的氟化工产品也正在研究之中[23]。

8.3 含氟染料

含氟染料是含氟化合物在工业上最早的应用领域之一。在这里氟原子的吸电子作用——特别是三氟甲基能够调整分子中的电子能级，从而起到调整颜色的作用。另外含氟染料还显示出了杰出的色彩附着性能[24,25]。大多数工业应用的含氟染料具有偶氮结构，但也包括早在20世纪30年代由德国法本公司商业化的含氟蒽醌染料。如图式8.10所示，具有偶氮结构的绯红VD（**1**）和萘酚AS混合染料被用做了纳粹十字旗的红色染料[24]。阴丹士林蓝CLB（**2**）是德国空军制服颜色的组成部分（"弗利格灰"）[26]。

图式 8.10 最早商业应用的含氟染料例子（**1,2**）[24]和非线性光学中应用的含氟染料（**3,4**）

包含三氟甲基的染料能够增加色彩附着性的主要原因是由于三氟甲基的引入，增加了该化合物的抗光化学的氧化性能[27]。全氟烷基（**3**）和全氟烷基磺酰基（**4**）也被用来获得非线性光学材料分子内推-拉发色体系的高的超极化率[28]。引入全氟烷基取代基的另一个好处是增加了染料分子的亲脂性，改善了染料分子在有机溶剂中的溶解性能[29]。

其他类型的含氟染料，如聚甲炔青蓝和甲基亚胺染料在工业上也有实际的应用，例如感光胶片中的感光剂[30,31]。通过苯环上各种氟原子和氟烷基取代基的取代基效应，可以调节染料分子对光线的最大吸收波长（表 8.3）。

表 8.3 化合物 **5a～5i** 分子中苯并噻唑环上不同含氟取代基 X 对最大吸收波长的影响[30]

化合物	X	λ_{max}/nm	$\Delta\lambda_{max}$/nm
5a	H	498	0
5b	F	502	+4
5c	CF_3	501	+3
5d	$C(CF_3)_3$	504	+6
5e	OCF_3	502	+4
5f	$N(CF_3)_2$	502	+4
5g	SO_2CF_3	522	+24
5h	$SO_2C_3F_7$	525	+27
5i	$SO_2C(CF_3)_3$	528	+29

多次甲基键上氟取代基对染料的吸收性质发挥了更大影响，并且与氟原子的取代位置密切相关（图式 8.11）。如表 8.4 所示，以化合物 **6** 为例，氟的取代位置在三次甲基结构的 1,3 位，其最大吸收波长发生了红移，而在 2 位氟代的化合物则发

生了蓝移。

图式 8.11 氟代三次甲基花青染料的合成[30]

表 8.4 三次甲基花青分子链上的上氟代位置对分子最大吸收波长 λ_{max} 的影响,以化合物 6a ($X^1 = X^2 = X^3 = H$) 为基准[30]

化合物	R	X^1	X^2	X^3	λ_{max}/nm	$\Delta\lambda_{max}$/nm
6a	C_2H_5	H	H	H	558	0
6b	CH_3	F	H	H	567	+9
6c	CH_3	H	F	H	522	−36
6d	CH_3	F	H	F	592	+34
6e	CH_3	F	F	F	578	+20

8.4 有源矩阵液晶显示器的液晶材料

8.4.1 棒状液晶:简短介绍

早在 1888 年,奥地利植物学家 F. Reinitzer[32]在加热苯甲酸胆甾醇酯化合物时发现,如果加热到它的熔点(146.6℃)以上,该固体变成了一种黏稠的多彩流体,这种流体既具有一些液体的特性,又具有一些晶体的特性[33]。如果继续加热,当温度超过 180.6℃后,则体系变成了完全溶融的澄清液体。同时还发现,当把它冷却时，这个过程是可逆的。

这个后来被称为"液晶相"的状态，兼具液体的流动性和晶体典型各向异性的质性，如双折射。从那以后，人们对这种现象进行深入仔细地研究[34,35]，并发现许多具有棒状分子形状的化合物都能够形成"液态晶体"相[36]。

在所有的杆状液晶相（calamitic mesophase）中，向列相是其中结构最简单的。在向列相状态下，分子排列成一维有序的弹性流体，在这种排列中所有的分子都排列成同一个取向，但分子间没有长程的位置有序。对于棒状的分子，它们的轴倾向于轴向平行的集合排列，而且长轴基本上指向同一个方向[37]（图 8.5）。除了向列相外，还有一种叫近晶相的中间相形态，在这种相态中，分子以有相同轴取向的层结构排列。不同类型近晶相形态的几何构型由平行排列的分子的长轴与分子排成的层平面之间的角度来决定的。

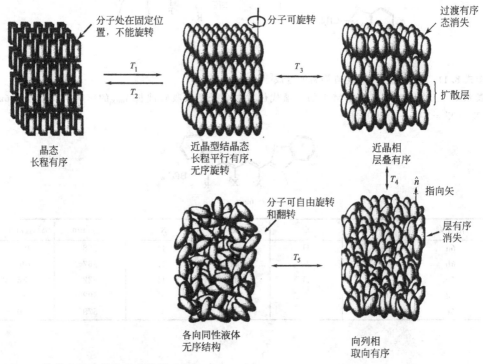

图 8.5　棒状分子液晶的相变化图示[37]

8.4.2　有源矩阵液晶显示器的功能

在 Reinitzer 发现液晶形态近 80 年后，才有了第一个以液晶作为可控电子显示器材料的成功尝试。20 世纪 60 年代，美国广播公司（RCA）首先开发出了一个液晶显示器的样机[38]，这个样机是以动态散射（DSM）的方式进行工作的。在这个样机中，以含有掺杂了导电盐成分的有单一取向的向列相液晶材料的液晶盒作为基础。如果在这个盒上加上一个电压，那么离子迁移引起了指向矢的波动，从而使原来透明的层产生了光的散射。但动态散射显示器的响应时间长，而且使用的材料也会很快被电化学降解；这就大大影响了它的使用寿命，同时在商业上也缺乏吸引力。除了这些固有的问题外，在这里应用的液晶材料是含有芳基亚胺结构的化合物（**7**）或偶氮氧化物（**8**）组成的[39]，前者对水敏感，易发生水解反应，后者的光化学稳定性差，易发生光降解反应（图式 8.12）。

几乎同时报道的两个伟大的发明——1971 年由 M. Schadt 和 W. Helfrich 发明的扭曲向列相（TN）盒[40]及 20 世纪 70 年代初 G. W. Gray 及其同事发现的氰基联苯（**9**）的液晶材料[41]，使液晶显示器的广泛应用成为了可能。在液晶材料方面另一个关键性的发展，是 1977 年 R. Eidenschink 及其同事所报道的氰基苯基环己烷类（**10**，PCHs）材料[42]。对于具有同系烷基和类似结构的不同材料（**11**，**12**），利用其混合物降低熔点[43]，使得用于 TN 显示器的向列相材料有了很宽的工作温度和几乎无限的工作时间（图式 8.12）。

图式 8.12　第一代（**7**，**8**）和第二代（**9**~**12**）液晶材料（R＝烷基）

在以 TN 方式制成的液晶盒中，具有正介电的各向异性（$\Delta\varepsilon$）的液晶材料，以均相层状整齐排列，螺旋扭曲 90°，将它们放入十字相交的偏光片之间的由铟锡氧化物（ITO）内衬的玻璃器件中（图 8.6）。液晶分子的取向是由盒内定向摩擦的聚酰亚胺的取向决定的[44]。为了能够保证显示器中螺旋结构有相同的手性以避免"畴"的形成，通常在液晶材料中加入一些具有手性的掺杂剂（不超过 0.1％）[45]。在关态，入射光被偏振，该被偏振的光的平面在透过液晶层后旋转了 90°，因此能穿过第二个偏振片。但是如果在盒上加上电压，液晶分子的螺旋结构被破坏，那么入射光就不能穿过十字相交偏光片。这样一来，在关态由于液晶盒的底部被照亮，就显示了白色，而在开态是黑的。如果加一个在阀值电压（V_{th}）和饱和电压之间的一个电压，就可以得到一个灰色的状态。

第一代的 TN-LCD 的结构是非常简单的，如目前还在使用直接寻址的显示器（如手表）。当人们想通过在行和列中分时寻址的方法（多重显示），来增加显示的内容时，碰到了 TN 盒的局限性。由于需要更短的寻址时间，在较高的显示密度[46]的情况下，发生了对比度下降的情况。1984 年发展起来的超级扭曲向列相（STN）器件[47]在显示密度上有了很大程度的提高，但并没有从根本上解决这个问题。

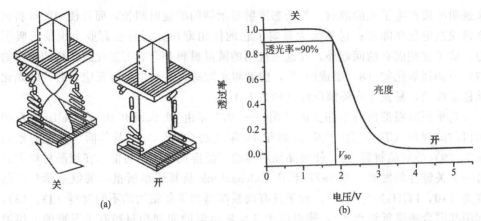

图 8.6 （a）扭曲型向列相液晶（TN）盒在"常白"的工作原理；（b）随着工作电压增加引起透过率的改变情况。在图中的单元盒中，电光效应的阀值电压（V_{th}）与透光率在 90% 时的电压（V_{90}）相同

即使在 20 世纪 60 年代末，第一代商品化的显示器还是基于动态散射（DSM）的原理制造的，它们面临着在较高展示密度下的寻址能力的问题。作为一种解决办法，有人提出了利用薄膜晶体管（TFT）的"有源矩阵"和每个像素单元都配电容器的思路[48]（图 8.7）。一直以来，DSM 方式本身并没有证明它的有效性，但是对 TN 显示器的有源矩阵寻址的概念，在 20 世纪 80 年代又重新进行了深入的评估，在有源矩阵的情况下，每个像素能分别对使用电压进行精确控制从而控制光散射。通过将每个像素分成三个子像素，然后再配上三个基元色的色彩滤膜，就可以达到彩色显示的目的[49]。

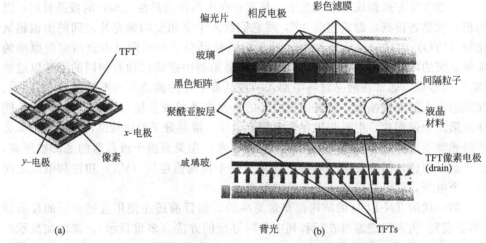

图 8.7 典型有源矩阵型液晶显示器的组成。（a）具有十二个像素的部件分解图；（b）基元色中三个子像素的示意图。（PI＝聚酰亚胺，TFT＝薄膜晶体管）。间隔粒子用来调整盒的间隙至 3～6μm

1986 年，夏普公司在以上研究的基础上生产出了第一个 3 英寸（7.5cm）的

TFT 显示器的样机。由于从投资和成本及人力资源的角度讲，生产 TFT 器件是相当复杂和昂贵的，所以直到 1989 年才开始了供笔记本电脑使用的显示器 AM-LCD 的规模化生产[50]。

第一代 AM-LCD 显示器的最大缺点是其显示的对比度和视角有很大的关系，如果视角不是 90°，就会出现灰屏和色彩失真的情况。对于"典型"TN-TFT 设计这个问题通过使用双折射补偿膜的方法而得到了解决，当然有时需要结合使用多畴的技术[51]。近年来人们正在利用多种多样的技术，对进一步改进有源矩阵寻址 LCD 的性能进行着深入的研究。在最新一代的 LCD 电视机中，通过对各种新技术的应用，如：平面开关（IPS）模式和边缘场开关模式（FFS）[52]、多畴垂直取向（MVA）LCD 模式[53]、与 ASV 模式相关的技术[54]等。已成功地将视角扩展到了 170°，转换时间减少到 10ms 以内，而且也极大地提高了新一代 LCD TV 的对比度。

当前，对多媒体和液晶电视显示器的高质量移动画面显示的要求进一步促进了液晶显示技术的发展。现在以 25 格/s 速度（PAL 制式）播放的两幅录像图片之间的时间间隔是 16.7ms。这就意味着能够与录像配套使用的显示器，其转换时间一定要小于 15ms。

8.4.2.1 向列相液晶的物理性质

每个特殊用途和每种显示模式对向列相液晶材料的物理性质有不同的要求[55]。与应用有密切关系的性质包括向列相的温度范围（即液晶材料的熔点和清亮点的温度范围 T_{NI}），介电各向异性 $\Delta \varepsilon$，双反射 Δn，旋转黏度 γ_1 和弹性常数 K_1、K_2 及 K_3。

虽然介电各向异性常数的和光学的各向异性 $\Delta \varepsilon$ 和 Δn 是向列相材料的整体性质，但归根结底它和单个分子的性质有关。这对液晶材料的设计和优化有很重要的作用。

液晶材料必须对所施加的电场表现出介电常数的各向异性的性质（$\Delta \varepsilon = \varepsilon_{\parallel} - \varepsilon_{\perp}$），$\Delta \varepsilon$ 被定义为和向列相的指向矢（$\bar{n}$）平行（$\varepsilon_{\parallel}$）和垂直（$\varepsilon_{\perp}$）时的介电常数之差。在超分子水平上，$\Delta \varepsilon$ 和单一分子的物理性质之间的关系可以由 Maier-Meier 方程式来表示[方程式（8.1）]：

$$\Delta \varepsilon = \frac{NhF}{\varepsilon_0} \left\{ \Delta \alpha - F \frac{\mu^2}{2k_B T} (1 - 3\cos^2 \beta) \right\} S \qquad (8.1)$$

式中，k_B 表示波尔兹曼常数，S 是向列相的 Saupe 有序度参数，F 是反应场的因子，$F = 1/(1-f\alpha)$，而 $f = (\varepsilon - 1)/2\pi\varepsilon_0 a^3 (2\varepsilon + 1)$，$h$ 是空腔因子，$h = 3\varepsilon/(2\varepsilon + 1)$，$\varepsilon$ 为化合物的介电常数[56]。

化合物介电常数的各向异性性 α 与分子偶极矩（μ）的平方成正比，它的大小和偶极分子排列的方向与向列相液晶取向之间的角度有关系，这个角度用 β 表示。在向列相液晶实际设计中，向列相液晶指向矢（$\bar{n}$）大致和棒状液晶分子的长轴的取向相同。如果偶极矩的方向和分子的长轴的方向平行，即 $\beta = 0°$，则它对材料介电常数的各向异性有最大的作用。如果偶极矩的方向和分子的长轴的方向垂直，即 $\beta = 90°$，则各向异性 $\Delta \varepsilon$ 就成了负值。如果角度在上述的两个角度之间，如"魔术角度"$\beta = 54.7°$，那么，$\Delta \varepsilon$ 值达到了由可极化的极小的各向异性的数值（$\Delta \alpha$）所决定的最小值。介电常数的各向异性数值的大小对电-光反馈的阀值电压（V_{th}）和接下去的驱动 LCD 电路的工作电压的数值有决定性的影响。

液晶材料的双折射（$\Delta n = n_e - n_o = n_\parallel - n_\perp$）和分子可极化性（$\Delta \alpha = \alpha_\parallel - \alpha_\perp = \alpha_{xx} - (\alpha_{yy} + \alpha_{zz})/2$）的各向异性数值大小相关，式中 xx 轴表示分子的长轴[57]［方程式 (8.2)］：

$$\frac{n_e^2 - 1}{n^2 + 2} = \frac{N}{3\varepsilon_0}\left(\alpha + \frac{2\Delta\alpha S}{3}\right)$$

$$\frac{n_0^2 - 1}{n^2 + 2} = \frac{N}{3\varepsilon_0}\left(\alpha - \frac{\Delta\alpha S}{3}\right)$$

$$n^2 = \frac{n_e^2 + 2n_o^2}{3} \tag{8.2}$$

TN 盒的响应时间 τ 和液晶分子的旋转黏度 γ_1 有很大的关系，旋转黏度 γ_1 和分子结构及弹性展开常数 K_1 有关；到目前为止，我们还不清楚弹性常数 K_1 和分子结构之间的具体相关关系。

由于分子性质和向列相的物理性质之间有很明确的相关性，而分子性质可以通过计算机计算的方法得到，所以通过分子模型的方法，我们可以获得具有一定精确度的液晶材料介电常数各向异性（$\Delta\varepsilon$）及双折射性（Δn）的数值[58]。另一方面，到目前为止，虽然已经发展了一些优化的方法，如神经网络法[35b]，Monte Carlo 模拟法[59]和通过分子力学途径[60]，但还不能对分子的旋转黏度 γ_1 及弹性常数 K_1，K_2，K_3 进行有效的预测（图 8.8 和图 8.9）。

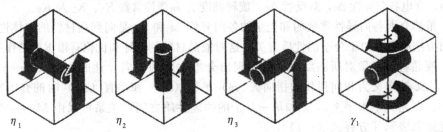

图 8.8 单一液晶分子在剪式或旋转运动情况下的各向异性 Miesowicz 黏度 η_1，η_2 和 η_3[61]，及旋转黏度 γ_1。旋转黏度 γ_1 在设计 TNL CD 时是一个相当重要的指标，因为它和显示器的响应时间有直接的关系[62]

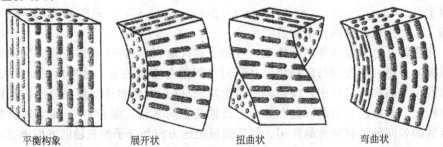

图 8.9 向列相中棒状液晶构象的弹性形态，相对应的弹性常数分别为 K_1（展开状），K_2（扭曲状），K_3（弯曲状）。其中 K_1 对 TN 盒的阀值电压（V_{th}）有很大的影响[55]

液晶材料的物理性质和 LCD 显示器性能之间的关系列于表 8.5 中。

表 8.5　液晶材料的物理性质和相应 LCD 显示器性能之间的关系

液晶材料	LCD 显示器性能
向列相范围	工作温度的范围(通常 $-30\sim 90$℃)
介电常数的各向异性($\Delta\varepsilon$)	工作电压和能够达到的驱动电路的最大集成度(仪器的小型化);很大程度大决定着制造成本
双折射性(Δn)	盒间距($3\sim 6\mu m$)
旋转黏度(γ_1)	响应时间($\tau_{on}+\tau_{off}$),对视频应用要求 16.7ms 以内
弹性常数(K_1,K_2,K_3)	显示器面板的工作电压

实验测定各向异性光电性质（$\Delta\varepsilon$，Δn）的先决条件是该材料有一定的有序参数 S 的向列相存在[36]。对于一些商品化的单一液晶材料来说，它们往往不具有液晶相或只有一个近晶相。另一方面，作为向列相基础混合物的组分，它们能够表现出典型的液晶性质，混合物总的各向异性性质是由各个分子的各向异性性质所决定的。为了获得所有有潜在应用价值的化合物，我们通常使用一种被称为"有效"性质，作为一种单一的、可比较的特性性质，对所得到的液晶化合物的应用可能性进行评估。这些性质可以通过对感兴趣化合物和标准近晶相混合物主体的特定浓度的溶液的性质推定来得到。由于加入了该化合物而引起的有序参数的改变可以通过推测步骤来计算[63a]。通常 $\Delta\varepsilon$，Δn 和 γ_1 数值可以通过这个方法来获得。混合材料的"有效"清亮点（T_{NI}）也可以很方便地测得。

现有单一的液晶化合物，不能同时满足一个特定用途液晶的所有性质要求，所以商品化的液晶材料通常由 5~15 个化合物混合而成。通常这些混合物由基本结构相同的不同烷基取代的同系物组成[64]（图 8.10）。

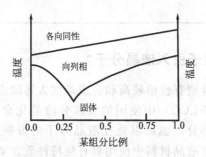

图 8.10　由两个化合物组成的向列相液晶材料的典型相图。应用结构相似化合物的"共晶结构"（如烷基同系物），向列相的范围扩展到了更低的温度范围[64]

除了这些性质以外，另一个和应用有关的性质是单一液晶化合物或液晶混合物的"可靠性"。不同的 LCD 制造商对这个性质有不同的定义，但它们通常包括在热、氧化和光化学条件下的长期化学稳定性，比电阻率及电压保持率（VHR）[65]。电压保持率是指在一定的时间范围内，单个像素在一定时间跨度内，结束时和开始时的所需电压之比。如果液晶材料的比电阻率及电压保持率的数值太低，就会引起显示器的颤动和对比度的下降。所以液晶材料的可靠性对液晶显示器产品的产量和价格起着决定性的影响（表 8.6）。

表 8.6 重要的有源矩阵液晶显示器（AM LCD）技术和对相应液晶材料的性质要求

技术	应用	需要材料	性能
标准 AM-LCDs(5V/4V 驱动器)	电脑显示器,笔记本电脑显示器,平板电视	$\Delta\varepsilon \approx 4 \sim 8$ $\Delta n \approx 0.085 \sim 0.10$ $T_{NI} \approx 80 \sim 120℃$	成熟技术,利用双折射补偿膜来改进视角对对比度的影响
低阀值电压的 AM-LCDs（3.3V/2.5V 驱动器）	笔记本电脑显示器,个人数据助手(PDA),数码相机显示器	$\Delta\varepsilon \approx 10 \sim 12$ $\Delta n \approx 0.085 \sim 0.10$ $T_{NI} \approx 70 \sim 80℃$	和标准 AM-LCDs 相比,使用了更便宜和更紧凑的驱动电路;低能耗,更小型化;材料对离子型杂质很敏感
反射 AM-LCDs	视频游戏机(Gameboy),低端笔记本电脑显示器,PDA	$\Delta\varepsilon \approx 4 \sim 8$ $\Delta n \approx 0.06 \sim 0.08$ $T_{NI} \approx 80 \sim 90℃$	不需背光,只需一个偏振片,能耗节省 70%～90%,亮度和对比度都比较差
平板转换器(IPS),边缘场开关(FFS)	电脑显示器,平板电视,手机触摸屏及电脑一体机	$\Delta\varepsilon \approx 10 \sim 12$ $\Delta n \approx 0.075 \sim 0.09$ $T_{NI} \approx 70 \sim 85℃$	很宽的视角明亮的图像
多畴垂直取向(MVA),新一代超级视屏	电脑显示器平板电视	$\Delta\varepsilon \approx -3 \sim 5$ $\Delta n \approx 0.08 \sim 0.09$ $T_{NI} \approx 70 \sim 80℃$	很宽的视角明亮的图像高对比度响应时间短(<15ms)

8.4.3 为什么将氟原子引入液晶分子？

通常来说,含氟化合物有价格较高和合成难度大等缺点。尽管如此,目前在有源矩阵液晶显示器（AM-LCD）中使用的大部分液晶化合物都含有氟原子,氟原子既可以是极性基团一部分,也可以处在液晶分子的母核上[63]（图式 8.13）。有很多的理由来说明在设计液晶材料中使用具有独特性质含氟底物的必要性,这些理由比起它的价格较高和合成难度大的缺点要重要得多。

8.4.3.1 以侧氟原子改善中间相行为

人们偏爱含氟化合物作为液晶材料的一些理由可以追溯到 LCD 技术刚兴起的初期,1989 年随着有源矩阵液晶显示器出现,使含氟化合物作为液晶材料的优点和重要性变得更为突出。

在液晶母核结构的芳香环上引入氟原子,可以在很大程度上扩展向列相的温度范围,降低材料的熔点和改善它的溶解性能。但与相应的不含氟材料相比,含氟液

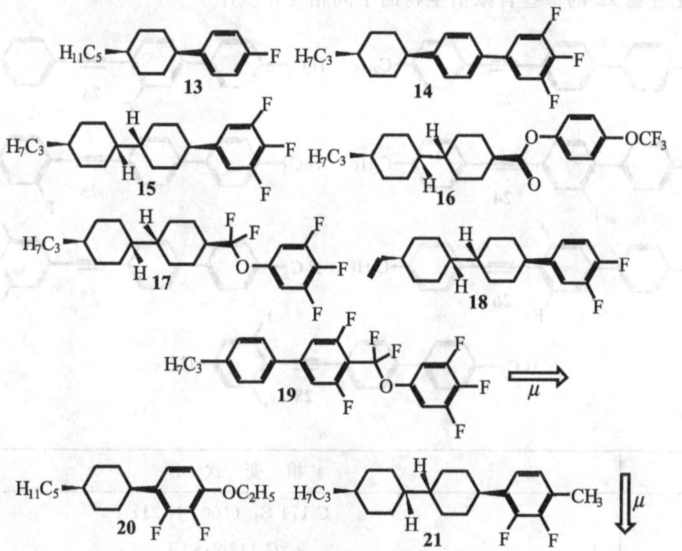

图式 8.13 目前在有源矩阵液晶显示器中使用的典型超级含氟材料（SFMs）。13～19 液晶化合物具有正的介电各向异性参数，化合物 20、21 具有负的介电各向异性参数。两类化合物分子的偶极矩大致方向如图中箭头所示

晶化合物会引起使材料的清亮点降低的副作用，但这个副作用并不致命。早在 20 世纪 50 年代，Gray 和他的同事就发现了引入氟原子使液晶化合物清亮点降低的现象[66]；但是，直到 20 世纪 80 年代初，人们才认识到了引入氟原子对液晶材料所引起的一些好的作用，如抑制近晶相的形成等[67]。从那时起，人们对一些合适的和已知的含氟化合物[68]进行了重新的评估和系统的解释[69]，而且通过有目的地合成一些新的化合物，对氟原子的影响规律进行了系统的探索[70]。与此同时，也给出了一些理论方面的解释[71]。

表 8.7 列出了一些在液晶母核结构的芳香环不同位置上侧向引入一个或两个氟原子后，对中间相变化产生强烈影响的一些例子（V. Reiffenrath，1997，未发表工作）。在表中可以发现，本来只有相对一般的中间相性质的化合物 **22**，在芳环上引入两个氟原子后所得到的化合物 **28**，其中间相性质有了极大的改善。但遗憾的是，这种结果只能通过经验性的"试验-失败-试验"的方法来获得，所以需要以大量的合成工作为基础。

在液晶母核结构的芳香环上引入氟原子所引起的清亮点的降低，可以由氟原子取代而引起的侧边效应，使液晶分子的长宽比减少来解释。一般情况下，对大多数化合物而言，在芳环上引入一个氟原子，可以引起清亮点降低 30～40K。

8.4.3.2 含氟极性基团

在设计液晶分子中使用含氟化合物的另一个重要的理由是 C—F 键的强极性，这是由于碳原子（2.5）和氟原子（4.0）之间巨大的电负性差异而引起的。在具

表 8.7 液晶化合物 22 的一些含氟衍生物的中间相变化次序

化合物	相 变 次 序
22	C 171 S$_?$ (160) N 217 I
23	C 118 N 189 I
24	C 104 N 164 I
25	C 125 N 195 I
26	C 125 N 164 I
27	C 111 S$_B$ 149 S$_A$ 168 I
28	C 69 N 175 I

注：以应用为导向的对液晶化合物性能评估的中心内容是"推测"清亮点的温度、电-光性能、黏度。这些数据是通过对标准的向列相液晶混合物推断而获得的。$T_{NI,extr}$，$\Delta\varepsilon$，Δn，和 γ_I 的数值通过对 10%（质量分数）样品和已经商业化的 Merck 混合物 ZLI-4792（$T_{NI}=92.8℃$，$\Delta\varepsilon=5.27$，$\Delta n=0.0964$）的线性关系推测得到。对于一个纯的化合物，其中间相的相变过程由光学显微镜的观察得到，其相变温度通过差示扫描量热法（DSC）测定。表中所示为摄氏温度；括弧中数据为单向转变的温度，只出现在样品的冷却过程中，C 表示晶体，S$_A$ 表示近晶相 A，S$_B$ 表示近晶相 B，S$_G$ 表示近晶相 G，S$_?$ 表示未确定的相态，N 表示向列相，I 表示各向同性。

有氰基的液晶衍生物中，最简单的超级含氟材料（SFM）是在芳环的 4-位有一个氟原子取代。对于典型的以芳基环己环为母核结构的液晶材料来说，引入这个氟原子后 $\Delta\varepsilon$ 可以达到 4 左右。如果在 3 或 5 位引入一个或两个氟原子，可以增加分子的介电各向异性的性能（表 8.8）。对于有三连苯或更多的连苯体系为母核的大体系液晶分子来说，通过在其他的苯环上引入更多的氟原子，可以使分子的介电各向异性的性能得到进一步的提高。

除了用邻位氟化的方法来增加分子的各向异性的性能外，通过引入复杂含氟取代基而由多个碳氟键影响的累积效应，也可以使分子的介电各向异性的性能获得显著的增加，这类复杂含氟取代基包括 CF$_3$、OCHF$_2$ 或 OCF$_3$ 等。同样，以此类推，一些其他原子和氟原子成键的基团也可以用来作为含氟液晶分子的端基结构（表 8.9）。五氟化硫（SF$_5$）基团，是在有源矩阵技术中到目前为止所发现的最有效的极性诱导基团。从它的诱导结构来看，可以认为它是一个"超级三氟甲基"基团。

表 8.8 对相似的结构来说，芳环上氟原子的增加，介电各向异性的性能增加，但清亮点温度降低（$T_{\text{NI, virt}}$）[①]

$\Delta\varepsilon$ 增加
T_{NI} 降低

化合物	相变次序	$T_{\text{NI, virt}}$	$\Delta\varepsilon$
29	C 102 N 153.9 I	150.7	4.2
30	C 55 N 105.4 I	107.0	6.3
31	C 25 N 54.8 I	66.0	11.7
32	C 63 N (37.0) I	36.9	14.6
33	C 114 I	2.0	19.1

① 参见表 8.7 注脚。

与预期的相反，当用更长碳链的全氟烷基代替—CF_3 或—OCF_3 基团作为液晶分子的端基时，通常并不能进一步增加其介电各向异性（$\Delta\varepsilon$）的性能（表 8.10）。通常发现，长碳链氟烷基的引入，会促进液晶分子近晶相的形成，同时也会使材料的溶解性能降低。

在 LCD 应用中要求低双折射性能的材料的情况中，通常使用含有双环己烷结构的极性化合物来作为液晶材料（表 8.11）。虽然大部分具有这类结构的化合物都有形成近晶相的倾向，但由于其低能耗，所以在配制用电池驱动的低能耗的反射和半透射 AM-LCDs 的液晶配方时，它是一种必不可少的组分之一。与以芳基环己烷为母核结构的液晶分子一样，在含有双环己烷结构的第一代液晶材料产品中，它的介电各向异性性是由于端基氰基引起的（**11**）。自从在 LCD 显示领域中应用有源矩阵技术后，以氰基为端基的液晶分子，由于一些原因不再适合作为 LCD 的液晶材料，取而代之的是以三氟甲基—CF_3 作为极性端基的液晶分子 **43**。目前这类化合物已被广泛应用于商用的液晶材料配方中，一些含有其他全氟烷基链或全氟烷氧基链的衍生物，已经被合成并已进行了实际应用的评估。

表 8.9 与氰基化合物 (39) 相比，在相同母核结构中，不同含氟极性基团对液晶性质的影响 (34～38)[①]

H_7C_3—〈〉—〈〉—〈〉—X
34~38

化合物	X	相变次序	$T_{NI,virt}$	$\Delta\varepsilon$
34	F	C 90 N 158.3 I	158.3	3.0
35	$OCHF_2$	C 52 S_B 69 N 173.6 I	163.2	5.2
36	OCF_3	C 39 $S_?$ 70 N 154.7 I	147.3	6.9
37	CF_3	C 133 I	112.2	9.5
38	SF_5	C 121 I	95.5	11.6
39	CN	C 75 N 241.7 I	226.8	14.8

① 参见表 8.7 表注。

表 8.10 不同长度的全氟烷基对以芳基二环己环为母核结构的液晶 40～42 的相变温度和介电各向异性性能的影响[①]

$H_{11}C_5$—〈〉—〈〉—〈〉—X
40~42

化合物	X	相变次序	$T_{NI,virt}$[②]	$\Delta\varepsilon$[②]
40	CF_3	C 143 $S_?$ 109 N 122.9 I	100.0	9.1[③]
41	C_2F_5	C 89 N(88.6) I	116.1	6.3[③]
42	C_3F_7	C 127 N (126) I	110.8	7.5

① 参见表 8.7 注脚。
② $T_{NI,virt}$ 和 $\Delta\varepsilon$ 的数值通过 Merck 混合物 ZLI-4792 推测获得。
③ 数字通过混合物 ZLI-1132 推测获得。

表 8.11 双环己烷类液晶化合物 11，及有极性基团取代的类似物 43～47[①]

H_7C_3—〈〉—〈〉—X
11, 43~47

化合物	X	相变次序	$T_{NI,virt}$	$\Delta\varepsilon$
11	CN	C 59 S_B(53) N 82.1 I	19.9	9.4
43	CF_3	C 19 S_H(8) S_B? 41 I	-44.4	6.8
44	C_2F_5	C 10 $S_?$ (1) N(1.7) I	-24.1	5.8
45	C_3F_7	C 22 S_B 77 I	39.5	6.8
46	OCF_3	C 32 I	-29.7	9.0
47	OC_2F_5	C 43 S_B(43) I	-0.6	7.8

① 参见表 8.7 注脚。

如果分子的偶极矩方向和分子的长轴处于垂直的关系时，这时该化合物的介电

各向异性 $\Delta\varepsilon$ 数值为负值[63b]。由于立体位阻的原因，当分子母核结构的芳环上只有一个氟原子取代时，它不会使偶极矩方向和分子的长轴处于垂直的关系。但是，当苯环上有两个氟原子取代时，由于两个碳氟键偶极矩的相互作用，抵消了分子长轴方向的偶极矩矢量，留下了与分子的长轴处于垂直方向的矢量。大多数具有负各向异性负值的液晶化合物都是通过这个原理设计合成的，这些化合物的一些性质总结列于表 8.12。

表 8.12 由于母核中二氟代引起的具有介电各向异性负值的常用液晶化合物例子。表中，推测的清亮点 $T_{NI,virt}$ 的数值通过 Merck 混合物 ZLI-4792 推测获得，而 $\Delta\varepsilon$ 通过 ZLI-2857 推测获得①

化合物	相变次序	$T_{NI,virt}$	$\Delta\varepsilon$
20	C 49 N(12.9) I	16.5	−6.2
21	C 67 N 145.3 I	139.0	−2.7
48	C 79 S$_B$(78) N 184.5 I	175.4	−5.9
49	C 74 S$_A$ 86 N 170.7 I	190.6	−5.3

① 参见表 8.7 注脚。

同样道理，在以双环己烷为母核的液晶分子的叔碳上，也特别适合通过在直立键方向的极性基团的取代，来制备具有负介电各向异性性质的液晶化合物。通过亚乙基将几个具有相同极性基团取向的环己烷结构单元连接起来后，可以使分子的介电各向异性数值达到较大的负值（表 8.13）。但是由于化合物 **53** 的溶解性能很差，所以用这种策略合成的化合物，也只有在以两个环己烷结构单元为母核的化合物 **52** 才有一定的实用性。

8.4.3.3 可靠性方面的改进

1989 年，在有源矩阵 LCD 商品化不久，人们就意识到以氰基作为极性基团的第二代液晶材料（如：**9~12**），并不适合在这种技术的显示器上使用。对于这类化合物，即使是经过很仔细的纯化，其电压保持率（VHR）还是很低。另一方面，一种所谓的"超级"含氟材料（SFMs），很容易地满足了有源矩阵 LCD 对液晶材料的要求（见图式 8.13）。由于这个原因，目前在 AM-LCD 中所使用液晶材料，无一例外都是超级含氟材料（SFMs）。

表 8.13 在以双环己烷为母核的液晶分子中，由于在环己烷叔碳的直立键上极性基团的取代而引起的具有负的介电各向异性数值液晶化合物。表中，推测 $T_{NI,virt}$ 的数值通过 Merck 混合物 ZLI-4792 推测获得，$\Delta\varepsilon$ 通过 ZLI-2857 推测获得[①]

化合物	相变次序	$T_{NI,virt}$	$\Delta\varepsilon$
50	C 34 N(19) I	−13.5	−8.3
51	C 75 S$_B$ 94 I	79.6	−2.2
52	C 78 S$_B$ 105 I	76.5	−4.6
53	C>120,分解	—	—

① 参见表 8.7 注脚。

超级含氟液晶材料和氰基取代液晶在可靠性方面的差异，通常认为是由于一些微量离子杂质和这两种材料的不同作用方式引起的。

从电子工程学的观点来看，在 AM-LCD 中的每个像素单元都是一个以液晶材料作为电介质的电容器。在每个画面周期开始时，这个电容器必须是充电的，而且这些电荷和相应的电压必须保持到画面周期的结束。在这个画面周期中，如果电容器的电压由于微量离子杂质在液晶分子中运动而降低，则光线透过率发生了变化，从而引起显示器的对比度不均匀、降低或画面的颤动。

离子杂质在液晶材料层中移动趋势的高低，与离子和材料之间特别是和阳离子之间的作用力强弱有很大的关系。如果这个作用力很强，阳离子被溶剂化或形成了复合物，那么就变成了可移动的颗粒。如果液晶的溶剂化能量很低，离子杂质和极性的聚氨酯或外围的其他材料保持着键合作用，它就不会穿过晶胞的间隙，使像素放电。

通过实验结果和分子模型相结合的方法，人们发现，一些老的液晶材料中的氰基，很容易使各种阳离子发生溶剂化，而与此同时，离子杂质和超级含氟材料（SFM）中的极性含氟基团的作用力相当弱。通过含有被调查液晶化合物和被称为"火花"的简单分子模型体系的修饰，可以半定量地测量在液晶分子中这种作用的强度，从而获得电压保持率（VHR）的数据，在这里的模型阳离子是一个具有固定带电半径但没有电子轨道的阳离子[72]（图 8.11）。

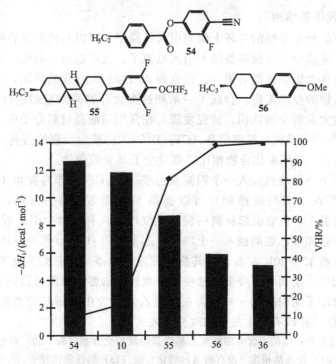

图 8.11 不同液晶材料的理论作用热（灰色柱，$-\Delta H_i$ 单位 kcal·mol^{-1}）和"火花"（MOPAC6.0 在 AM1 水平上计算）及实测的电压保持率（VHR）（菱形，VHR%）的关系[72]

另一个更定量的方法是通过绘制液晶分子的静电密度分布图来显示可能发生作用的区域。分子中电荷分散越均匀，则通过局部静电作用和阳离子形成复合物的可能性越低（图 8.12）。材料分子的电荷密度分布的均匀程度和材料本身的电压保持率（VHR）有很好的相关性。

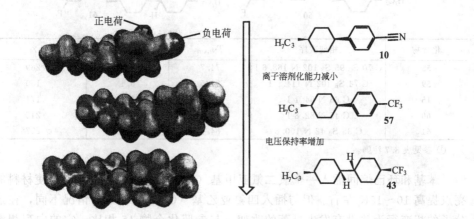

图 8.12 含氟液晶分子中，静电荷分布越均匀（B3LYP/6-31G*//AM1 理论）[73]，极性氟原子对离子杂质通过局部静电作用而引起的溶剂化作用最小

8.4.3.4 氟代桥基结构

除了在液晶分子母核的芳环上侧向引入氟原子，可以对液晶化合物的相行为发生影响外，在液晶分子母核的桥链上引入氟原子，也可以对液晶化合物的相行为发生影响，而且这个影响比前者更大。但直到20世纪90年代的后期，在人们解决了合成这类化合物的技术障碍，合成了一系列这类化合物并对它们进行系统研究后，这个规律才被大家所全面认识。研究发现，在常用的液晶材料分子中，引入四氟亚乙基（CF_2CF_2）[74]或氧二氟亚甲基（CF_2O）[75]的桥基后，它的清亮点、相变次序和旋转黏度（γ_1）与原来化合物相比，都发生了显著的变化。

如果在两个环己烷间插入一个四氟亚乙基（CF_2CF_2）作为桥基（58），则该液晶材料的清亮点（实测或推测）可以提高50～70K。另一方面，四氟亚乙基（CF_2CF_2）的引入，也会引起材料的旋转黏度增加，有时也会引起近晶相的形成。但是如果在苯基和环己烷间插入一个四氟亚乙基（CF_2CF_2）作为桥基（59），则它的清亮点只提高15～20K左右，而其旋转黏度和苯基与环己烷直接相连的参照化合物（15）相比，反而有所降低。这些具有戏剧性的影响原因可以归结为在中间桥基中引入的氟原子而引起的——因为在以亚乙基作为中间桥基的类似物中（60和61），其相变性质并没有发生显著的改变（表8.14）。

表8.14 液晶化合物在结构中含有四氟亚乙基桥基的液相化合物（58，59）和它们相应的亚乙基类似物（60，61）及直接相连（没有桥基）的化合物（15）的性质比较①

化合物	相变次序	$T_{NI,virt}$	$\Delta\varepsilon$	γ_1
58	C 70 S_G 95 S_B 102 N 168.6 I	74.7	9.7	269
59	C 74 S_B 102 N 114.9 I	91.5	8.1	150
15	C 66 N 94.1 I	74.7	9.7	171
60	C 45 N 82.8 I	66.6	9.4	212
61	C 35 S_B 42 N 100.8 I	84.2	9.3	207

① 参见表8.7注脚。

苯基和环己烷间插入一个氧二氟亚甲基（CF_2O—）(17)后，也会使材料的清亮点提高10～15K左右。但与插入四氟亚乙基（CF_2CF_2—）的情况不同，在这里分子的相变行为并没有发生显著的改变，与参照化合物15相比，它的向列相温度范围有了很大程度的扩大。同时它的旋转黏度也有很大的下降。另外，由于氧二氟亚甲基结构的偶极矩贡献，使端基氟原子的偶极矩也有一定程度的提高，从而使分子的介电各向异性性能有所增加。与四氟亚乙基作为中间桥键的化合物相似，氧二氟亚甲基中间桥基中的两个取代氟原子，是化合物 17（丙基衍生物）和化合物 63（戊基衍生物）具有优良性能的根本原因。在桥基中即使减少一个氟原子（17→62）也会引起清亮点下降 15K、介电各向异性性能 $\Delta\varepsilon$ 下降和旋转黏度（γ_1）的显著增加。如果桥基中的两个氟原子都被氢原子取代（63→64），也会发生相似的失去优良性能的变化。

如果在液晶分子的母核结构最有效位置同时引入四氟亚乙基（CF_2CF_2—）和氧二氟亚甲基（CF_2O—）作为桥基（65），氧二氟亚甲基部分弥补了由于四氟亚乙基引入对液晶分子所产生的负面影响，如化合物 58 的熔点相对较高[76]。这个结果标明，在液晶分子中分别引入不同的结构单元，可以对液晶分子的性质进行优化，以满足各种不同用途对材料性质的要求（表 8.15）。

表 8.15 具有氧二氟亚甲基（17，63）、氧一氟亚甲基（62）、氧亚甲基（64）及分子中同时含有两个含氟桥基结构（65）的液晶化合物例子①

化合物	相变次序	$T_{NI, virt}$	$\Delta\varepsilon$	γ_1
17	C 44 N 105.3 I	91.5	10.5	145
62	C 43 N 88.0 I	75.6	8.0	~300
63	C 59 N 112.1	99.3	9.5	184
64	C 73 N 87.9 I	77.1	7.5	328
65	C 49 S_B 115 N 165.4 I	128.0	9.4	250

① 参见表 8.7 注脚。

和相应碳氢桥基相比，全氟桥基的引入，会引起其物理性质的戏剧性改变，这种改变不仅和氟原子具有较大的范德华半径（范德华半径：F 147pm；H 120pm。氟比氢大 23%）有关，还和氟原子的低极化性有关。晶体结构[74b,77]和计算化学[75c]研究结构表明，由于氟诱导而引起的立体电子效应（吸电子超共轭效应 $n\to\sigma^*$ 和 $\sigma\to\sigma^*$ 的反馈作用，参见第 9.4 节）稳定了线性桥基的构象及和桥基相接的环己烷结构（图 8.13），这对提高具有线性、棒状结构的液晶分子的稳定性起到了很大的作用。

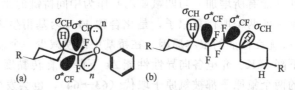

图 8.13 通过立体电子效应，含氟桥基对线性、棒状构象的液晶分子的稳定化作用。相邻的环己基通过对 CF$_2$O（a）、CF$_2$CF$_2$（b）桥基中的 CF$_2$ 反键轨道的反馈作用而发生相互作用；NBO 分析[78]表明，一个典型的 $n_O \to \sigma^*_{CF}$ 的反馈作用，可以提供 19~20kcal·mol^{-1} 构象稳定能量，$\sigma_{CH} \to \sigma^*_{CF}$ 的作用为 6.7kcal·mol^{-1}，$\sigma_{CC} \to \sigma^*_{CF}$ 的作用为 3.5kcal/mol^{-1}[75c]。

如果将全氟桥基概念推广到一种极端的情形，将全氟烷基链作为液晶化合物的母核结构，就可以制备得到一类没有环状母核结构的新型液晶分子（P. Kirsch, A. Ruhl, 1999 年，未发表工作）。早在 20 世纪 80 年代初期，人们就发现一类被称为"双积木"的部分全氟代的直链烷烃化合物，F(CF$_2$)$_n$(CH$_2$)$_m$H，由于分子间的相互作用，形成氟碳部分之间及氢碳部分之间的层状聚集形态，这类化合物在加热时有近晶相形态存在[79]。但尽管如此，如果将这类化合物与具有向列相的液晶分子混合，即使这类"双积木"化合物的量很少，也会引起该混合物体系的凝胶化。而且这类"双积木"化合物的溶解度也相当低，通常只有几个重量百分点。

如果液晶分子的母核结构被有相似长度的具有钢性结构的全氟亚烷基链来取代，可以获得有液晶性质的化合物，这类化合物的物理性质和二烷基双环己环结构的液晶化合物的物理性质极为相似。和"双积木"类化合物（如：66）相类似，一部分具有全氟亚烷基链母核结构的化合物也会形成近晶相的形态。但与"双积木"类化合物不同的是这类化合物与具有向列相的液晶分子混合后，混合物的性质和一些具有低旋转黏度的单一液晶化合物的性质相似。比较"双积木"类化合物 66 及化合物 68 的性质表明，尽管这两个化合物具有相同的碳链长度（十四个碳原子），但它们的相变性质有显著的差别，如化合物 68 的推测清亮点温度（$T_{NI,Virt}$）更像液晶类化合物（表 8.16）。

8.4.4 结论与展望

近年来具有液晶显示器的设备和装置与我们的日常生活越来越密不可分。如果没有含氟液晶材料，平板 LCD-TV、电脑显示器、笔记本电脑、移动通信及电子记事簿（PDA）等都将不复存在。依靠计算化学和新的制备方法的帮助，利用含氟结构，我们可以在更大的范围内设计和合成一些在不同领域应用的新化合物。

目前在市场上，各种不同的 AM-LCD 技术正在展开激烈的竞争。以下几方面的因素将成为决定这场竞争胜负的关键因素：大批量生产 LCD-TV 的制造成本；LCD-TV 中极短响应时间的技术支持；LCD 市场的潜在赢利空间等。在它的发展过程中，含氟有机化合物的独特性质可能会起到决定性的作用。

表 8.16 部分全氟代的直链烷烃化合物（66～69）及二烷基双环己环类液晶化合物的类似物 70，71 的结构和物理性质①。化合物 69 的全氟亚烷基链母核结构的螺旋构象和典型含有正戊基烷烃类化合物的锯齿构象的分子模型。分子 69 的电子云密度区别，可以通过分子的静电势能图形象地表示出来（B3LYP/6-31G*//AM1 理论）[73,80]

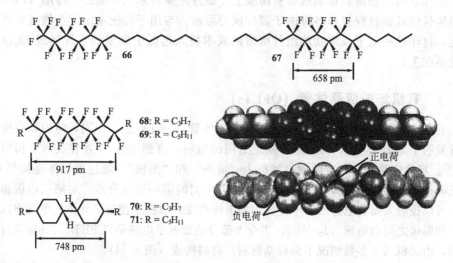

正电荷
负电荷

化合物	相变次序	$T_{NI,virt}$	γ_1
66	T_g-42 S_B-8 I	-104.6	—
67	C 28 I	-71.1	35
68	C 5 $S_?$ 25 I	-27.8	31
69	C 44 I	-20.2	54
70	C 65 S_B 83 I	69.1	29
71	C 41 S_B 114 I	77.0	—

① 参见表 8.7 注脚。

向列相液晶材料只是庞大的能够形成液晶的材料家族中的一种。尽管到目前为止，只有向列相液晶材料才真正得到了广泛的应用，这些应用主要集中在显示器方面。一些在结构有很大差别的近晶相材料，也具有一些独特的光电性质，如：铁电性或反铁电性，这种性质可以通过选择性氟化的技术进行调节[37,81]。经过近 30 年的不懈努力，具有这种性质的材料也已经在实际中得到了一定的应用。

在此，我们很难对哪一种技术会在这场竞争中最终胜出，而成为所谓的"超级"LCD 技术作出预测，但我们可以很有把握地说，含氟化合物将在这场竞争中起到至关重要的作用。

8.5 含氟化合物在有机电子器件中的应用

有机电子工业是有机氟化学中最有活力的新兴应用领域之一。这一领域涵盖了像有机发光二极管（OLEDs）[82]、有机光伏电池（OPV）[83]和有机场效应晶体管

(OFETs)[84]等组成的电子电路的应用。氟不仅被用于有机半导体的组成部分[85]，还可用于其他功能组件：电介质、电致发光材料、控制电荷注入或有机电子器件后续功能层形态的自组装单分子膜（SAM）s[86]。有机电子工业的一个主要优点是使得在柔性基质比如薄膜玻璃或塑料薄膜上［最好是聚对苯二甲酸乙二醇酯（PET）］采用廉价的轧辊过程打印各种电子器件成为可能。与用于传统电子工业的真空技术相比，打印这些电子线路功能组件所需的成本投入远低于典型的半导体或 LCD 的传统装配工艺。

8.5.1　有机场效应晶体管（OFETs）

有机 TFT 的工作原理与普通的场效应晶体管（FET）基本相同，薄膜场效应晶体管发明于 1925 年[87]，然而由于缺乏适用的材料，直到 1934 年才在技术上得以成熟[88]。场效应晶体管中有两极（被称为"源极"和"漏极"）通过半导体连接起来。第三电极（称为"栅极"）紧贴半导体材料，中间间隔一层电介质，对第三电极施加电压可以控制紧贴着电介质的半导体中的电流密度，以此来控制半导体的电导率以及源极和漏极之间的电流（I_{SD}）[89]。当今大部分的微电子电路是以 FETs 为基础设计制造的，由无机（大多数情况下为硅基材料）材料构成（图 8.14）。

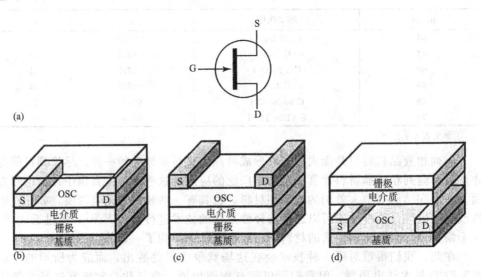

图 8.14　（a）场效应晶体管的三类典型的装置结构，（b）底栅-底触结构，（c）底栅-顶触结构，（d）底触-顶栅结构。G＝栅极，S＝源极，D＝漏极，OSC＝有机半导体

有机半导体的导电机理比硅基半导体要复杂得多，并且很大程度上取决于材料的类型，即材料是聚合物抑或是小分子，或者是高度有序的晶体、液晶还是无定型固体。既然氟化学主要与由低分子量化合物组成的高度有序的晶态半导体相关，此处仅以此类半导体为例进行阐述。

原则上，p 或 n 型半导体都可用来制作有机薄膜晶体管（OTFTs）。两类半导体的传导机理不同：对于 n 型的半导体，电荷载体是过量的电子，也就是说，伴随着电子在电场梯度作用下从一个分子跃迁到另一个分子，其中个别的有机分子被还原为自由基阴离子。在有机 p 型的半导体中，电荷沿着电场梯度通过"空穴"跃迁，而一些有机分子被氧化为自由基阳离子。

与无机晶体半导体（比如硅）不同，大多数有机材料并不显示真正的能带导电机理，却表现出在 LUMOs（n 型）或 HOMOs（p 型）间的电子跃迁[89]。根据固体的结晶程度，发生跃迁的能级分布很窄，所以热力学上这个过程在室温下就能激活。如果存在一些缺陷（如杂质、晶体缺陷或者晶界）能够显著降低能量（即与下一个导带的能量差大于 kT），则电荷载体可以在所谓的陷阱区内被捕获和固定。电荷载体的迁移率与跃迁的概率直接相关，这可以用 Marcus 方程来描述[90]：

$$k_{et} = \frac{2\pi}{h} |H_{AB}|^2 \frac{1}{\sqrt{4\pi\lambda k_b T}} \exp\left[-\frac{(\lambda+\Delta G^0)^2}{4\lambda k_b T}\right]$$

电子转移速率常数 k_{et} 决定于转移积分 $|H_{AB}|$、从弛豫的初态到终态的能量差（ΔG^0）和重组能量 λ。指数项表明迁移率最初随着 $-\Delta G^0$ 的增大而增大。当 $-\Delta G^0$ 与重组能量 λ 相等时，就会得到最大值。进一步增大 $-\Delta G^0$ 会导致反应速率的降低。这种效应被称为 Marcus 反转区效应。然而，对于相同分子间的电子迁移，如在典型的有机半导体的情况下，ΔG^0 等于零，只剩下重组能量项 λ。

根据 Marcus 理论，在有机半导体中，提高电子迁移速率和跃迁过程的效率有两种不同的途径。

① 转移积分 $|H_{AB}|$ 的优化。在成对的两个分子中，作为电子授体的供电子轨道和作为电子受体的受电子轨道之间必须存在显著地轨道重叠。转移积分表示在两分子间电子转移的概率。它取决于 π 体系的距离、重叠的程度和它们的相对取向[91]，对这些因素极其敏感。

② 重组能量 λ 的最小化。为了使弛豫项 λ 最小，其中性状态和自由基阳离子（p 型）或自由基阴离子（n 型）之间的电荷形态变化越小越好。

在实际装置中，电子和空穴是通过源极还是漏极来导入，取决于半导体（p 或 n）的类型，价带（有机晶体中的 HOMO 轨道）和导带（有机晶体中的 LOMO 轨道）的能量必须与所接触原料的功函匹配。否则，将存在一个能垒阻碍电荷的导入。

氟化可以解决以下几个问题：氟原子或含氟取代基通常会通过诱导（$-I_\sigma$）效应降低 HOMO 和 LUMO 轨道的能量水平。芳香族化合物的氟化会有额外 $+M_\pi$ 的效应，这可能不仅会影响到 HOMO 轨道和 LUMO 轨道的能量绝对值，而且还会影响能带间隙[92]。这意味着（表 8.17）对于相同的基本结构骨架，如六噻吩（图式 8.14）或并五苯（图式 8.15），在引入氟原子或全氟烷基以后，可以将其从 p 型半导体转变为 n 型半导体。由于可以用更低功函的电极材料进行电子导入，因此降低轨道的能量通常也可以提高器件的稳定性。例如，可以用更稳定的铝替代对空气敏感的金属钙。同时，也增强了光化学稳定性。全氟烷基基团倾向于在晶体结构内部聚集，这常常会对半导体起到稳定作用，以抗御水和氧对它的降解作用。

表 8.17 芳香族（72~75）和脂肪族（76，77）全氟烷基化对氧化还原电势和 HOMO-LUMO 轨道能级的影响[93~95]

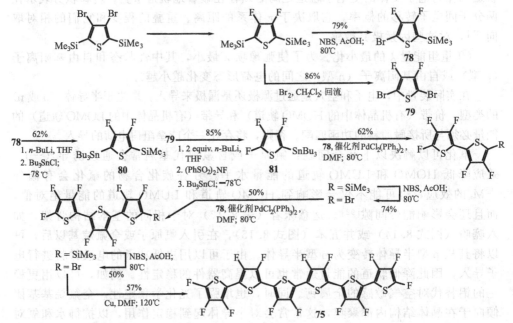

化合物	E_{red}/V	E_{ox}/V	$\Delta V_{red\text{-}ox}$/V	HOMO-LUMO gap/eV③
并五苯(72)	−1.87①	0.22①	2.09	2.21③
全氟并五苯(73)	−1.13①	0.79①	1.92	2.02
六噻吩(74)	−2.31①	0.41① 0.63①	2.72	—
全氟六噻吩(75)	−1.86① −2.05①	0.95①	2.81	—
二己基六噻吩(76)	−1.78② −2.01②	0.87② 1.09②	2.65	2.61
全氟二己基六噻吩(77)	−1.42② −1.65②	1.06② 1.22②	2.48	2.64

① 差分脉冲伏安法（DPV），vs. Fc/Fc⁺。
② 循环伏安法（四氢呋喃溶液），vs. Fc/Fc⁺。
③ 据 B3LYP/6-31G（d）理论水平计算。

图式 8.14 全氟六噻吩 75 的合成[93]

图式 8.15 全氟五并苯 73 的合成[94]

对芳香族化合物的氟化也可以作为影响其相对取向甚至是 π 体系平面间距的一种手段[96]，因而可以通过前线轨道的重叠来调节转移积分（图式 8.16 和图 8.15）（参见 1.4.1 节）。一个伸展的 π 共轭体系，它的高度氟化的部分倾向通过四极相互作用和相对富电子的部分发生作用，这已在 1.4.1 节探讨过。这种芳香族化合物的局部氟化不仅仅影响分子的取向，在很多情况下还会减少芳香结构面对面或边对边的距离，从而显著地提高转移积分。通常情况下，氟化能使芳香体系的超分子结构从边面鱼骨形排列（herringbone arrangement）向 π-堆积的形式转化，有利于分子间电子传递（85 和 86）[97]。类似的概念也适用于高分子有机半导体。交替排列的贫电子和富电子结构片段不仅仅会减少能带间隙，而且会形成更紧密的堆积、更有序的晶型排列，因而具有更高的电荷迁移率[98]。

图式 8.16 利用氟化生成 n 型或双极半导体的实例[99]

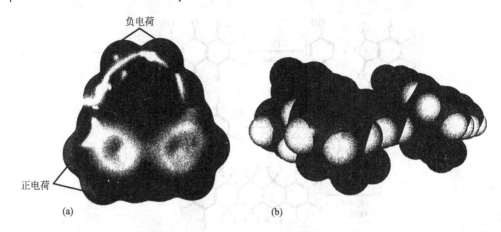

图 8.15 化合物 **85** 不同部分的互补静电势能（a）（负电荷和正电在－0.021e 和 0.030e 之间）所引起的紧密的、反平行的晶体堆积（b）电荷沿着堆积的轴向传递

对于小分子的芳香化合物，这种方式通常会产生线性的、芳烃呈反向平行排列的一维 π-堆积[97]。这会使电荷载体迁移的主渠道被局限在一维方向，导致电荷传递极易受到结构本身缺陷的阻碍。芳香砌块以类似于砌砖的二维方式排列，可以达到更好的、更倾向于各向同性的电荷载体迁移的效果[100]。实际应用中，已经通过在芳香骨架中间引入大体积的取代基团实现了这种堆积方式（图式 8.17）。

图式 8.17 二噻吩并蒽衍生物 **87** 的晶体结构是由大体积的三乙基硅乙炔基取代基的空间排斥作用所控制的，这种排斥作用阻止了共平面堆积。右图显示，该结构受到硫原子和氟原子间的相互作用及氟原子和氟原子间的相互作用而稳定

芳香族化合物的氟化不仅通过平面间的相互作用影响 π-堆积的形式[101]，更微妙的是，在芳烃边缘间电负性的氟原子与电正性的氢原子[102]、卤素原子[103]或硫原子[100]之间由弱的静电相互作用形成的弱键作用，也对晶体结构形态起到一定的影响（图式 8.17）。

另一个晶体设计的例子是利用如图式 8.18 所示的芳基-全氟芳基的堆积来优化

电荷载体迁移性[104]。在这里，分子之间通过全氟苯基和苯基部分的相互作用而彼此接近。

图式 8.18 化合物 **88** 的合成和晶体堆积（框内）。苯基和五氟苯基平面的距离是 337pm，标记的 F···H 距离是 240pm

含氟有机薄膜晶体管（OTFTs）的一个可能的实际应用例子就是将其设计为逆变器，印刷在纸币上[105]，作为一种可靠的防伪方法。八氟铜酞菁被用做 n-沟道的材料[106]。

含氟有机半导体的一个主要优点是它们常常能显著增强材料的化学和光学稳定性[100]。除了能够修饰晶体结构或电子性能外，含氟结构单元的还被用来调控有机半导体材料的溶解度，从而简化合成与纯化有机半导体材料的过程（图式 8.19；并参见 7.2 节内容）[107]。

全氟烷基侧链的亲氟作用可用来诱导自发的相分离过程（图 8.16），可在聚合的 p 型液晶半导体 [聚（3-十二烷基噻吩）（P3DT）][108] 表面形成约 3nm 厚的氟相单分子层。在一个大的异质结有机光伏电池（OPV）中，氟相层具有两个功能：它降低了 P3DT 本体相的表面能，并且形成了一个局部的偶极矩，将电离能提高到 +1.8eV。从而形成一个 p 型和 n 型半导体的缓冲层，以防止不利的电荷间的重新结合。

图式 8.19 聚(对苯撑乙炔)衍生物的氟两相合成:加热时,在均一相中发生聚合反应。冷却以后,氟相分离出来。根据取代基 R 的不同,聚合物可溶在有机相中($R = OC_{14}H_{27}$)或氟相中($R = C_6F_{13}$)[107]

自组装单分子膜(SAMs)常常用来在金属电极(典型的有金、银或铜)上形成一层偶极薄膜,以此来调整它们的功函与有机半导体的 HOMO 轨道或 LUMO 轨道能量水平相匹配(图 8.17)。这种匹配是为了避免在电荷注入过程中产生能垒[109]。尤其是,对氟化的自组装单分子膜(SAMs)还有一个额外的功能,即可以对电极或电介质(在底栅 TFTs 中)的表面能进行调整,进而影响与之直接接触的半导体的形态。在 OFET 中,载流子的最高浓度区域主要处在与电介质直接接触的大约 2nm 厚的半导体层中。因此,在这个接触区域对半导体形态的影响,常常会显著地增强 OFET 的性能[110]。

通过氟化往往会提高 OFET 电介质的某些性能:①大多数的含氟聚合物具有很低的介电常数,这通常有利于获得高场感应的载流子迁移率,对于无定形有机半

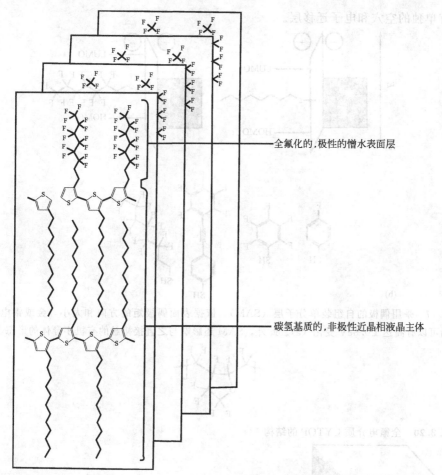

全氟化的,极性的憎水表面层

碳氢基质的,非极性近晶相液晶主体

图 8.16 在不含氟的本体材料上端,半氟化的侧链隔离在聚合物表面并形成一个具有非常低表面能的偶极层

导体这个作用更加明显[111]。②它们的低表面能通常能使相邻的半导体层的形态在一个相对远的距离上进行控制,这对于载流子迁移性和 OFET 的性能极其有利。③含氟聚合物如 CYTOP(图式 8.20)[112]可溶在全氟溶剂中(参见 6.1 节),而典型的有机半导体只溶于碳氢烃类溶剂中。这种"正交溶解性"有助于多层结构印刷,避免了任何功能层被其上面后继印刷的结构层溶解或污染。

8.5.2 有机发光二极管(OLEDs)

OLED 技术也越来越依赖于含氟功能性材料。在最基本的情况下,OLED 由一层薄薄的有机半导体构成,电子和空穴通过相反的电极注入其中。在电子和空穴相遇的区域,形成激发子并衰减发光。但实际上,构建一个 OLED 组件并没有这么简单,这类器件由多层功能材料构成,每一层材料都对应一个特定功能进行优化(图 8.18)。例如,除了嵌入基质中促进激发子扩散和电荷复合的专门发射极外,还有单独的空穴和电子迁移层。

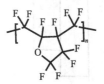

图 8.17 采用偶极的自组装单分子层（SAM），依据表面偶极矩的方向和大小，金或银电极的功函可以有高达±0.8eV 变化（a）。此外，SAM 还影响与之直接接触的有机半导体的形态（b）

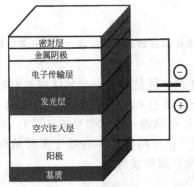

图式 8.20 全氟电介质 CYTOP 的结构

图 8.18 典型的 OLED 堆集在玻璃或塑料基质上，用铟、锡氧化物（ITO）作为阳极。空穴注入层是一个 p 型半导体，发光层是掺杂了适当发光化合物的基质材料，电子传递层是 n 型的半导体。阴极是一个非常薄的具有低功函的透明金属（铝，钡）层。为防止被水或氧气降解，内部堆积材料必须用密封材料封装

可打印的并适于溶液处理的 OLED 系统有望大幅降低制造成本。由于 OLED 复杂的多层结构，为防止被随后的功能层在加工时所用的溶剂破坏，对已打印好的功能层进行保护是十分重要的。解决这个问题的一个方法就是使用印刷后可交联而

具有不溶性的材料[113]。有几类可用于交联材料的反应基团（例如苯乙烯、氧杂环丁烷），然而，其中三氟乙烯氧基团具有特殊的优势，它可以适用于多种合成反应条件（图式 8.21）。此外，聚合反应不能使用引发剂，它会污染功能层，但可以采用热引发[114]。

图式 8.21 三氟乙烯氧基的加热二聚交联（框内）。交联的空穴导体的例子[114]

含氟材料在 OLEDs 中的另一应用就是所谓的三线态辐射体。根据自旋统计数据，只有 25% 的电子-空穴对重组形成单线态激发子，其余 75% 形成三线态激发子[115]。对于大多数有机化合物，若从激发的三线态进行辐射就要经历一个"禁阻的"过渡态，这意味着 75% 的激发态不能发生辐射。然而，一些重金属（Ir，Pt）复合物表现出强的自旋-轨道耦合，因此能够从三线态发出光[116]。特别是蓝色的三线态辐射源，使用了含氟的铱和铂复合物（图式 8.22）[117]。

图式 8.22 用于 OLEDs 的含氟 Ir-基和 Pt-基三线态辐射源实例[117]

参考文献

1. Powell, R.L. (2000) Applications: Polymers, in *Houben–Weyl: Organo-Fluorine Compounds*, Vol. (eds B. Baasner, H. Hagemann, and J.C. Tatlow), Georg Thieme, Stuttgart, pp. 59–69.
2. (a) Midgley, T.and Henne, A.L. (1930) *Ind. Eng. Chem.*, **22**, 542; (b) Midgley, T. (1937) *Ind. Eng. Chem.*, **29**, 239.
3. Review on CFCs: Barbour, A.K., Belf, L.J., andBuxton, M.W. (1963) *Adv. Fluorine Chem.*, **3**, 181.
4. For more details on fluorocarbon nomenclature, see: Banks, R.E. (2000) Nomenclature, in *Houben–Weyl: Organo-Fluorine Compounds*, Vol. E 10a (eds B. Baasner, H. Hagemann, and J.C. Tatlow), Georg Thieme, Stuttgart, pp. 12–17.
5. Powell, R.L. (2000) Applications: polymers, in *Houben–Weyl: Organo-Fluorine Compounds*, Vol. E 10a (B. Baasner, H. Hagemann, and J.C. Tatlow), Georg Thieme, Stuttgart, pp. 76–78.
6. (a) Sianesi, D., Marchionni, G., De Pasquale, R.J. (1994) in *Organofluorine Chemistry, Principles and Commercial Applications* (eds R.E. Banks, B.E. Smart, and J.C. Tatlow), Plenum Press, New York, p. 431; (b) Ohsaka, Y. (1994) in *Organofluorine Chemistry, Principles and Commercial Applications* (eds R.E. Banks, B.E. Smart, J.C. Tatlow), Plenum, New York, p. 463.
7. (a) Goldwhite, H. (1986) in *Fluorine: the First Hundred Years (1886–1986)* (R.E. Banks, D.W.A. Sharp, J.C. Tatlow), Elsevier Sequoia, Lausanne, pp. 109–132; (b) Rhodes, R. (1986) *The Making of the Atomic Bomb*, Simon and Schuster, New York; (c) Morel, B., and Duperret, B. (2009) *J. Fluorine Chem.* **130**, 7–10; (d) Kraus, F. (2008) *Nachr. Chem.*, **56**, 1236–1240.
8. Manhattan Project Heritage Preservation Association (2012) Preserving, Exhibiting, Interpreting and Teaching the History of the Manhattan Project, http://www.childrenofthemanhattan project.org (accessed 28 September 2012).
9. Cha, S.N., Kim, S.M., Kim, H.J., Ku, J.Y., Sohn, J.I., Park, Y.J., Song, B.G., Jung, M.H., Lee, E.K., Choi, B.L., Park, J.J., Wang, Z.L., Kim, J.M., and Kim, K. (2011) *Nano Lett.*, **11**, 5142–5147.
10. Naber, R. C. G., Asadi, K., Blom, P.W.M., Leeuw de, D.M., Boer de, B. (2010) *Adv. Mater.*, **22**, 933–946.
11. Smart, B.E. (1994) in *Characteristics of C–F Systems in Organofluorine Chemistry: Principles and Commercial Applications* (eds R.E. Banks, B.E. Smart,and J.C. Tatlow), Plenum Press, New York pp. 57–88.
12. Caporiccio, G. (1986) in *Fluorine: the First Hundred Years (1886–1986)* (eds R.E. Banks, D.W.A. Sharp, and J.C. Tatlow), Elsevier Sequoia, Lausanne p.

13. Rothschild, M., Bloomstein, T.M., Fedynyshyn, T.H., Liberman, V., Mowers, W., Sinta, R., Switkes, M., Grenville, A., and Orvek, K. (2003) *J. Fluorine Chem.*, **122**, 3–10.
14. Feiring, A.E., Crawford, M.K., Farnham, W.B., Feldman, J., French, R.H., Leffew, K.W., Petrov, V.A., Schadt, F.L., Wheland III,, R.C., Zumsteg, F.C., *J. Fluorine Chem.* 2003, **122**, 11–16.
15. (a) Feiring, A.E. and Feldman, J. (2000) WO Patent 2000/17712; (2000) Chem. Abstr., **132**, 258158; (b) Feiring, A.E. and Feldman, J. (2000) WO Patent 2000/67072; (2000) Chem. Abstr., **133**, 357252; (c) Crawford, M.K., Farnham, W.B., Feiring, A.E., Feldman, J., French, R.H., Leffew, K.W., Petrov, V.A., Schadt, F.L. Zumsteg F.C. III, (2002) *J. Photopolym. Sci. Technol.*, **15**, 677–687.
16. (a) Waterland, R.L., Dobbs, K.D., Rinehart, A.M., Feiring, A.E., Wheland, R.C., Smart, B.E. (2003) *J. Fluorine Chem.*, **122**, 37–46; (b) Zhan, C.-G., Dixon, D.A., Matsuzawa, N.N., Ishitani, A., Uda, T. (2003) *J. Fluorine Chem.*, **122**, 27–35.
17. (a) Houlihan, F.M., Nalamusu, O., and Reichmanis, E., (2003) *J. Fluorine Chem.*, **122**, 47–55; (b) Desmarteau, D.D., Pennington, W.T., Montanari, V., and Thomas, B.H. (2003) *J. Fluorine Chem.*, **122**, 57–61.
18. Powell, R.L. (2003) in *Applications: Polymers in Houben–Weyl: Organo-Fluorine Compounds*, Vol. E 10a (eds B. Baasner, H. Hagemann, J.C. Tatlow), Georg Thieme, Stuttgart, pp. 79–83.
19. Woytek, A.J. (1986) in *Fluorine: the First Hundred Years (1886–1986)* (eds R.E. Banks, D.W.A. Sharp, and J.C. Tatlow), Elsevier Sequoia, Lausanne, p. 331.
20. Allgood, C.C. (2003) *J. Fluorine Chem.*, **122**, 105–112.
21. Benzing, D.W., Benzing, J.C., Boren, A.D., and Tang, C.C. (1986) US Patent 4,657,616; (1987) Chem. Abstr., **106**, 111827.
22. Allgood, C. (1998) *Adv. Mater.*, **10**, 1239–1242.
23. VanderSypen, L.M.K., Steffen, M., Breyta, G., Yannoi, C.S., Sherwood, M.H., and Chuang, I.L. (2001) *Nature*, **414**, 883–887.
24. Review: Adams, D.A.W. (1951) *J. Soc. Dyers Colourists*, 223–235.
25. Dickey, J.B., Towne, E.B., Bloom, M.S., Taylor, G.J., Mill, H.M., Corbitt, R.A., McCall, M.A., Moore, W.H., and Hedberg, D.G., (1953) *Ind. Eng. Chem.*, **45**, 1730–1734.
26. Hendricks, J.O. (1953) *Ind. Eng. Chem.*, **45**, 99–105.
27. Matsui, M. (2006) Fluorine-containing dyes, in *Functional Dyes* (eds S.-H. Kim), Elsevier, Amsterdam, pp. 257–266.
28. (a) Matsui, M., Marui, Y., Kushida, M., Funabiki, K., Muramatsu, H., Shibata, K., Hirota, K., Hosoda, M., and Tai, K. (1998) *Dyes Pigments*, **38**, 57; (b) Matsui, M., Kawase, R., Funabiki, K., Muramatsu, H., Shibata, K., Ishigure, Y., Hirota, K., Hosoda, M., and Tai, K. (1997) *Bull. Chem. Soc. Jpn.*, **70**, 3153.
29. Matsui, M. (1999) *J. Fluorine Chem.*, **96**, 65–69.
30. Review: Yagupol'skii, L.M., Il'chenko, A.Y., Gandel'sman, L.Z. (1983) *Russ. Chem. Rev.* 1983, **52**, 993–1009; (1983) *Usp. Khim.*, **52**, 1732–1759.
31. Kremlev, M.M., Yagupolskii, L.M. (1998) *J. Fluorine Chem.*, **91**, 109–123.
32. Reinitzer, F. (1888) *Monatsh. Chem.*, **9**, 421.
33. Lehmann, O. (1904) *Flüssige Kristalle, sowie Plastizität von Kristallen im Allgemeinen, Molekulare Umlagerungen und Aggregatzustandsänderungen*, Engel-

mann, Leipzig.
34. Dunmur, D.A., and Sluckin, T. (2011) *Soap, Science and Flat-Screen TV – A History of Liquid Crystals*, Oxford University Press, Oxford.
35. (a) Demus, D., Demus, H., and Zaschke, H. (1974) *Flüssige Kristalle in Tabellen*, VEB Deutscher Verlag für Grundstoffindustrie, Leipzig; (b) Vill, V. (1998) *LiqCryst 3.1 – Databases of Liquid Crystalline Compounds*, LCI Publisher, Hamburg.
36. (a) Gennes de, P.G., and Prost, J., 1993 *The Physics of Liquid Crystals*, Oxford University Press, London; (b) Jeu de, W.H. (1980) *Physical Properties of Liquid Crystalline Materials*, Gordon and Breach, New York.
37. Demus, D., Goodby, J., Gray, G.W., Spiess, H.-W., Vill, V. (eds) (1998) *Handbook of Liquid Crystals*, Wiley-VCH Verlag GmbH, Weinheim.
38. (a) Williams, R. (1963) *J. Chem. Phys.*, **39**, 384; (b) Williams, R. (1962) US Patent 3,322,485; (1968) Chem. Abstr., **68**, 34254; (c) Heilmeier, G., Zanoni, L.A., and Barton, and L.A. (1968) *Appl. Phys. Lett.*, **13**, 46.
39. Kelker, H., and Scheurle, B. (1969) *Angew. Chem. Int. Ed. Engl.*, **8**, 884–885.
40. Schadt, M., Helfrich, W. (1971) *Appl. Phys. Lett.*, **18**, 127.
41. (a) Gray, G.W. and Harrison, K.J. (1972) GB Patent 1,433,130; Chem. Abstr., **81**, (1974) 96988; (b) Gray, G.W., Harrison, K.J., and Nash, J.A. (1973) *Electron. Lett.*, **9**, 130.
42. Eidenschink, R., Erdmann, D., Krause, J., and Pohl, L. (1977) *Angew. Chem. Int. Ed. Engl.*, **16**, 100.
43. (a) Demus, D., Deutscher, H.-J., Kuschel, F., and Schubert, H. (1975) DE Patent 2,429,093; (1977) Chem. Abstr., **89**, 129118; (b) Eidenschink, R., Erdmann, D., Krause, J., and Pohl, L. (1978) *Angew. Chem. Int. Ed. Engl.*, **17**, 133; (c) Eidenschink, R., Haas, G., Römer, M., and Scheuble, B.S. (1984) *Angew. Chem. Int. Ed. Engl.*, **23**, 147.
44. Cognard, J. (1982) *Mol. Cryst. Liq. Cryst. Suppl. Ser.*, Suppl. 1, 1–75.
45. (a) Solladié, G., and Zimmermann, R.G. (1984) *Angew. Chem. Int. Ed. Engl.*, **23**, 348–362; (b) Pauluth, D., and Wächtler, A.E.F. (1997) Synthesis and application of chiral liquid crystals, in *Chirality in Industry II* (eds A.N. Collins, G.N. Sheldrake, and J. Crosby), John Wiley & Sons, Ltd., Chichester, pp. 264–285.
46. (a) Hirschmann, H. and Reiffenrath, V. (1998) Applications: TN, STN displays, in *Handbook of Liquid Crystals* (eds D. Demus, J. Goodby, G.W. Gray, H.-W. Spiess, and V. Vill), Wiley-VCH Verlag GmbH, Weinheim, 199–229; (b) Scheuble, B.S. (1989) *Kontakte (Darmstadt)*, (1), 34–48; (c) Alt, P.M., and Pleshko, P. (1974) *IEEE Trans. Electron. Devices*, **ED-21**, 146–155.
47. Scheffer, T.J., Nehring, J., Kaufmann, M., Amstutz, H., Heimgartner, D., and Eglin, P. (1985) *SID Dig. Tech. Pap.*, **16**, 120–123.
48. (a) Lechner, B.J. (1971) *Proc. IEEE*, **59**, 1566; (b) Brody, T.P., Asars, J.A., and Dixon, G.D. (1973) *IEEE Trans. Electron. Devices*, **ED-20**, 995; (c) Baraff, D.R., Long, J.R., MacLaurin, B.K., Miner, C.K., and Streater, R.W. (1981) *IEEE Trans. Electron. Devices*, **ED-28**, 736–739; (d) Kobayashi, S., Hori, H., and Tanaka, Y. (1997) Active matrix liquid crystal displays, in *Handbook of Liquid Crystal Research* (eds P.J. Collins, J.S. Patel), Oxford University Press, New York and Oxford, 415–444.
49. Working Knowledge (1997) *Sci. Am.*, (11), 87.
50. (a) Finkenzeller, U. (1990) *Spektrum*

51. (a) Yang, K.H. (1991) *Int. Dev. Res. Cent. Techn. Rep. IDRC*, 68; (b) Iimura, Y., Kobayashi, S., Sugiyama, T., Toko, Y., Hashimoto, T., and Katoh, K. (1994) *SID Dig. Tech. Pap.*, 915; (c) Sugiyama, T., Toko, Y., Hashimoto, T., Kato, K., Iimura, Y., Kobayashi, S. (1994) *SID Dig. Tech. Pap.*, 919; (d) Schadt, M., Seiberle, H., Schuster, A., Kelly, S.M. (1995) *Jpn. J. Appl. Phys.*, **34**, 764.
52. (a) Kiefer, R., Weber, B., Winscheid, F., and Baur, G. (1992) Proceedings of the 12th International Display Research Conference (Society of Information Display and the Institute of Television Engineers of Japan) (Hiroshima, Japan), p. 547; (b) Oh-e, M. and Kondo, K. (1997) *Liq. Cryst.*, **22**, 379–390, and references cited therein; (c) Lee, S.H., Lee, S.L. and Kim, H.Y. (1998) *Appl. Phys. Lett.*, **73**, 2881; (d) Yu, I.H., Song, I.S., Lee, J.Y., and Lee, S.H (2006) *J. Phys. D: Appl. Phys.*, **39**, 2367; (e) Lim, Y.J., Lee, M.-H., Lee, G.-D., Jang, W.-G., and Lee, S.H. (2007) *J. Phys. D: Appl. Phys.*, **40**, 2759.
53. Takeda, A. (1999) *EKISHO J. Jpn. Liq. Cryst. Soc.*, **3**, 117–123.
54. Sharp Corporation (2012) Electronics Components, http://sharp-world.com/products/device/lcd/asv.html (accessed 28 September 2012).
55. (a) Maier, W., and Saupe, A. (1959) *Z. Naturforsch.*, **14A**, 882; (b) Maier, W., Saupe, A. (1960) *Z. Naturforsch.*, **15A**, 287; (c) Marcelja, S. (1974) *J. Chem. Phys.*, **60**, 3599; (d) Ypma, J.G.J., Vertogen, G., and Koster, H.T. (1976) *Mol. Cryst. Liq. Cryst.*, **37**, 57; (e) Jeu de, W.H., van der Veen, J. (1977) *Mol. Cryst. Liq. Cryst.*, **40**, 1; (f) Finkenzeller, *Wiss.* (8), 55–62; (b) Pauluth, D., and Geelhaar, T. (1997) *Nachr. Chem. Tech. Lab.*, **45**, 9–15.
56. (a) Maier, W., Meier, G. (1961) *Z. Naturforsch.*, **16a**, 262–267; (b) Demus, D., Pelzl, G. (1982) *Z. Chem.*, **21**, 1; (c) Michl, J., Thulstrup, E.W. (1995) *Spectroscopy with Polarized Light: Solute Alignment by Photoselection, in Liquid Crystals, Polymers, and Membranes*, Wiley-VCH Verlag GmbH, Weinheim, pp. 171–221; (d) Maier, W., and Saupe, A., *Z. Naturforsch. A* 1959, **14**, 882; (e) Maier, W., and Saupe, A. (1960) *Z. Naturforsch. A*, **15**, 287.
57. Vuks, M.F. (1966) *Opt. Spectrosc.*, **20**, 361.
58. (a) Bremer, M. and Tarumi, K. (1993) *Adv. Mater*, **5**, 842–848; (b) Klasen, M., Bremer, M., Götz, A., Manabe, A., Naemura, S., and Tarumi, K. (1998) *Jpn. J. Appl. Phys.*, **37**, L945–L948.
59. (a) Wilson, M.R. (1998) Theory of the liquid crystalline state: molecular modelling, in *Handbook of Liquid Crystals*, Vol. **1** (eds D. Demus, J. Goodby, G.W. Gray, H.-W. Spiess, V. Vill), Wiley-VCH Verlag GmbH, Weinheim, p. 72; (b) Bates, M.A. and Luckhurst, G.R. (1999) Computer simulation of liquid crystal phases formed by Gay–Berne mesogens, in *Liquid Crystals I* (ed D.M.P. Mingos), Springer, Heidelberg, p. 65.
60. Kuwajima, S., Manabe, A. (2000) *Chem. Phys. Lett.*, **332**, 105–109;
61. Miesowicz, M. (1946) *Nature*, **158**, 27.
62. (a) Ericksen, J.L. (1961) *Trans. Soc. Rheol.*, **5**, 23; (b) Leslie, F.M. (1968) *Arch. Rat. Mech. Anal.*, **28**, 265; (c) Raviol, A., Stille, W., and Strobl, G. (1995) *J. Chem. Phys.*, **103**, 3788–3794.
63. Reviews: (a) Kirsch, P. and Bremer, M. (2000) *Angew. Chem. Int. Ed.*, **39**, 4216–4235; (b) Kirsch, P., Reiffenrath, V., Bremer, M. (1999) *Synlett*, 389–396.
64. Eidenschink, R. (1979) *Kontakte (Darm-*

stadt) (1), 15–18.
65. (a) Sasaki, A., Uchida, T., and Miyagami, S. (1986) Japan Display '86, p. 62; (b) Schadt, M. (1992) *Displays*, **13**, 11; (c) Nakazono, Y., Ichinose, H., Sawada, A., Naemura, S., Bremer, M., and Tarumi, K. (1997) IDRC' 97 Digest, p. 65; (d) Nagata, S., Takeda, E., Nanno, Y., Kawaguchi, T., Mino, Y., Otsuka, A., and Ishihara, S. (1989) Proceedings of SID '89 Digest, p. 242; (e) Naemura, S., Nakazono, Y., Ichinose, H., Sawada, A., Böhm, E., Bremer, M., and Tarumi, K. (1997) Proceedings of SID '97 Digest, p. 199; (f) Fukuoka, N., Okamoto, M., Yamamoto, Y., Hasegawa, M., Tanaka, Y., Hatoh, H., and Mukai, K. (1994) AM LCD '94, p. 216.
66. (a) Gray, G.W., and Jones, B. (1954) *J. Chem. Soc.*, 2556; (b) Gray, G.W. and Worrall, B.M. (1959) *J. Chem. Soc.* 1545.
67. Byron, D.J., Lacey, D., Wilson, R.. (1981) *Mol. Cryst. Liq. Cryst*, **73**, 273.
68. (a) Dubois, J., Zann, A., Beguin, A. (1977) *Mol. Cryst. Liq. Cryst*, **42**, 138; (b) Gray, G.W., Hogg, C., and Lacey, D. (1981) *Mol. Cryst. Liq. Cryst.*, **67**, 1; (c) Gray, G.W. and Kelly, S.M. (1981) *Mol. Cryst. Liq. Cryst.*, **75**, 109.
69. Balkwill, P., Bishop, D., Pearson, A., and Sage, I. (1985) *Mol. Cryst. Liq. Cryst.*, **123**, 1–13.
70. (a) Fearon, J.., Gray, G.W., Fill, A.D., and Toyne, K.J. (1985) *Mol. Cryst. Liq. Cryst.*, **124**, 89–103.
71. Osman, M.A. (1985) *Mol. Cryst. Liq. Cryst.*, **128**, 45–63.
72. Bremer, M., Naemura, S., Tarumi, K. (1998) *Jpn. J. Appl. Phys.*, **37**, L88–L90.
73. (a) Wavefunction Inc. (1998) Spartan 5.0, Wavefunction, Irvine, CA; (b) Flükinger, P., Lüthi, H.P., Portmann, S., and Weber, J. (2002) MOLEKEL 4.2, Swiss Center for Scientific Computing, Manno.
74. (a) Bartmann, E., Poetsch, E., Finkenzeller, U., and Rieger, B. (1990) DE Patent 4,015,681; Chem. Abstr., **116**, (1991) 185190]; (b) Kirsch, P., Bremer, M., Huber, F., Lannert, H., Ruhl, A., Lieb, M., Wallmichrath, and T. (2001) *J. Am. Chem. Soc.*, **123**, 5414–5417.
75. (a) Bartmann, E. (1996) *Adv. Mater.*, **8**, 570–573; (b) Kirsch, P., Bremer, M., Taugerbeck, A., Wallmichrath, T. (2001) *Angew. Chem. Int. Ed.*, **40**, 1480–1484; (c) Kirsch, P., and Bremer, M. (2010) *ChemPhysChem*, **11**, 357–360.
76. Kirsch, P., Huber, F., Lenges, M., Taugerbeck, A. (2001) *J. Fluorine Chem.*, **112**, 69–72.
77. Kirsch, P., Binder, W., Hahn, A., Jährling, K., Lenges, M., Lietzau, L., Maillard, D., Meyer, V., Poetsch, E., Ruhl, A., Unger, G., and Fröhlich, R. (2008) *Eur. J. Org. Chem.*, 3479–3487.
78. (a) Weinhold, F. and Carpenter, J.E. (1988) *The Structure of Small Molecules and Ions*, Plenum Press, New York, p. 227; (b) Reed, A.E., Curtiss, L.A., and Weinhold, F. (1988) *Chem. Rev.*, **88**, 899–926; (c) Reed, A.E., Weinstock, R.B., and Weinhold, F. (1985) *J. Chem. Phys.*, **83**, 735–747; (d) Reed, A.E. and Weinhold, F. (1983) *J. Chem. Phys.*, **78**, 1736; (e) Reed, A.E., Weinhold, F. (1983) *J. Chem. Phys.*, **78**, 4066; (f) Poster, J.P., Weinhold, F. (1980) *J. Am. Chem. Soc.*, **102**, 7211; (g) Carpenter, J.E., Weinhold, F. (1988) *J. Mol. Struct. (THEOCHEM)*, **169**, 41.
79. (a) Rabolt, J.F., Russell, T.P., Twieg, R.J. (1984) *Macromolecules*, **17**, 2786–2794; (b) Mahler, W., Guillon, D., Skoulios, A. (1985) *Mol. Cryst. Liq. Cryst. Lett.*, **2**, 111–119.
80. Frisch, M.J., Trucks, G.W., Schlegel, H.B., Scuseria, G.E., Robb, M.A.,

Cheeseman, J.R., Zakrzewski, V.G., Montgomery, J.A. Jr.,, Stratmann, R.E., Burant, J.C., Dapprich, S., Millam, J.M., Daniels, A.D., Kudin, K.N., Strain, M.C., Farkas, O., Tomasi, J., Barone, V., Cossi, M., Cammi, R., Mennucci, B., Pomelli, C., Adamo, C., Clifford, S., Ochterski, J., Petersson, G.A., Ayala, P.Y., Cui, Q., Morokuma, K., Malick, D.K., Rabuck, A.D., Raghavachari, K., Foresman, J.B., Cioslowski, J., Ortiz, J.V., Stefanov, B.B., Liu, G., Liashenko, A., Piskorz, P., Komaromi, I., Gomperts, R., Martin, R.L., Fox, D.J., Keith, T., Al-Laham, M.A., Peng, C.Y., Nanayakkara, A., Gonzalez, C., Challacombe, M., Gill, P.M.W., Johnson, B., Chen, W., Wong, M.W., Andres, J.L., Gonzalez, C., Head-Gordon, M., Replogle, E.S., and Pople, J.A. (1998) Gaussian 98, Revision A.6, Gaussian, Inc., Pittsburgh, PA.

81. (a) Overview: Hiyama, T., *Organofluorine Compounds: Chemistry and Applications*, Springer, Berlin, pp. 202–211; (b) Meyer, R.B., Liebert, L., Strazelecki, L., Keller, P. (1975) *J. Phys. (Paris)*, **36**, L69; (c) Chandani, A.D.L., Gorecka, E., Ouchi, Y., Takezoe, H., Fukuda, A., *Jpn. J. Appl. Phys.* 1989, **28**, L1265; (d) Clark, N.A., Handschy, M.A., Lagerwall, S.T., *Appl. Phys. Lett.* 1980, **36**, 899; (e) Coleman, D.A., Fernsler, J., Chattham, N., Nakata, M., Takanishi, Y., Körblova, E., Link, D.., Shao, R.-F., Jang, W.G., Maclennan, J.E., Mondainn-Monval, O., Boyer, C., Weissflog, W., Pelzl, G., Chien, L.-C., Zasadzinski, J., Watanabe, J., Walba, D.M., Takezoe, H., and Clark, N.A. (2003) *Science*, **301**, 1204–1211.

82. Review: Hertel, D., Müller, C.D., Meerholz, K. (2005) *Chem. Unserer Zeit*, **39**, 336–347.

83. OPV Review: Facchetti, A. (2011) *Chem. Mater.*, **23**, 733–758.

84. (a) OFET Review: Bao, Z., and Locklin, J. (2007) *Organic Field-Effect Transistors*, Optical Science and Engineering Series, CRC Press, Boca Raton, FL; (b) Hasegawa, T. and Takeya, J. (2009) *Sci. Technol. Adv. Mater.*, **10**, 024314.

85. Tang, M.L., Bao, Z. (2011) *Chem. Mater.*, **23**, 446–455.

86. Ma, H., Yip, H.-L., Huang, F., Jen, A.K.-Y. (2010) *Adv. Funct. Mater.*, **20**, 1371–1388.

87. Lilienfeld, J.E. (1926) US Patent 1,745,175.

88. Heil, O. (1934) GB Patent 439,457.

89. Coropceanu, V., Cornil, J., Silva Filho da, D.A., Olivier, Y., Silbey, R., and Bredas, J.-L. (2007) *Chem. Rev.*, **107**, 926–952.

90. Nobel Lecture: Marcus, R.A. (1993) *Angew. Chem.*, **105**, 1161–1172.

91. Feng, X., Marcon, V., Pisula, W., Hansen, M.R., Kirkpatrick, J., Grozema, F., Andrienko, D., Kremer, K., Müllen, K. (2009) *Nat. Mater.*, **8**, 421–426.

92. Medina, B.M., Beljonne, D., Egelhaaf, H.-J., Gierschner, J. (2007) *J. Chem. Phys.*, **126**, 111101.

93. Sakamoto, Y., Komatsu, S., and Suzuki, T. (2001) *J. Am. Chem. Soc.*, **123**, 4643–4644.

94. Sakamoto, Y., Suzuki, T., and Kobayashi, M., Gao, Y., Fukai, Y., Inoue, Y., Sato, F., Tokito, S. (2004) *J. Am. Chem. Soc.*, **126**, 8138–8140.

95. Facchetti, A., Yoon, M.-H., Stern, C.L., Hutchinson, G.R., Ratner, M.A., Marks, T.J. (2004) *J. Am. Chem. Soc.*, **126**, 13480–13501.

96. Reichenbächer, K., Süss, H.I., and Hulliger, J. (2005) *Chem. Soc. Rev.*, **34**, 22–30.

97. Cho, D.M., Parkin, S.R., and Watson, M.D. (2005) *Org. Lett.*, **7**, 1067–1068.

98. Tsao, H.N., Cho, D., Andreasen, J.W., Rouhanipour, A., Breiby, D.W., Pisula, W., Müllen, K. (2009) *Adv. Mater.*, **21**, 209.
99. (a) Newman, C.R., Frisbie, C.D., Silva Filho, D.A. da, Brédas, J.-L., Ewbank, P.C., Mann, K.R. (2004) *Chem. Mater.*, **16**, 4436–4451; (b) Usta, H., Facchetti, A., Marks, T.J. (2011) *Acc. Chem. Res.*, **44**, 501–510.
100. Subramanian, S., Park, S.K., Parkin, S.R., Podzorov, V., Jackson, T.N., Anthony, J.E. (2008) *J. Am. Chem. Soc.*, **130**, 2706–2707.
101. Berger, R., Resnati, G., Metrangelo, P., Weber, E., and Hulliger, J. (2011) *Chem. Soc. Rev.*, **40**, 3496–3508.
102. Ganguly, P., and Desiraju, G.R. (2010) *Cryst. Eng. Commun.*, **12**, 817–833.
103. Metrangolo, P., Resnati, G., Pilati, T., Liantonio, R., and Meyer, F. (2007) *J. Polym. Sci. A: Polym. Chem.*, **45**, 1–15.
104. Okamoto, T., Nakahara, K., Saeki, A., Seki, S., Oh, J.H., Akkerman, H.B., Bao, Z., and Matsuo, Y. (2011) *Chem. Mater.*, **23**, 1646–1649.
105. Zschieschang, U., Yamamoto, T., Takimiya, K., Kuwabara, H., Ikeda, M., Sekitani, T., Someya, T., and Klauk, H. (2010) *Adv. Mater.*, **23**, 654–658.
106. Ling, M.M., Bao, Z. (2006) *Org. Electron.*, **7**, 568.
107. Lim, J., Swager, T.M. (2010) *Angew. Chem. Int. Ed.*, **49**, 7486–7488.
108. Geng, Y., Wei, Q., Hashimoto, K., Tajima, K. (2011) *Chem. Mater.*, **23**, 4257–4263.
109. (a) Ishii, H., Sugiyama, K., Ito, E., Seki, K. (1999) *Adv. Mater.*, **11**, 605–625; (b) Boer de, B., Hadipour, A., Mandoc, M.M., Woudenbergh van, T., Blom, P.W.M. (2005) *Adv. Mater*, **17**, 621–625.
110. Gundlach, D.J., Royer, J.E., Park, S.K., Subramanian, S., Jurchescu, O.D., Hamadani, B.H., Moad, A.J., Kline, R.J., Teague, L.C., Kirillov, O., Richter, C.A., Kushmerick, J.G., Richter, L.J., Parkin, S.R., Jackson, T.N., Anthony, J.E. (2008) *Nat. Mater.*, **7**, 216–221.
111. Veres, J., Ogier, S., Lloyd, G., Leeuw de, D. (2004) *Chem. Mater.*, **16**, 4543–4555.
112. AGC Asahi Glass Co. (2012) CYTOP, http://www.agc.com/english/chemicals/shinsei/cytop/about.html (accessed 28 September 2012).
113. Ma, H., Yip, H.-L., Huang, F., and Jen, A.K.-Y. (2010) *Adv. Mater.*, **20**, 1371–1388.
114. (a) Huang, F., Cheng, Y.J., Zhang, Y., Liu, M.S., Jen, A.K.-Y. (2008) *J. Mater. Chem.*, **18**, 4495–4508; (b) Ji, J., Narayan-Sarathy, S., Neilson, R.H., Oxley, J.D., Babb, D.A., Rondan, N.G., and Smith Jr., D.W. (1998) *Organometallics*, **17**, 783–785.
115. Segal, M., Baldo, M.A., Holmes, R.J., Forrest, S.R., Soos, Z.G. (2003) *Phys. Rev. B*, **68**, 075211.
116. Yersin, H., and Finkenzeller, W.J. (2008) Triplet emitters for organic light–emitting diodes: basic properties, in *Highly Efficient OLEDs with Phosphorescent Materials* (ed H. Yersin), Wiley-VCH Verlag GmbH, Weinheim, 1–97.
117. (a) Kamatani, J., Okada, S., Tsuboyama, A., Takiguchi, T., and Miura, S. (Canon) (2000) WO Patent 2002045466; (2002) Chem. Abstr., **137**, 26192; (b) Petrov, V.A., Wang, Y., and Grushin, V. (DuPont), (2000) WO Patent 2002002714; (2002) Chem. Abstr., **136**, 93307; (c) Endo, A., and Adachi, C. (2009) *Chem. Phys. Lett.*, **483**, 224–226; (d) Tian, N., Lenkeit, D., Pelz, S., Fischer, L.H., Escudero, D., Schiewek, R., Klink, D., Schmitz, O.J., González, L., Schäferling, M., and Holder, E. (2010) *Eur. J. Inorg. Chem.*, 4875–4885.

9 在药物和其他生物医药方面的应用

2009年，在全球销售最好的前200个药物的榜单中，有31个（16%）是含氟药物。处在榜单第一位的就是含氟的阿托伐他汀（商品名立普妥；辉瑞公司；销售额133亿美金），销量第二位的含氟药物是氟替卡松（商品名施立泰；销售额81亿美金），它处在榜单第四位[1]。将含氟化合物应用到医药化学中有很多不同的但非常特殊的理由[2]。在不同的应用领域，需要有不同特性的含氟化合物（图式9.1）。在大多数"正常"药物的作用方式中[3]，主要是通过药物分子和生物体中目标结构的一些特殊作用，有时也包括在代谢过程的特殊作用。在这些化合物分子中，通常分子中的氟含量都非常低，只有极少数的氟原子或含氟基团被引入到具有活性结构的化合物中，而且被引入的每个含氟基团都有其特定的目的[4]。

与此同时，含氟化合物在医药化学中还有一种完全不同的应用类型，这类应用包括：吸入式麻醉剂[5]，X射线或超声波的造影剂[5]，人造代血浆和呼吸液。在这些应用中，含氟化合物并不参与体内任何生物化学转化。作为可能的例外，在吸入式麻醉中，其作用是基于非常不确定的物理作用引起的。而且这些化合物一次的使用剂量都比较大（每次剂量可达几十克），在理想的状态下，使用结束后，这类化合物通过肺的呼吸或皮肤排出体外。为了使这些化合物具有高度的化学惰性，通常它们有很高的含氟量，有时甚至是全氟的化合物。

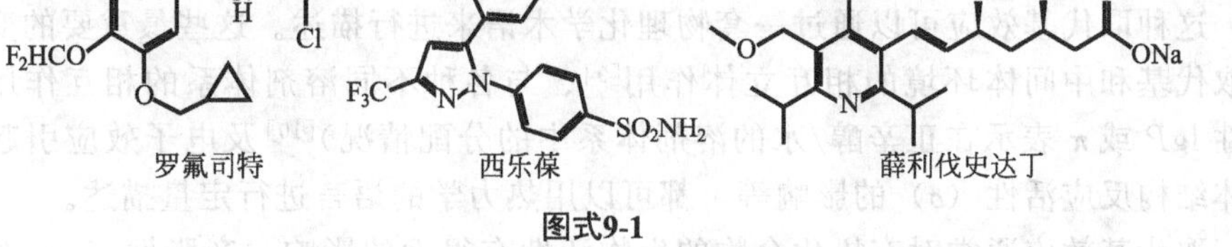

罗氟司特　　西乐葆　　薛利伐史达丁

图式9-1

图式 9.1 一些含氟药物的例子：甾体［氟替卡松（fluticasone）］，非甾体类镇静药［罗氟司特（roflumilast），西乐葆（celebrex）］，胆固醇代谢调节剂［薛利伐史达丁（cerivastatin），依替米贝（ezetimibe）］，抗抑郁药物［氟西汀或百忧解（fluoxetine）］，抗生素［环丙沙星（ciprofloxacin）］和抗病毒药物［依发韦仑（efavirenz），吉西他滨（gemcitabine）］[2]

9.1 为何研究含氟药物？

由于氟原子和氢原子的原子半径相近，大小相似，所以当分子中的氢原子被氟原子取代后，并不会引起该分子立体构型或形状的显著变化[7]。但是，由于氟原子具有最大的电负性，当氟原子取代氢原子后，往往会使原来分子的电子性质发生很大的改变。从分子学的水平来看，这样的改变通常包括分子亲脂性的变化，与目标结构静电作用方式的变化和对一些代谢途径的抑制作用[8]。从生理学的水平看，含氟药物和通常的不含氟药物相比，具有更好的生物穿透性，有更好的与目标器官作用的选择性——通常来讲——与不含氟的相类似药物相比，它们的使用剂量会大大降低。

从一个基于机理的作用模型（自杀性抑止）中可以看出，一些含氟药物是通过和目标蛋白质中氨基酸的直接化学作用而产生疗效的。

9.2 亲脂性和取代基效应

每一个取代基都会对整个分子的骨架产生其特定的立体和电子效应方面的影响。这种取代基效应可以通过一套物理化学术语来进行描述。这些最重要的变化包括取代基和中间体环境的相互立体作用[9]、与各种不同溶剂体系的相互作用（亲脂性 $\lg P$ 或 π 表示在正辛醇/水的溶剂体系中的分配情况）[10]及电子效应引起的对母体结构反应活性（σ）的影响等，都可以用热力学的语言来定量描述。

取代基效应通常对有机化合物的生物活性有很大的影响。亲脂性（π）对人体对药物的吸收、对药物到达靶器官的能力及在有机体内各种组分中的分配浓度等都有决定性的影响。例如对于抗抑郁的药物，它的靶器官是中枢神经系统，为了使该药物能够达到靶器官，它必须具有特殊的亲脂性，使它能够顺利地穿过血-脑屏障到达靶器官。

Hammett 参数 σ 是描述官能团对其邻近部位的酸、碱性影响（如 1.4.2 节讨论）的一个参数。它决定着生物活性分子表面部分电荷的分布情况，调整生物活性分子和靶结构之间的键合情况。

另外，取代基的性质也可以被应用于对药物先导化合物结构优化过程中的定量-构效关系（QSAR）的系统研究中[11,12]。

含氟取代基是一类对有机物的理化性质有很大影响的取代基（表 9.1）。比如三氟甲硫基（SCF_3）取代基，尽管有很大的极性（$\sigma_p = +0.48$），但它是一个具有最好亲脂性能的官能团之一（$\pi_p = +1.44$），比氟原子（$\pi_p = +0.06$）和氯原子（$\pi_p = +0.23$）好得多。同样官能团五氟化硫（SF_5）也是一个既具有很高亲脂性（$\pi_p = +1.23$）又具强极性（$\sigma_p = +0.68$，作为对比氰基 CN：$\sigma_p = +0.66$）的官能团。目前已知的具有最强吸电子性质的基团是高度氟化的磺酰氨基硫（如：SF($NSO_2CF_3)_2$，$\sigma_p = +1.78$）。

表 9.1 各种含氟的和不含氟的官能团的 Hammett 参数（σ）、亲脂性（π）比较[11,13,14]

取代基团 X	σ_m	σ_p	σ_I	σ_R	π_p
t-Bu	−0.10	−0.20	—	—	+1.68
CH_3	−0.07	−0.17	—	—	+0.56
H	0	0	—	—	0
OCH_3	+0.12	−0.27	—	—	−0.04
OH	+0.12	−0.37	—	—	—
F	+0.34	+0.06	—	—	+0.14
Cl	+0.37	+0.23	—	—	+0.71
$COCH_3$	+0.38	+0.50	—	—	—
OCF_3	+0.38	+0.35	—	—	+1.04
Br	+0.39	+0.23	—	—	—
CF_3	+0.41	+0.53	+0.39	+0.12	+0.88
SCF_3	+0.44	+0.48	+0.41	+0.07	+1.44
CN	+0.56	+0.66	—	—	—
SF_5	+0.61	+0.68	+0.55	+0.11	+1.23
$trans$-SF_4CF_3	—	+0.68	—	—	+2.13
OSF_5	—	+0.44	—	—	—
NO_2	+0.71	+0.78	—	—	−0.28
$SOCF_3$	+0.77	+0.85	+0.69	+0.16	—
SO_2CF_3	+1.01	+1.17	+0.84	+0.34	+0.55
$S(CF_3)NSO_2CF_3$	+1.27	+1.39	+1.15	+0.24	—
$SO(CF_3)NSO_2CF_3$	+1.36	+1.55	+1.17	+0.38	—
$SF(NSO_2CF_3)_2$	—	+1.78	+1.37	+0.41	—

从立体化学的角度来看，体积最小的取代基是氟原子本身，其范德华半径比氢原子稍大（约23%）（F：147pm；H：120pm）[15]。同样另一个经常在药物化学中应用的含氟取代基——三氟甲基—CF_3，它的立体位阻和异丙基相当。然而，用这种简单地以"体积大小"为标准，对碳氢基团和含氟基团进行比较的方法，在使用时要特别小心，因为有些时候，氢原子和氟原子在分子间和分子内的立体作用方式是完全不同的[7]。必须强调指出的是，氟原子或含氟取代基的最显著特点是它们的强吸电子性和极低的可极化性能。也就是说，根据作用对象的不同，在氟原子或含氟取代基发生立体化学作用时，起主要作用的因素既可以是取代基对分子中部分电荷的吸引（如：氟原子的氢键作用或氢原子和氟原子间的相互作用），也可以是氟原子之间的孤电子对的静电排斥作用。

虽然从表面上看，氟原子的取代对化合物的脂溶性是有利的，但含氟取代基并不是都能增加有机化合物的脂溶性。只有在以氟原子本身或碳氟键的偶极矩能够基本上相互抵消的全氟烷基（—CF_3，—C_2F_5）为取代基时，对化合物的脂溶性是有利的。也就是说，在芳环上氟代时，只有在邻近π体系的原子被氟代时或烷基链全部被氟代时，才能增加该有机物的脂溶性[16]。

另一方面，在ω-氟代烷基中，由于存在一个不能抵消的C—F键偶极矩，其氟代往往会引起该化合物脂溶性的降低。另一个由于引入氟原子而使其脂溶性降低的重要例子是α-氟代羰基化合物。在这种情况下，羰基的α位上引入氟原子后，会增加羰基本身的极性，从而使羰基化合物更容易形成稳定的极性水合物，从而导致其脂溶性的显著下降（图式9.2）。在α-氟代羧酸和氟代苯酚中，由于氟原子的吸电子诱导（$-I_\sigma$）作用，导致化合物的离子化程度增加，使它们的脂溶性也有所降低[17]。

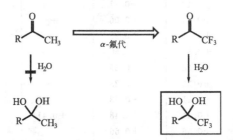

图式9.2 由于形成了稳定的水合物（方框中），降低了α-氟代羰基化合物的脂溶性

9.3 氢键和静电相互作用

高电负性的氟原子，作为形成氢键的受体，通过分子内氢键的作用，可以用来作为稳定分子一些构象的手段。2-氟乙醇是这种类型作用的最简单例子，不论是在

气态还是液态的情况下，2-氟乙醇都以间扭式（gauche）构象存在（图式 9.3）。在这里，至少部分原因是由于分子内的氢键作用所致[18]，这种作用提供了大约 2kcal/mol 的构象稳定化能量[19]。对保持这种在立体化学上并不有利的 gauche 构象的另一个起作用的因素是所谓的立体电子效应（又称 gauche 效应），我们将在 9.4 节中对它进行详细的讨论。这种效应在化合物 3-氟丙醇中也可以观察得到，但其作用程度要低得多[20]。在这种情况下，稳定化作用仅仅来源于分子内的氢键作用，立体电子效应并没有起任何作用。

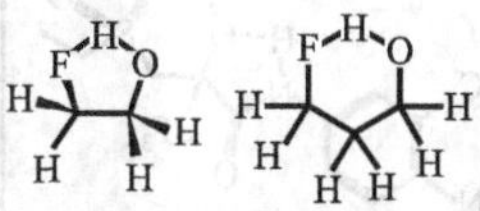

图式 9.3　分子内氢键对 2-氟乙醇和 3-氟丙醇 gauche 构象稳定作用[18,20]。立体电子效应（gauche 效应）对 2-氟乙醇的 gauche 构象有进一步的稳定作用

有很多氟原子形成氢键的例子[21]；但氢键的强度在很大程度上和化合物的确切化学环境有很大的关系，所以很难进行定量地预测。一般来说，C—F⋯H—O 间的氢键键能大约是 $2.4 kcal·mol^{-1}$，大约是 O⋯H 间的氢键键能的一半左右[16]。

在药物化学中与含氟氢键有关的一个例子是 2-氟代去甲肾上腺素（2-F-NE）和 6-氟代去甲肾上腺素（6-F-NE）这两个异构体[22]。出乎意料的是，这两个不同的氟代异构体和受体的作用方式是完全不同的，6-F-NE 有抗 α-肾上腺素的活性，而 2-F-NE 有抗 β-肾上腺素的活性。这种现象可以通过这两个化合物分子内芳环上氟原子和碳链上羟基的不同氢键稳定化构象来解释（图式 9.4）。

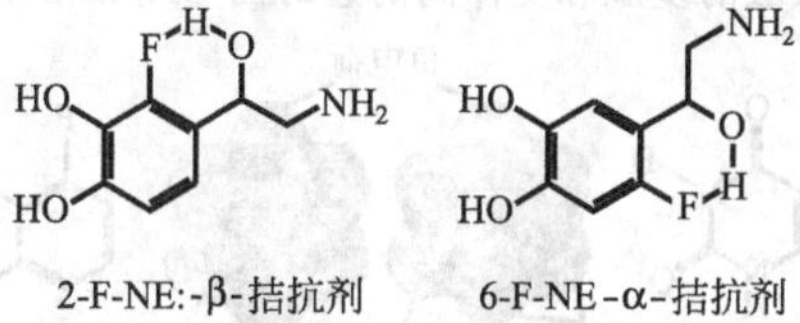

2-F-NE:-β-拮抗剂　　6-F-NE-α-拮抗剂

图式 9.4　分子内的含氟氢键使 2-氟代去甲肾上腺素（2-F-NE）和 2-氟代去甲肾上腺素（6-F-NE）形成两个不同的稳定构象，从而导致它们不同的生物活性[22]

另外两个由于分子内的氢键作用形成特殊的稳定化构象，从而对其生物活性起到决定性作用的例子如图式 9.5[23] 所示。

芳环底物上的氟代使芳环上的其他氢原子具有更强的酸性，从而使它们更加容易成为氢桥的给体。在这里作为氢桥受体的不仅可以是孤电子对，同样富电子芳环中的 π 电子体系也可以作为氢桥的受体。这种 CH/π 的吸引作用[24,25]增强了氟代七肽和其受体间的边对面作用[26]（图 9.1）。

DNA 的双螺旋结构[27]和更加复杂的 RNA 三级结构[28]是由碱基对间的氢桥（每个 Watson-Crick 碱基对大约具有 $0.5 \sim 1.8 kcal·mol^{-1}$ 的能量）[29]及疏水部分的"堆积力"的作用而连接在一起的。人们利用这些碱基的含氟羧酸类似物来研究和阐述碱基对、复制及碱和蛋白质如 DNA 聚合酶的相互作用背后的因素[30]。

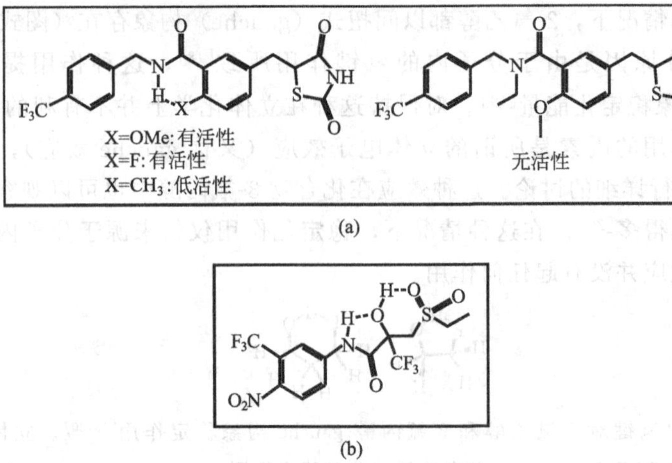

图式 9.5 图中(a)化合物的降血糖活性和分子内酰氨基上氢原子与中间芳环上适当的受体取代基 X 之间的氢键作用而形成的优势构象有很大的关系[23a]。下框中的化合物的抗雄特征性活性与分子内两个氢键的作用而形成的稳定化构象有关[23b]。三氟甲基使其 α-羟基成为既是氢桥的给体同时又是受体

图 9.1 含有 3,4-二氟苯丙氨酸的多肽和受体间的边对面 CH/π 相互作用强化效应[26]

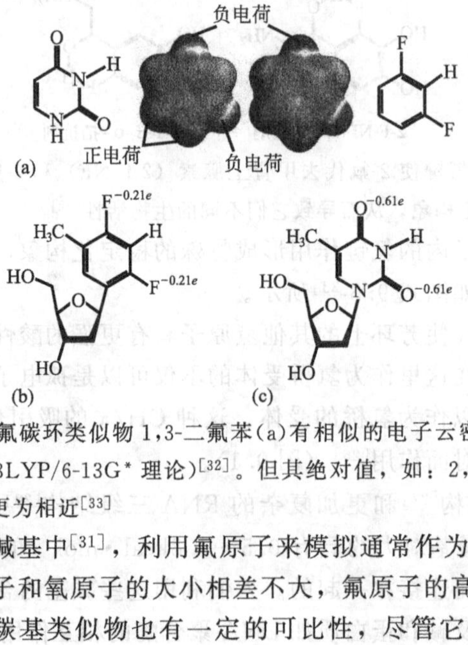

图 9.2 尿嘧啶和它的含氟碳环类似物 1,3-二氟苯(a)有相似的电子云密度 q 分布情况(以电子云密度分布图来表示;B3LYP/6-13G* 理论)[32]。但其绝对值,如:2,4-二氟甲苯的衍生物(b)和胸腺嘧啶脱氧核苷(c)更为相近[33]

在这些"假"的碱基中[31],利用氟原子来模拟通常作为氢键受体的羰基上电负性的氧原子。氟原子和氧原子的大小相差不大,氟原子的高电负性使含氟分子的电荷分布情况和相应羰基类似物也有一定的可比性,尽管它们的绝对数值都非常

小。由于氟原子的取代，使芳环上其他氢原子的酸性有所增加，使它们成为潜在的氢键的给体。结果，使以含氟碳环化合物作为"假"碱基，不仅在结构上而且在功能上都成了真正碱基的模拟官能团，尽管氢桥对碱基对的贡献不是很大（图9.2）。

人们研究这种"非极性"的假碱基的目的，是为了确定在形成双螺旋结构的构象时，两种因素——氢键和堆积作用的贡献大小[34]。在保持"碱基"的分子形状和电子云总体分布不变的情况下，通过减弱分子间静电氢键的作用，而将这两个影响分开，是一个可行的方法之一[35]（图9.3）。尽管这种策略还存在着一定的争议[36]，到目前为止所取得的研究结果表明，在DNA双螺旋稳定结构中，大约有一半的贡献来自π-堆积效应。在偶极矩作用的贡献方面，分子内原有偶极矩的直接作用（如分子内，沿着分子链方向的氢键作用）的贡献比分子间链与链之间极性基团诱导而产生的偶极的作用的贡献要小[35b,37]。

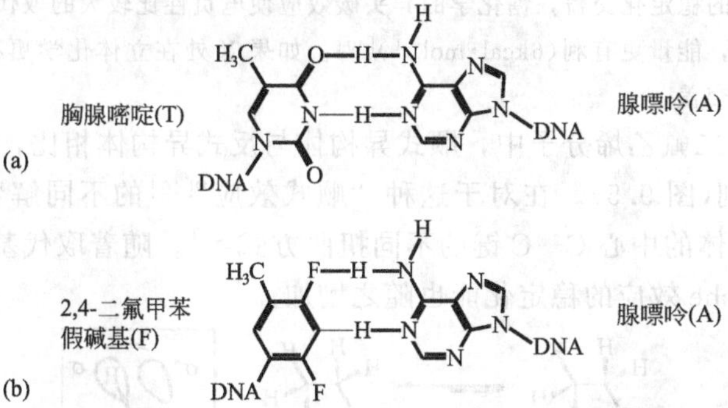

图 9.3 胸腺嘧啶（T）和腺嘌呤（A）之间的 Watson-Crick 碱基对（a）及"假"碱基-2,4-二氟甲苯（F）和腺嘌呤（A）之间可能的弱相互作用（b）

9.4 立体电子效应和构象

含氟取代基对有机化合物构象的影响，既有它们立体化学方面要求的因素，也有它们电子性质方面的因素，这主要是由于氟原子具有最大的电负性[38]。类似的影响在电负性比较大的其他杂原子中也有发现，如氧原子或氮原子。这种立体电子效应的一个著名的例子就是在糖化学构象中所谓的"异头碳效应"[39]。如果在异头碳原子上有一个电负性比较大的取代基（如氧原子或氟原子）（X），那么这个取代基更倾向于处在竖轴键的方向，而很少会处在平伏键的位置[40,41]。这两构象在稳定性方面大约有 6kcal·mol^{-1} 能量差别，它是由于处在竖轴键的方向的氧原子上的孤电子对（n）和 C—X 键的反键轨道 σ* 间的交盖 n-σ* 在能量上更加有利引起的（图 9.4）。

与立体电子效应相关的，在含氟脂肪族化合物有一个"gauche效应"[42]。和仅仅从氟原子间相互排斥的观点预测的结果相反，在 1,2-二氟乙烷的构象中，相邻两个碳原子上的氟原子是以 gauche 形式存在，而不是以两个氟原子在反向平行的形式存在，两者之间有 0.5～0.9kcal·mol^{-1} 的能量差别[43]。相类似的效应在一个氟原子被其他的高电负性的原子代替时，也可以观察得到[40]。在 FCH$_2$CH$_2$X 类型的化合物中根据取代基的不同，这种稳定化能最高可达 1.8kcal·mol^{-1}（X＝NHCOCH$_3$）[45]。与异头碳效应一样，在这里形成这种在立体化学上并不利的 gauche 构象驱动力是 C—H 键的成键轨道 σ 和相邻的碳原子上的 C—F 键的反键轨道 σ* 间的交盖作用而引起的（参见第 8.4.3.4 节）。

图 9.4 由于 n-σ* 的稳定化交盖，糖化学的异头碳效应使电负性比较大的取代基（X＝OH，F）处在竖轴键的方向时，能量更有利（6kcal·mol^{-1}）[40]。如果 X 处在立体化学更有利的平伏键的位置时，则没有这种交盖

同样在 1,2-二氟乙烯分子中，顺式异构体与反式异构体相比，在能量上有 1～2kcal·mol^{-1} 差别（图 9.5）。在对于这种"顺式效应"[46]的不同解释中，其中有一种涉及两个异构体的中心 C—C 键的不同扭曲方式[47]。随着取代基电负性的增加，顺式效应和 gauche 效应的稳定化能也随之增加。

图 9.5 1,2-二氟乙烷更倾向于以 gauche 构象存在（a），由于富电子的 C—H 键的成键轨道 σ 和相邻碳原子上的 C—F 键的反键轨道 σ* 间的交盖而引起的（框中），有 0.5～0.9kcal·mol^{-1} 能量的降低。在 1,2-二氟乙烯分子中（b），顺式异构体比反式异构体更稳定（能力差在 1～2kcal·mol^{-1} 之间）

另一个由电负性取代引起的立体电子效应叫"Anh-Eisentein 效应"[48]（图式 9.6），这种效应对含氟底物在酶催化反应时的立体化学结果非常重要[49]。在 α-氟代羰基化合物的亲核进攻反应中，亲核试剂倾向于在与氟原子处于反式的位置进行进攻[50]。这种具有很高立体专一性的反应结果，如含氟底物的酶催化反应[49]，是很难用氢原子和氟原子在立体化学上的微小差异来解释的。

利用顺式效应的原理，可以方便地确定酶催化反应的立体化学。这其中，一个最突出的例子就是剧毒物——一氟醋酸的 Kreb 循环代谢[51]。一氟醋酸的活性硫代酯，氟乙酰辅酶 A，在柠檬酸合成酶的作用下，和草酰乙酸酯发生反应，几乎全部生成(2R, 3R)-氟代柠檬酸异构体[52]。正是由于形成了这个化合物，才使一氟

醋酸有了剧毒的性质[53]，这个化合物阻止了在 Kreb 循环中下一个酶——顺乌头

图式 9.6 亲核试剂进攻在氟原子反位的过渡态的 Anh-Eisentein 稳定化[48]作用(框内)，使许多含氟底物的酶催化反应有很高的立体专一性[49]。亲核试剂的进攻方向是由更有利于和 C—F 键的反键轨道 σ* 作用的方向决定的

酸酶的催化活性，也阻止了柠檬酸穿过线粒体膜的过程。尽管氟原子和氢原子立体差别相当小，但在反应过程中，高选择性地生成一个氟代柠檬酸异构体的现象，可以通过作用在二氟硫代酯底物中间体上的顺式效应来解释(图式 9.7)。

图式 9.7 氟乙酰辅酶 A 在柠檬酸合成酶反应过程中不同的因素对氟代醋酸硫酯的烯醇式的稳定化作用(顺式效应)[40]。反应中间体以 E 式(电负性最大的取代基以 E 式的构象)和酶的活性区域结合

系统性的应用立体电子效应的原理来设计与生物相关的分子的一个重要的例子是"超稳定"的胶原质模拟物的合成[54]，在这个化合物中，由于氟原子引起的 gauche 效应，使它具有不平常的稳定性。

胶原质是一种纤维性蛋白质，它是一个大约含有 300 个 Gly-Xxx-Yyy 的重复结构共聚物，在这里 Xxx 通常是 L-脯氨酸(Pro)残基，Yyy 通常是 4-(R)-羟基-L-脯氨酸(Hyp)。该三元共聚物分子紧密地结合在一起，形成三重螺旋结构，这种三重螺旋的结构进一步结合成具有很强拉伸强度的纤维蛋白。不同组分和不同连接方式的胶原质是骨头、腱体组织，韧带组织和皮肤的组成部分，使这些组织有了良好的机械耐久性。

在胶原蛋白中，维持三重螺旋结构的主要因素是分子内骨架上的酰氨基上的 N—H 键和羰基上的氧原子之间形成的氢键。这里的问题是，在 Hyp 分子中的羟基在形成胶原蛋白三重螺旋结构时，是否起到了提供额外氢键受体的作用，还是仅仅起到了影响 Hyp 中四氢吡咯的构象作用(图式 9.8)。

图式 9.8 胶原蛋白的三重螺旋结构(a)是通过分子内骨架上肽链间的氢键作用而稳定的。反式脯氨酸(b 和 c)的额外稳定性是由高电负性取代基 X，如羟基或氟原子，还有吸电子的酰氨基(X=H：Pro, X=OH；Hyp, X=F：Flp)的 gauche 效应来提供的[54b,55]

当将 Hyp 分子中的羟基换成不能作为氢键供体的氟原子时，发现三重螺旋结构的稳定性有很大提高。在 30 个肽(Gly-Xxx-Yyy)$_{10}$ 的模型化合物中，如果分子中原来的 Xxx=Pro 用 Hyp 来代替，则它的稳定性增加 6.5kcal·mol^{-1}。如果分子中原来的 Xxx=Pro 用含氟类似物 4-(R)-脯氨酸(Flp)来代替，则它的稳定性增加 11～12kcal·mol^{-1}[54b]。这个结果清楚地表明，Hyp 对胶原蛋白的三重螺旋结构的稳定作用并不是因为氢键的作用。而主要是由于立体电子效应的作用而引起的。

氟原子(或 Hyp 分子中的羟基)所引起的 gauche 效应及酰氨基的吸电子作用对四氢吡咯的构象起到了稳定化作用,这个构象更有利于形成三重螺旋结构。同时,氟原子的诱导作用使 Flp 反式构象得到了稳定,它是形成三重螺旋结构的先决条件。

相类似的立体电子效应在核苷和脱氧核苷的构象形成中也起到很重要的作用[44]。

9.5 代谢稳定化和反应中心的调节

由于代谢降解速度太快,限制了许多药物在临床上的应用。在这种情况下,最好结果是导致药物的疗效的降低,同时也增加了肝和肾的负担。而另外更糟的情况是,药物看起来已经代谢,但由于产生了有毒的或能诱导有机体突变的物质,根本就不能在临床上的应用[8]。

在这种降解过程中,大部分是通过细胞色素 P450 系列酶氧化代谢[11]进行的。对于一些富电子 π 电子体系(如含有芳基或烯基的底物),很容易发生通过细胞色素 P450 催化的氧化反应,而生成环氧化合物。通常这些环氧化合物是潜在的亲电试剂,和与许多亲核试剂(如核酸、胺或硫醇)发生反应,插入 DNA 分子中。这样的代谢过程是使许多稠环芳烃化合物产生诱导有机体突变的主要诱因。

在卤代芳烃的氧化过程中,经常发生一个被称为 NIH 重排的反应。在 NIH 重排反应中,卤素原子发生 1,2-迁移,使原来卤素取代的位置,转化为酚羟基[8,56](图式 9.9)。

图式 9.9 在芳烃的氧化中,通过亲电的环氧中间体,生成苯酚产物。卤代芳烃在这个过程中,发生了所谓的 NIH 重排,即卤素原子发生 1,2-迁移[56]

P450 参与的另外一些代谢过程包括含有活泼氢的脂肪族化合物的氧化羟基化反应和芳基甲醚或芳基甲胺类化合物的氧化去甲基化反应。

通过在底物中引入氟原子,选择性地阻止一些我们不希望发生的代谢途径,只发生一些能够导致药物前体转化为我们希望的生物活性物质的代谢过程,从而使药物的设计更加理性[57](图式 9.10 和图式 9.11)。

肿瘤抑制剂埃博霉素(Epothilone)含氟类似物的合成是最近一个通过选择性阻止氧化代谢过程设计药物的成功例子[58]。在这个过程中,通过将双键位置上的甲

图式 9.10 在阻止胆固醇吸收的口服药物的设计中,利用氟原子的取代,阻止了不希望发生的代谢过程[57a]。从而发现了新药 SCH58235,其药效比用传统方法设计的药物 SCH48461 的疗效高 50 倍(ED_{50} 表示仓鼠肝内胆固醇酯的减少量)

图式 9.11 代谢导向的口服药物凝血酶抑制剂的优化过程。在所有的修饰方法方法中,对先导物(上)的选择性氟化,使它的药效有了显著提高[57b,57c]

基(X)换成强吸电子的三氟甲基,使原来易发生氧化反应的双键的反应活性大大降低(图式 9.12)。

很多其他的代谢降解过程,是通过形成过渡态碳正离子或是经过一个具有高正

电荷密度的碳中心的过渡态来进行的。通过这种机理发生的反应包括：酸催化的缩

图式 9.12 肿瘤抑制剂埃博霉素(Epothilone)($X=CH_3$)的三氟甲基类似物($X=CF_3$)有很强的专一抑制肿瘤的活性，同时通过引入三氟甲基基团，减少了由 C_{12}-C_{13} 的双键的氧化代谢而引起的其他非专一的副作用[58]

醛、缩氨基醛或烯醚的水解反应；通过氢负离子转移的醇氧化成酮的反应等。

我们可以通过不同的水解代谢机理来钝化凝血噁烷 A_2[59]（图式 9.13），环前列腺素[60]（图式 9.14）及许多核苷类药物的反应活性[61]。氢化可的松代谢钝化的第一步，是通过氢负离子转移机理进行的 11 位 β 羟基氧化成羰基的反应[62]（图式 9.15）。

图式 9.13 凝血噁烷 A_2($X=H$)的二氟衍生物($X=F$)代谢水解反应，比凝血噁烷 A_2 本身慢 10^8 倍。它是由于在 β 位上引入了氟原子，降低了水解中间体（框内）碳正离子稳定性所致[59]

图式 9.14 二氟二去氢环前列腺素($X=Y=F$)和氟去氢环前列腺素($X=F$，$Y=H$)的代谢周期比环前列腺素($X=Y=H$)长 150 倍。由于 β-氟代的影响，使双键质子化后的碳正离子（框内）的稳定性大大降低[60]

$X=H$:氢化可的松
$X=F$:9-氟氢化可的松

图式 9.15 在 9α 位引入氟原子，可使氢化可的松 11β 位羟基的氧化速率大大降低。在氧化反应中，11 位碳上可能形成的部分正电荷，而氟原子的引入，使该具有部分正电荷碳原子的稳定性大大降低[62]

通过在产生碳正离子中心碳原子的 β 位上引入氟原子,可以很方便地抑制这类反应的发生。由于氟原子强的吸电子诱导作用($-I_\sigma$),β 位碳原子的氟化,使碳正离子的稳定大大降低(参见 3.3.1 节)。

非氨酯(felbamate)是一个非常有效的抗癫痫的药物,但由于它有一些毒性的副作用,限制了其应用[63]。一般认为,这个毒性和该药物在亲电代谢过程中生成 2-苯基丙烯醛有关(图式 9.16)[64]。在这个代谢过程中,有可能经历了水解、氧化及氨基甲酸的消除等反应。如果在该分子苯基的苄位上引入一个氟原子,而生成氟代非氨酯(fluorofelbamate),那么就不能再发生在前面代谢过程中的氨基甲酸的消除反应;从而就阻止了毒性物质 2-苯基丙烯醛的生成,其使用的剂量就可以降到原来的 1/5[65]。

图式 9.16 非氨酯的代谢过程会产生毒性物质 2-苯基丙烯醛,但在氟代非氨酯的代谢过程中,由于阻止了氨基甲酸的消除反应,避免了毒性物质的生成[65]

许多抗肿瘤和抗病毒的药物都是核苷类的衍生物,它们的靶分子是 DNA 或 RNA 的生物合成过程。通过 5′位的代谢磷酸化反应,使核苷及其衍生物得到活化。另一方面,这类药物也可以被通过水解或 PNP 酶(嘌呤核苷磷酸化酶)[66]作用的去氨基化反应所钝化。这个反应是通过形成碳正离子过渡态的 S_{N_1} 机理进行的。如果在 2′位上引入一个或两个氟原子(图式 9.17),降低碳正离子的稳定性,就可以阻止这个水解反应或 PNP 催化反应的发生。另外,氟原子的取向(核糖或树果胶糖类似物），可以通过 gauche 效应来控制呋喃环的构象。

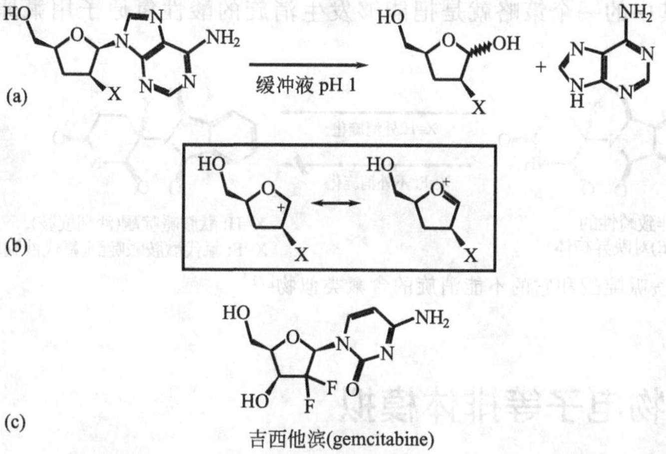

(a) [结构式] 缓冲液 pH 1 → [结构式] + [结构式]

(b) [结构式 ↔ 结构式]

(c) [结构式]
吉西他滨(gemcitabine)

图式 9.17 在 2′ 位上引入氟原子，降低碳正离子的稳定性(b)，可以阻止核苷类似物的水解去氨化反应(a)。pH=1 时，二去氢腺苷(X=H)的半衰期是 35s，而它的 2′ 位氟代类似物(X=F，作为逆转录酶的抑制剂)的稳定期可达 20 天[66]。治疗膀胱癌的新药——吉西他滨(gemcitabine)(c)也因为同样的原因而被稳定化

含有三氟乙酰基或 α,α-二氟亚甲基酮的蛋白酶抑制剂，是一个通过在特定部位引入氟原子，形成既影响代谢过程，又通过调整邻近反应区域的亲电性的作用方式的一个独特例子[67]。这种可逆的抑制剂，使亲电的含氟羰基和目标蛋白质中的羟基形成了共价键的半缩酮(图式 9.18)。

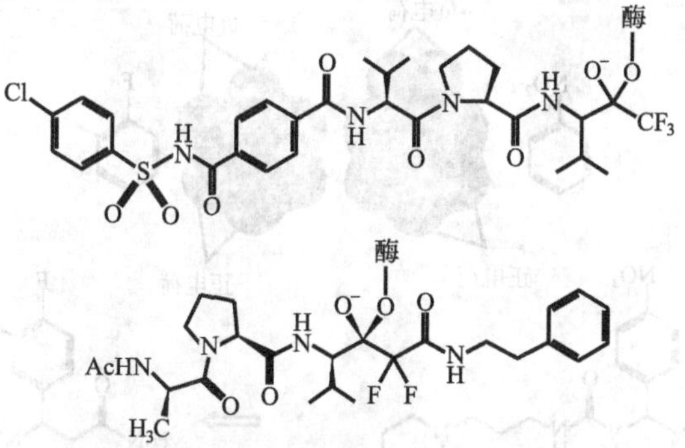

[结构式]

[结构式]

图式 9.18 含氟酮蛋白酶抑制剂和目标酶不可逆地形成半缩酮[67]

镇静剂酞胺哌啶酮的含氟类似物是另外一种全新的通过氟代而引起的代谢稳定化作用途径[68]。酞胺哌啶酮又名反应停，是 20 世纪 60 年代上市的作为治疗妊娠反应的特效药。曾经引起了医药工业上一个最大的灾难，孕妇在某个特定时期服用后，引起了成千上万的严重致畸婴儿。后来发现引起致畸的是该化合物 S 构型的分子[69]。而 R 构型的分子是没有这个副作用的。然而，由于在体内，R 构型的分子会快速消旋，所以即使使用单一 R 构型的化合物，也不能避免上述副作用[70]。酞胺哌啶酮还有一些其他的疗效，如治疗多发骨髓瘤和麻风病，而这些病并不需要

在怀孕期间服用。但是开发一种不会消旋的、安全的酞胺哌啶酮类似物还是显得非常必要。而其中的一个策略就是把能够发生消旋的酸性氢原子用氟原子来取代[71](图式9.19)。

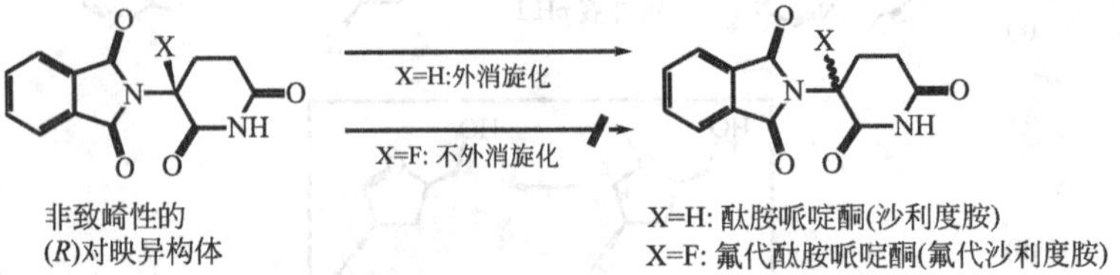

非致崎性的
(R)对映异构体

X=H: 外消旋化
X=F: 不外消旋化

X=H: 酞胺哌啶酮(沙利度胺)
X=F: 氟代酞胺哌啶酮(氟代沙利度胺)

图式9.19 酞胺哌啶酮和它的不能消旋的含氟类似物[71]

9.6 生物电子等排体模拟

一些代谢不稳定或产生代谢毒性产物的官能团可以用含氟的类似物来"模拟"。这种"生物电子等排体"的取代既可以在几何学上对另一官能团进行模拟，同时也可以模拟"原来"分子的极性和静电荷分布形态。通常来说，生物标靶分子的结构并不能区分原来底物和生物电子等排体之间的差别。

例如，1,2-二氟官能团代替芳香环上的硝基官能团是一个典型的取代，代替的结果，使它们具有非常相似的静电荷分布形态。对于硝基-二氟交换的这两个化合物，它们对 α_{1a} 肾上腺素受体的生物活性事实上并没有发生改变[72]（图9.6）。

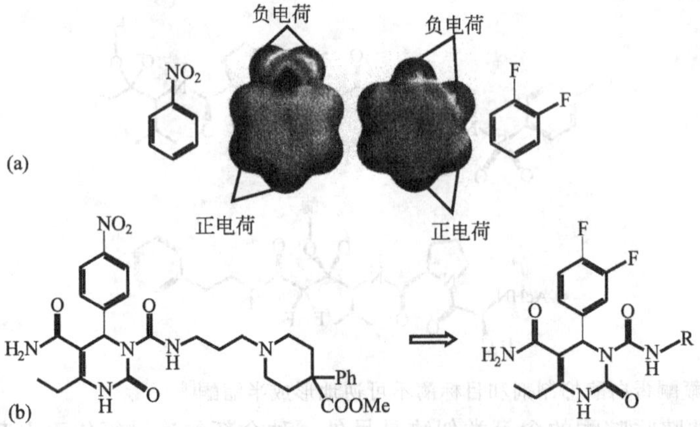

图9.6 电子等密度面的静电势能图 B3LYP/6-13G* 理论)[32]，显示4-硝基苯基和3,4-二氟硝基苯基的电子云分布非常相似(a)。在药物化学中，用邻二氟取代基代替硝基取代基，有相当的生物活性，但有更高的代谢稳定性和更小的毒性(b)[72]

抗HIV的第二代药物依发韦仑(Efavirenz)的类似物，芳环中大的极性取代基（在这里是氯原子）和邻位二氟取代是另一个生物电子等排体的例子。该含二氟的类似物以不同的抑制方式对反转录酶抑制剂发生作用[73]（图式9.20）。

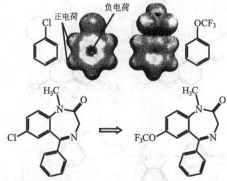

图式 9.20 用邻位二氟取代代替较大的取代基氯原子发明了第二代抗 HIV 药物依发韦仑(Efavirenz)的类似物，它的作用机制是抑制反转录酶的功能[73]

三氟甲氧基是芳环上氯原子取代基的另一个生物电子等排体，它起到了"假卤素"的作用[74]（图 9.7）。

图 9.7 用氯原子的生物电子等排体"假卤素"三氟甲氧基代替后，安定(Valium；左下)的生物活性事实上没有发生改变[28]。电子等密度面的静电势能图(上：B3LYP/6-13G* 理论)[32]显示氯代苯和三氟甲氧基苯相似。尽管三氟甲氧基有更大的立体位阻

1997 年，通过对苯基二硫化合物的直接氟化，实现了苯基五氟化硫化合物的商业化[75]，最近还开发了一条避免使用元素氟制备该化合物的路线[76]（参见 4.4 节），而且五氟化硫取代基被用做了三氟甲基的更强亲脂性和更大位阻的生物电子等排体及叔丁基的位阻更小极性更大的等位体。所以它通常被称为"超级三氟甲基"（图 9.8）。

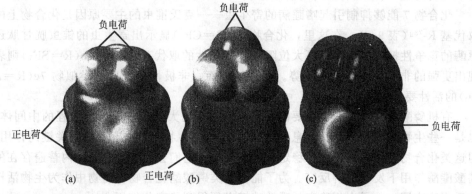

图 9.8 电子等密度面的静电势能图：(a) 三氟甲苯；(b) 五氟化硫苯；(c) 叔丁基苯

含有五氟化硫取代基的药物包括：抗疟药物[77]，抗牛锥虫病（嗜睡症）药

物[78]，抗抑郁药物[79]，等等[80]（图式9.21）。

图式9.21 含有 SF_5—取代基的药物类似物：选择性大麻素受体(CB2)抑制剂(**1**，治疗神经性疼痛药物[81])，辣椒素类似物受体 TRPV1 对抗药(**2**，止痛剂[82])，氟西汀的 SF_5 类似物(**3**，抗抑郁药[79])，氟苯丙胺的 SF_5 类似物(**4**，治疗厌食症药物[79])，甲氟喹的 SF_5 类似物(**5** 和 **6**，括抗疟药物[77])，及锥虫胱甘肽还原酶抑制剂(**7a～c**，治疗嗜睡病的抗锥虫病试剂[78])

如由五氟化硫(SF_5—)基团取代的甲氟喹类似物 **5** 和 **6**，比它们原来由三氟甲基取代的药物 **9** 和 **10** 有更高的活性(表9.2)，比原料药物 **8** 有更低的毒性。

化合物 **7** 能够抑制引起嗜睡病的寄生虫——克氏锥虫的主要原因是化合物上的取代基 $R^{[78]}$(表9.3)。在这里，化合物 **7a**($R=CF_3$)显示出寄生虫的锥虫胱甘肽还原酶的竞争性抑制，而具有更大位阻和更强极性的取代基类似物 **7b**($R=SF_5$)则表现出更强的非竞争性抑制的趋势。而另一方面，非极性取代基的类似物 **7c**($R=t$-Bu)的活性要低得多。

有机磷酸酯是一类非常重要的化合物，它既是大多数重要代谢过程的中间体，也是一些生物过程中的化学信息物质[83]。尽管在生物化学中起着极其关键的作用，但这类化合物在生物体内极不稳定，寿命很短，它们会自然地或在体内普遍存在的磷酸酯酶作用下发生水解反应。为了能使这类磷酸酯化合物在药物中作为生物活性物质得到应用，分子中不稳定的磷酸酯键必须得到稳定化作用[84]。

烷基膦酸是一类相当稳定的磷酸酯类衍生物，在它的分子中，亚甲基取代了原

表 9.2　50％和90％抑制浓度(IC_{50} 和 IC_{90}，ng/mL)，对各种甲氟喹类似物哺乳动物细胞各种恶性疟原虫菌株的毒性($RAWLC_{50}$)和选择性指数(SI)[77]。SI 为对 RAW 巨噬细胞 LC_{50} 数值和 PfW2 IC_{50} 数值的比值

化合物	PfW2		PfD6		PfC235		PfC2A		$RAWLC_{50}$	SI
	IC_{50}	IC_{90}	IC_{50}	IC_{90}	IC_{50}	IC_{90}	IC_{50}	IC_{90}		
8	2.5	9.8	8.0	20	18	63	22	87	5064	2026
9	5.0	16	17	67	53	140	21	130	ND	ND
10	3.0	17	12	37	30	86	13	60	ND	ND
5	3.3	11	9.2	33	9.8	39	14	52	13740	4164
6	3.3	13	12	45	10	47	16	80	ND	ND

表 9.3　化合物 **7a~c** 的季铵盐对锥虫胱甘肽还原酶(TR)25℃时抑制作用比较[78]。25℃时抑制系数 K_{ic} (竞争性的)和 K_{iu} (非竞争性的)单位为 $\mu mol \cdot L^{-1}$，相当于 5~10mU/cm³ TR。K_{ic} 代表竞争性抑制，K_{iu} 代表非竞争性抑制

化合物	R	K_{ic}	K_{iu}	抑制模式
7a	CF_3	24±5	—	竞争性
7b	SF_5	28±4	72±16	混合型
7c	t-Bu	84±15	158±34	混合型

来的氧原子[85]。和氧原子相比，亚甲基的立体位阻稍大，烷基膦酸的酸性(特别是第二级电离 pK_a)比相应的磷酸单酯要小得多。亚甲基和氧桥的极性也并不匹配[84]。

于是 Blackburn[86] 和 McKenna 及 Shen[87] 提出以 α-氟代膦酸来作为更好的磷酸酯类化合物的模拟物：其特别之处在于，α——氟代甲基膦酸的第二级电离的 pK_a 数值和磷酸酯的相当接近("等酸体")，而 α,α-二氟甲基膦酸分子的静电势能面和磷酸酯相当一致("等极体")(图9.9)。和甲基膦酸类化合物不同，α-氟代甲基膦酸[88]

同时也可以作为氢键的受体[6,40,89]。

图 9.9 对水解和酶催化降解都很敏感的磷酸基，可以用其相应的生物等位体——甲基膦酸及它们的一氟和二氟取代的类似物代替[84]。磷酸基团的酸性（第二级电离常数 pK_a）和它的"等酸体" α—氟代甲基膦酸相符，而 α,α-二氟甲基膦酸是它的"等极体"

这个概念并不仅仅局限在简单的链状烷基膦酸类化合物中[如：磷酸烯醇丙酮酸的衍生物是 5-烯醇丙酮酸莽草酸-3-磷酸(EPSP)合成酶的抑制剂[90]]，同时它也可以拓展到环状的膦酸类化合物中[如：环状磷酸肌醇衍生物是磷脂酶 C 的抑制剂[91]和过渡态的衍生物[（嘌呤核苷磷脂酶(PNP)]抑制剂[92]（图式 9.22）。

图式 9.22 α-氟代甲基膦酸的磷酸烯醇丙酮酸的衍生物[5-烯醇丙酮酸莽草酸-3-磷酸(EPSP)合成酶的不可逆抑制剂][90]、环状磷酸肌醇衍生物（磷脂酶 C 的抑制剂）[91]和嘌呤核苷磷脂酶(PNP)反应的中间体[92]

一些在生理条件下不稳定的活泼中间体，也可以通过一些含氟的生物电子等排体基团进行模拟。如含氟烯烃衍生物已成功地被用做了类固醇羧基化合物中烯醇的模拟物，使孕烯醇酮的衍生物（Z 和 E 式）成了很好的类固醇 $C_{17(20)}$ 裂解酶的抑制剂[93]。图式 9.23 所示化合物，通过阻止雄性激素的生物合成，是治疗前列腺癌的药物。

Z-异构体　　　　　　　　　　E-异构体
$C_{17(20)}$ 烯醇模拟物　　　　$C_{17(20)}$ 烯醇模拟物　　　　$C_{20(21)}$ 烯醇模拟物

图式 9.23　含氟烯烃作为孕烯醇酮分子中各种烯醇式的模拟官能团，是潜在的抗前列腺癌的药物[93]。其作用机制是通过抑制类固醇 $C_{17(20)}$ 裂解酶的活性，阻止 C_{21}-孕酮转化成 C_{19}-雄性激素的反应

一个生物电子等排体模拟的极端例子，是同时将分子中几乎所有的氢原子和羟基都用氟原子来代替。图式 9.24 中所示的多氟取代糖的类似物[94]，这是个很好的"含极性疏水物质"的例子，这个概念由 DiMagno 和其同事首先引入[95]。和糖化合物相比，该化合物的可极化性很低，但有很好的亲脂性，而它的形状和静电荷分布与糖也非常接近。很明显，这类"具有一定的挥发性和甜味的，可结晶的物质"（不幸的是，到目前为止还没有测试报道）和糖类化合物有很多的共同之处。但它穿过红血球细胞膜的速度比糖要快得多，显示其与特定的葡萄糖转运蛋白有很好的亲和性。

自从 DiMagno 和其同事首次报道以后，出现了很多关于氟代（少氟或多氟）糖的合成和生物化学方面的研究的报道[96]。

生物电子等排体模拟也开辟了一条多肽作为药物的可能途径。由于以天然氨基酸分子组成的多肽和蛋白质在体内会很快被水解和代谢，这大大限制了它们作为药物尤其是口服药物的应用。然而多肽作为高效的抗微生物的药物的吸引力也越来越

图式 9.24 多氟取代糖的类似物(框内)，同时用氟原子来模拟氢原子和羟基，被认为以与糖相似的穿透机制穿越红血球细胞膜[94]

大[97]。在多肽分子中引入氟原子取代基[98]可能会起到两方面的效果：一方面含氟的多肽类似物对水解蛋白酶有一定的抑制作用，从而延长了它的代谢时间(图式 9.25)[99]；另一方面多氟代的边链能够稳定一些特定的蛋白质结构[100]。特别是决定蛋白质生物学功能非价键的二聚或多聚结构，可以通过多氟代的非天然氨基酸[103]分子间的亲氟的相互作用而得到大大的加强[101,102](图式 9.26)。

图式 9.25 含氟多肽类似物增加了其代谢稳定性[99a]

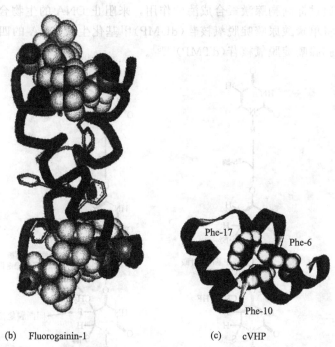

图式 9.26 天然氨基酸的含氟类似物(a)[101]及它们的应用例子。(b)分子中六氟亮氨酸基团分子间的亲氟相互作用促进了抗微生物药物不粘肽(fluorogainin-1)二聚体的形成。(c)鸡绒毛蛋白一端的 35 个残基的折叠方式是通过分子中的 3 个苯丙氨酸残基的紧密作用而稳定的。这种相互作用，可以通过引入五氟苯基[100b]或四氟苯基[100c]的苯丙氨酸类似物而得到大大加强。本引用获得文献[100b]同意

9.7 基于机理的"自杀性"抑制

到目前为止，我们所讨论的所有酶抑制剂，氟原子是以通过模拟另外的官能团或通过立体电子效应来影响抑制剂的构象的方式，来影响抑制机理的。

氟原子和氢原子许多方面的活性可以认为是"正交"的。比如，在烃化学中，

"带正电荷"的氢即质子是一个关键的组分,在许多不同的反应类型中,都包含有一步质子的转移反应;而在有机氟化学中,则所有的变化都和带负电荷的氟负离子有关。再加上氢原子和氟原子在体积上的相似性,两者在这方面上反应性的本质区别,可以用来设计一些完全不同类型的酶抑制剂。这些使用了酶的反应机理抑制剂,通常是以不可逆的作用模式来进行的。而利用这个概念设计出来的化合物,有时被称为"自杀性抑制剂"[4,104]。

5-氟尿嘧啶是这种类型抑制剂最著名的例子,它是一个相当老的用来抑制细胞生长的试剂。含氟尿嘧啶首先通过代谢转化成相应的磷酸脱氧核苷。反过来,该磷酸脱氧核苷通过抑制胸腺激素合成酶的作用,来阻止 DNA 的生物合成;胸腺激素合成酶可以将单磷酸尿嘧啶脱氧核苷(dUMP)甲基化生成 DNA 的四个组成部分之一的单磷酸胸腺嘧啶脱氧核苷(dTMP)[105]。

图式 9.27 5-氟尿嘧啶对胸苷酸合成酶(TS)的"自杀性抑制"作用机理。左边是酶与天然底物(dUMP)的反应途径,右边是含氟底物——5-氟-dUMP 的反应途径。不可逆抑制酶反应的关键是用氟原子取代了质子转移过程的氢原子,如 β-消除使酶的含硫基团游离出来[11]。另外在质子转移过程中形成的过渡态正电荷的稳定性也由于 β-氟原子的取代,而大大降低

在含氟底物的酶催化反应过程中(图式 9.27),开始时,5-氟脱氧尿苷抑制

剂和天然的底物(dUMP)一样,和辅酶四氢叶酸脱氢酶(THF)形成了共价键,并通过含硫的残基和酶接近。但在接下来的转化过程中,由于氟原子的取代(5-氟-dUMP),使底物、辅酶和酶之间的分离过程不能进行,产生了中断。这些过程包括,THF辅酶的氢原子转移,通过消除反应将酶与底物间的共价键断开等过程。而从THF向亚甲基进行氢原子转移的过程中,可能在反应中心形成一个过渡性的部分正电荷,该部分正电荷的稳定性由于 β-氟原子的取代大大降低。在酶的含硫基团和天然底物的分离过程中,尿嘧啶的5位有一个去质子氢的过程。但在5-氟尿嘧啶中,不能发生这个反应,因为氟原子只能以氟负离子的形式被消除。这样,这个酶由于代谢链中部分反应被抑制,而发生了"自杀"。一些抗癌和抗病毒的药物,就是基于通过尿嘧啶来降低四氢叶酸脱氢酶的活性的原理而设计出来的[1,106]。

含氟的胸苷类似物(fluoroneplanocinA)[107]是另一个基于核苷作用机理的酶抑制剂。它是一个在广谱的抗病毒药物中感兴趣的一个结构,通过不可逆地抑制S-腺苷高半胱氨酸水解酶(SAH)的活性而起作用的。酶催化的第一步反应是将抑制剂中的3′-羟基氧化成相应的羰基(图式9.28)。这个过程导致了生物氧化剂——烟碱腺嘌呤二核苷酸(NAD$^+$)的损耗。接下来酶分子的亲核部分和 β-氟 α,β-不饱和酮发生共轭加成反应。然后是氟离子的消除反应,这样使抑制剂和酶的活性部分以共价键的形式永远地结合在了一起,使酶失去了活性。

图式 9.28 含氟的胸苷类似物(fluoroneplanocinA)抑制 S-腺苷高半胱氨酸水解酶(SAH)的可能机理(Ad:腺嘌呤;Nu:亲核基团)[107]

雌激素合成酶是雄性激素转化成雌激素过程中的关键酶之一[4],所以它也是一个很重要的药物靶分子。在这个转化过程中,雌激素合成酶将雄性激素A环上 C_{19} 碳上的甲基分步氧化成相应的羧基,然后通过脱羧酶的催化的脱羧反应及A环的芳构化作用,就转化成了雌激素分子中的苯酚部分(图式9.29)。

图式 9.29 雌激素合成酶抑制剂 19,19-二氟雄甾烯二酮的不可逆作用机制(b)[4,108]及和正常芳香化酶反应途径的比较(a)(Nu：亲核基团)

这个酶可以被雄甾烯二酮的二氟衍生物不可逆地抑制。可能的抑制机理包括二氟甲基的氧化，然后脱去一分子氟化氢生成羧酰氟。羧酰氟和酶分子中的亲核基团形成共价键，使酶永远地失去了活性[108]。

许多含氟的、基于机理的抑制剂是氨基酸的衍生物[4,109]。它们的靶分子酶包含着氨基酸的代谢过程，如脱羧酶、转氨酶或伯胺氧化酶等。

抗原虫药物依氟鸟氨酸(Eflornithine)是用来治疗非洲嗜睡病(African sleeping-sickness)的一种特效药。天然鸟氨酸的二氟甲基类似物用来作为鸟氨酸脱羧酶的(OD)的抑制剂。在它的最后一步反应中，它和酶及其辅基维生素 B_6 磷酸酯(PLP)形成了一个共价键的复合物[11]（图式 9.30）。

另一类含氟氨基酸是 β-氟代亚甲基的氨基酸衍生物[4]。例如，氟代亚甲基多巴代谢生成相应的多巴胺类衍生物，它是一个非常有效的伯胺氧化酶抑制剂，所以它被用来治疗帕金森病（图式 9.31）。

图式 9.30 抗原虫药物依氟鸟氨酸（Eflornithine）通过抑制鸟氨酸脱羧酶（OD）而发生作用（框内），和酶及其辅基维生素 B_6 磷酸酯形成了一个共价键（Nu：亲核基团）[11]

图式 9.31 氟代亚甲基多巴胺的作用机制，一个基于机理的胺氧化酶抑制剂[4]（Nu：亲核基团）

9.8 含氟放射性药物

由于氟原子有模拟氢原子或氧原子的能力，所以它也被应用到了医疗诊断试剂中。在体内，许多含氟代谢物和药物与它们的同属物有相同的转化途径。在医疗成像过程中如果用氟原子进行标记，那么我们就有可能获得具有高空间分辨率的代谢过程的内部信息。由于氟元素的人造同位素 F-18（^{18}F）能够被引入到不同的有机底物中，所以它在成像过程中尤为有用[110]。

^{18}F 能够发射 β 正电子（$β^+$），其半衰期为 109.7min。产生的 β 正电子，和周围的电子接触后快速分解，生成两个角度相差 180°的高能 γ 光子（511keV）。我们可以在回旋加速器中制备得到 ^{18}F 的同位素产品，如作为亲电试剂元素氟[^{18}F]F_2 和作为亲核试剂的[^{18}F]F^- 和[^{18}F]HF[111]（图式 9.32）。

$$H_2^{18}O \xrightarrow[-H^+]{p, n} [^{18}F]HF \xrightarrow[+H^+]{-β^+} H_2^{18}O \quad 2γ(511\,keV)$$

$$15\%\ H_2/^{20}Ne \xrightarrow{d, α} [^{18}F]HF$$

$$0.1\%\ F_2/^{20}Ne \xrightarrow{d, α} [^{18}F]F_2$$

图式 9.32 产生 ^{18}F 标记的元素氟和氟化氢的方法[111]

由于 ^{18}F 的半衰期相当短，所以在有机化合物中引入该同位素的合成步骤必须满足简单和快速的要求。而且，^{18}F 标记的诊断试剂必须在使用前当场制备。它们在医学上的主要应用领域是通过正电子放射 X 射线断层照相术（PET）诊断和阐明代谢途径[112,113]（图 9.10）。

正电子放射 X 射线断层照相术（PET）可以让我们以较高的空间分辨率确定代谢的活性区域。这个方法尤其适用于确定脑部的癌和疾病（如帕金森病和阿尔茨海默氏病）[115]。有大量糖代谢的区域，如肿瘤细胞，可以通过观察[^{18}F]FDG（[^{18}F] 2-氟代去氧葡萄糖）的代谢清清楚楚地看到。这个方法有很高的灵敏度，能够确定脑部的大部分活性区域。在患有阿尔茨海默氏病患者的脑子里，可以检测到大范围的糖流通量的减少。

另外的 ^{18}F 示踪剂，如各种不同的含氟多巴氨衍生物，可以用做诊断帕金森病的不同诊断试剂[116]。在药物的临床试验中，^{18}F 标记的药物也被用来作为其在体内代谢途径的示踪剂。诊断过程中被试者所承受的放射剂量和做腹部 X 射线检查时差不多。图式 9.33 列出了一些 ^{18}F 标记的放射性药物和它们的目标区域及应用。

第9章 在药物和其他生物医药方面的应用 | 291

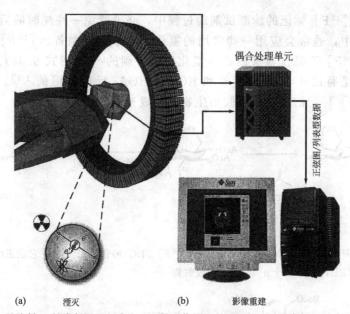

(a) 湮灭　　　　　(b) 影像重建

图 9.10 正电子放射 X 射线断层照相术(PET)的工作原理是基于 ^{18}F 同位素标记诊断试剂(如：[^{18}F]2-氟代去氧葡萄糖([^{18}F]FDG[114])的正电子(β^+)衰减基础之上的。通过检测正电子和电子的猝灭而产生的 γ 光子对(a)，就可以知道诊断试剂和它们的同属物在体内的到达区域和主要代谢进程。利用[^{18}F]FDG 试剂，对确定葡萄糖代谢的活性区域尤为有用，如脑肿瘤(b)。本图从 http://www.qucosa.de/fileadmin/data/qucosa/documents/2339/diploma_JensLangner.pdf[112] 复制

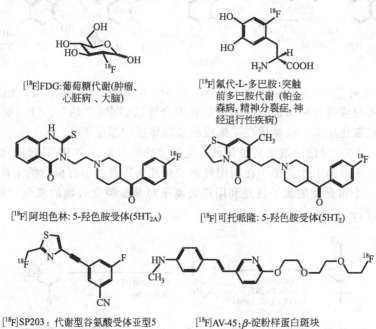

图式 9.33 ^{18}F 标记的放射性药物和它们的目标区域及应用[110,113]

在合成 [^{18}F] 标记的诊断试剂的过程中，必须避免一些耗时的后处理过程，在这个过程中，通常会应用一些常用的氟化方法来进行制备。[^{18}F] FDG 是通过烯糖和 [^{18}F] 乙酰次氟酸的亲电氟化反应得到的[117]（图式 9.34）。而 [^{18}F] 乙酰次氟酸是通过 [^{18}F] 元素氟和 KOAc·2HOAc 反应制得的[118]。图式 9.35 显示了 [^{18}F] 标记的另外多巴胺衍生物的合成过程。

图式 9.34 [^{18}F] 标记的 2-氟代去氧葡萄糖（[^{18}F] FDG）的合成[117,119]。它是正电子放射 X 射线断层照相术（PET）中第一个正电子 β$^+$ 的放射物[112]

图式 9.35 不同 [^{18}F] 标记的多巴胺衍生物的合成[116]它们被用诊断脑部疾病，如帕金森病

为了同时应对非常紧迫的时间窗口和安全性的要求，"热" [^{18}F] 标记的氟负离子的亲核氟化反应，也被用在了集成的微流体反应器中[120]。

由于 [^{18}F] 标记的氟负离子是最方便的"热"氟源，在 PET 标记物合成方法的研究中，主要的工作都集中在利用氟离子对几乎所有类型有机物的亲核氟化反应中[110b]。一个很典型的例子就是利用氟负离子对苯酚类化合物的氧化"极性反转"氟化反应（图式 9.36）[121]。

图式 9.36 通过对苯酚衍生物的氧化"极性反转"[PIDA：二醋酸碘苯] 氟化反应，可以用 [^{18}F] 标记的氟负离子制备 [^{18}F] 标记的芳香族化合物[121]

9.9 吸入式麻醉剂

卤氟烷类化合物和多氟代的醚类化合物作为吸入式麻醉剂,已经有很多年的应用历史[5,122]。第一个这种类型的麻醉剂叫氟烷或三氟溴氯乙烷,它在1956年被引入临床使用[123]。作为吸入式麻醉剂,它几乎没有其他的副作用,同时氟烷还具有很高的化学稳定性和不可燃的杰出优点。从那以后,一些高含氟的吸入式麻醉剂被陆续地引入临床使用[124](图式9.37)。

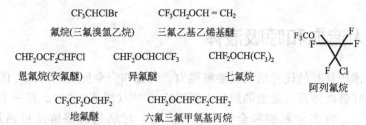

图式 9.37 吸入式麻醉剂的例子[125]

对吸入式麻醉剂分子水平的作用机制,到目前为止还没有一个定论。一种典型的观点,是通过亲脂麻醉剂分子的插入,导致细胞膜脂质的不确定中断,从而引起麻醉作用[126]。但是,通过对图式9.37中所列化合物对一些光学纯异构体[127]的研究发现,其两个对映体的影响是完全不同的[128][G. Lsyko, J. Robinson, and R. Ferronne(Anaquest公司)未发表结构](图式9.38)。越来越多的证据表明,该类麻醉剂中,至少有部分的麻醉作用是由于对蛋白质[129](如钾离子通道和中枢乙酰胆碱的受体[99])的特殊相互作用而引起的[130]。

在手术的过程中,大概需要几十克或更多的麻醉剂用量。为了不对已经处在手术和麻醉的肌体增加额外的负担,理想的麻醉剂在体内应不发生任何的代谢作用,而且它也只能通过呼吸这唯一的途径排到体外。含氟麻醉剂和一些老的麻醉剂(如乙醚)相比,代谢惰性是它们的优点之一。尽管如此,在它们引入临床使用若干年后,还是发现(尽管很少),一些含氟麻醉剂对肾脏有害并会引起肝中毒[8],这主要是由于它们在体内形成了有毒的代谢产物。例如,有相当部分剂量的甲氧氟烷麻醉剂(Methoxyfluorane),在体内代谢生成了草酸盐和氟离子。在体内大部分的麻醉剂的降解反应是由细胞色素P450引起的,其中包括氧化和还原的过程[132]。

图式9.38

图式 9.38 光学纯(R)-(−)-异氟醚的合成[131]

9.10 人造血和呼吸液体

全氟液体所具有的优异的氧气溶解能力、无毒和完全的生理惰性等优点，使它们很可能在呼吸液体及人造血的组分中获得应用[133]（图式 9.39）。在一个大气压和 37℃ 的条件下，许多全氟碳和全氟胺类化合物，对氧气的溶解度可高达 40%～50%（体积分数）。目前认为，这种不平常的溶氧能力是由于全氟化合物的分子形状和形成分子"空腔"所致[134]。

$F_{13}C_6OC_6F_{13}$ $i\text{-}F_7C_3CH\!=\!CHC_6F_{13}$ $C_8F_{17}Br$

图式 9.39 用做呼吸液体（如全氟萘）或人造血组分的化合物[133a]

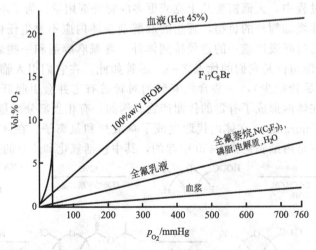

图 9.11 人血、全氟正辛基溴代烷（PFOB）和人造血全氟乳液的载氧能力比较[136]。根据文献[133]并做了修订

全氟碳为基础的代血浆，通常是由一个由全氟碳、全氟三烷基胺、磷脂、电解质和水组成的稳定乳化液[133a]。在主要手术的过程中，病人的血被置换成了全氟碳的代用品。手术完成后，再将他自己原来的血浆输入体内。这些暂时使用的人造血浆，在手术过程中可以给人体提供氧气，当然它不能起自然血浆所起的其他许多重要功能。留在体内人造血的组分，通过肺的呼吸作用，根据其挥发性的不同，在几天或几星期内排出体外[135,136]（图9.11）。

纯的全氟碳和全氟醚液体，也正在被研究作为在深度潜水作业中（如在高压的环境下）液体氧气的介质[137]。通过呼吸被氧气饱和的全氟碳液体，潜水员可以避免并发症——潜水减压病的发生[138]。实际上这个概念从20世纪60年代起就开始了研究，后来由于电影"深渊"（The Abyss）的热映，使大家变得熟悉[139]。利用在全氟碳中呼吸的一个主要缺点，是长时间在低温（大约4℃）的深海中作业时，由于全氟碳液体的良好传热性能，会引起身体热量的损失[140]。

9.11 造影剂和医疗诊断

与在麻醉剂中的应用一样，作为造影剂的全氟化合物的剂量也需要达到十克级的用量。同样由于它们的生理惰性，全氟碳化合物在医疗诊断上应用时，有其无可比拟的优点。含有重原子的化合物[全氟正辛基溴烷（PFOB）]的乳液，已经被用作造型剂在X射线对身体软组织（如肺、胃与肠的管道等）成像技术中[141]。PFOB也已经被应用于对不同器官组织的^{19}F-NMR成像技术中[142]。

具有相对较低沸点的全氟碳化合物的一个新的用途是作为循环系统超声波检查中的造型剂[143]。与其他的成像技术相比，目前为止，超声波成像技术是应用最广泛也是最便宜的一项技术，所以能够将它应用到对心脏血管系统及其他一些软组织的检查中是有非常重要意义的。

超声波成像是基于在不同声阻抗范围的边界间对声波（1~3MHz）的反射基础之上的一项技术，它与声音的传播速度和组织的密度有关。由于在血液和其他软组织器官间的分界面，如心和肝，通常不能很好地反射声音，所以用标准超声波成像技术得到的成像图像的质量，并不能满足许多医学诊断的要求。在人体血流中引入一些气体的微泡，可以极大地改变血液的声阻抗性质。而低分子量的全氟碳化合物非常适合作为这种微泡媒介。由于它们和血浆完全不相溶，而且在体温情况下微泡内的蒸气压可以和血压达到平衡，所以它们可以形成相当稳定的气泡。另外，在体内它们不会发生任何的代谢作用，而且在几分钟内可以完全排出体外。

全氟碳的超声波造型剂，如C_3F_8、C_4F_{10}或C_5F_{12}等，在使用前先制成稳定的微乳化液[144]，然后注入体内。对一个体重在70kg左右的人来说，每次检查中全氟碳的用量，大概需要50mL。

9.12 农用化学品

最近的市场调查表明，含氟化合物在植物保护方面的比重从1988年的9%提高到了2003年的28%[145,146]。现如今，在一些特殊的应用领域，如除草剂（图式9.40）和杀虫剂（参见图式9.42），这个比例甚至高达40%。药效的戏剧性增加，导致用量的显著下降，从而抵消了含氟化合物高价的因素，而且也使新开发的农用化学品对环境的排放绝对量大大减少。

除草剂有几种不同的作用机制。类胡萝卜素生物合成抑制剂［氟草敏（norflurazon）、氟啶草酮（fluridone）、氟氯酮（flurochoridone）、吡氟草酰胺（diflufenican）］阻断了抗氧化剂的形成，该抗氧化剂起着保护植物光合作用器官的作用[147]。通过这类化合物的处理，植物被漂白，不能进行光合作用的反应[148]。

芳氧基苯氧基丙酸酯类化合物对不同的草有选择性的活性[149]。这类化合物阻止了脂肪酸的生物合成，第一个具有这样结构的除草剂是禾草灵（Diclofop-methyl），它是2,4-二氯苯酚的衍生物，在它的分子中引入含氮杂环和三氟甲基后，使它的活性有了很大的提高［伏寄普（fluazifop-butyl），氟吡乙禾灵（haloxyfop-ethoxyethyl）][150]。

吡啶氧乙酸衍生物［如氟草烟（fluroxypyr）][151]其结构和2,4-二氯苯氧乙酸

图式 9.40 不同类型的含氟除草剂。从上至下：类胡萝卜素生物合成抑制剂、芳氧基苯氧基丙酸酯、吡啶氧乙酸、磺酰脲、三氟甲基磺酰苯胺、苄胺衍生物[147~158]

(2,4-D)[152]有相关性。它们有相同的作用机制但它可以控制一些对 2,4-D 有抗药性的杂草。

磺酰脲是一类最有效的除草剂之一。它们的用量在每公顷几克的范围内。它的作用机制是抑制乙酰乳酸合成酶的活性（ALS）[153]。它的含氟衍生物 primsulfuron methyl 适合于对玉米地的除草[154]。

另一类传统的除草剂是三氟甲基磺酰苯胺类，如氟磺酰草胺（mefluidide）、黄草伏（perfluidone）[155]。

氟乐灵（Trifluralin）是商业化最成功的含氟除草剂之一[156,157]。通过抑制发芽秧苗的根和芽来控制杂草的生长，它通常在播种前使用，以控制棉花或其他作物中一年生杂草和宽叶草的生长。与它结构上相关的一个比较新的品种是氟节胺（flumetralin）[158]，它用于控制烟草中的寄生植物。在氟乐灵分子中，用五氟化硫取代基代替三氟甲基[159]，可以提高除草的选择性，在有些应用中，可以减少对作物的损伤达 5 个数量级。

许多杀菌剂[160]是通过抑制甾醇的生物合成而发生作用的。具体地说，就是在麦角甾醇的生物合成中，它们能阻止 C-14α 的去甲基化反应的发生[160,161]。在许多这类化合物中粉唑醇（flutriafol）[162]、护矽得（flusilazole）[163]、氟菌唑（triflumizole）[164]、三氟苯唑（fluotrimazole）[165]、尼瑞莫（nuarimol）、呋嘧醇（flurprimidol）[166]，分子中的氟原子是导致它们有高活性的最根本原因（图式 9.41）。

图式9.41

图式 9.41 不同类型的含氟杀菌剂：甾醇的生物合成抑制剂(a)和苯甲酰胺为母核的化合物(b)[160～167]

氟酰胺(flutolanil)[167]是一类新的稻米、谷类和蔬菜的杀菌剂。在它的分子中有苯甲酰胺的结构，并含有一个三氟甲基(图式 9.41)。

昆虫的生长可以通过抑制壳质素生物合成，而中断它的蜕皮过程来控制[168,169]。从20世纪70年代中期以来，已经有多个基于这个机制开发出来的含氟苯甲酰脲类杀菌剂〔二福隆(diflubenzuron)、克福隆(chlorfluazuron)、伏虫隆(teflubenzuron)、氟虫脲(fluphenoxuron)〕，并实行了商品化[170]。

菊酯类(pyrethroids)[168,171]化合物可能是一类最重要的杀虫剂。这类化合物最早是从一种叫 *Chrysanthemum cinerariafolium* 的菊类植物中分离得到的，但是由于这类天然产物的化学稳定性很差，并不适合于商业化应用。通过对其结构的系统优化，发明了一些更高效的含氟类似物〔三氟氯氰菊酯(cyhalotrin)、毕芬宁(bifenthrin)、七氟菊酯(tefluthrin)〕[172]。研究发现如果在双键上引入一个三氟甲基，可以大幅度地提高它的活性。后来就开发出了活性很高的，从菊酯衍生出来的类菊酯杀虫剂〔氟氰戊菊酯(flucythrinate)、氟胺氰菊酯(fluvalinate)〕[173]，在这类化合物中，其分子内不含环丙烷的结构。含氟化合物蚁爱呷(hydramethylnon)[174]是专杀蚂蚁的杀虫剂。

控制虫害的另一条途径是通过调控它们的嗅觉系统，以破坏它们之间的化学信息交流，使它们对信息素及其他的化学信息的接受变得不敏感。通过在信息素分子中选择性地引入氟原子[175]，使原来的信息素转化为兴奋剂，增效剂，对抗药，反信息素物质，抑制剂等来实现。

不同类型的含氟杀虫剂列于图式 9.42 中。

含氟化合物偶尔也可以作为灭鼠剂。氟鼠灵(flocoumafen)(图式 9.43)是一个抗凝血剂，是相当有效的灭鼠剂，而其他的香豆素衍生物对老鼠不起作用[176]。

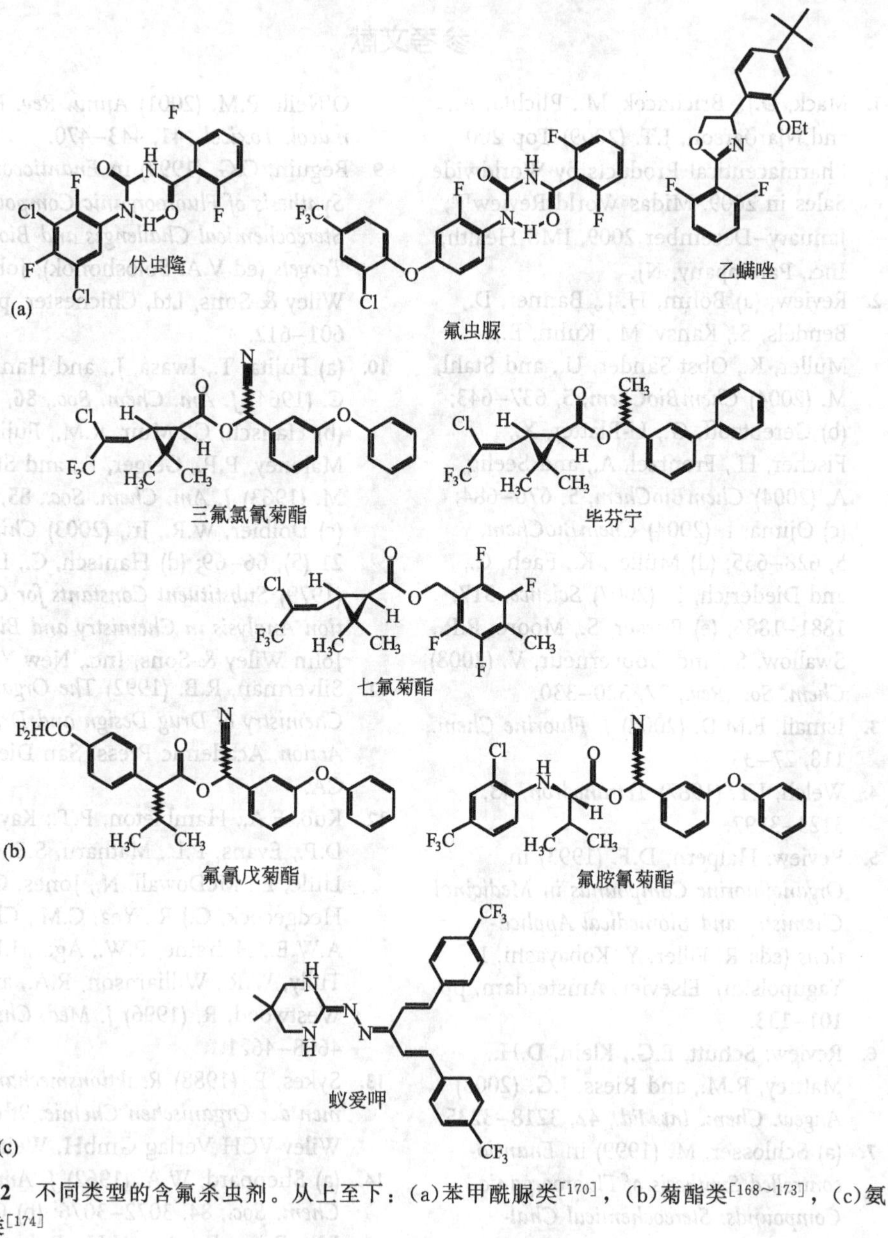

第9章 在药物和其他生物医药方面的应用 | 299

伏虫隆
乙螨唑
(a)
氟虫脲

三氟氯氰菊酯
毕芬宁

七氟菊酯

氟氰戊菊酯
氟胺氰菊酯
(b)

蚁爱呷
(c)

图式 9.42 不同类型的含氟杀虫剂。从上至下：(a)苯甲酰脲类[170]，(b)菊酯类[168~173]，(c)胍脒基脲类[174]

氟鼠灵

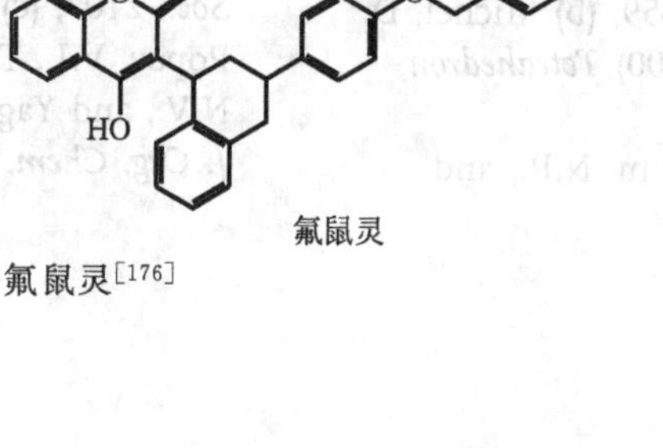

图式 9.43 含氟灭鼠剂——氟鼠灵[176]

参考文献

1. Mack, D.J., Brichacek, M., Plichta, A., and Njarðarson, J.T. (2009) Top 200 Pharmaceutical Products by Worldwide Sales in 2009. Midas World Review™, January–December 2009, IMS Health, Inc., Parsippany, NJ.
2. Review: (a) Böhm, H.-J., Banner, D., Bendels, S., Kansy, M., Kuhn, B., Müller, K., Obst-Sander, U., and Stahl, M. (2004) *ChemBioChem*, **5**, 637–643; (b) Gerebtzoff, G., Li-Blatter, X., Fischer, H., Frentzel, A., and Seelig, A. (2004) *ChemBioChem*, **5**, 676–684; (c) Ojima, I. (2004) *ChemBioChem*, **5**, 628–635; (d) Müller, K., Faeh, C., and Diederich, F. (2007) *Science*, **317**, 1881–1886; (e) Purser, S., Moore, P.R., Swallow, S., and Gouverneur, V. (2008) *Chem. Soc. Rev.*, **37**, 320–330.
3. Ismail, F.M.D. (2002) *J. Fluorine Chem.*, **118**, 27–33.
4. Welch, J.T. (1987) *Tetrahedron*, **43**, 3123–3197.
5. Review: Halpern, D.F. (1993) in *Organofluorine Compounds in Medicinal Chemistry and Biomedical Applications* (eds R. Filler, Y. Kobayashi, L. Yagupolskii), Elsevier, Amsterdam, pp. 101–133.
6. Review: Schutt, E.G., Klein, D.H., Mattrey, R.M., and Riess, J.G. (2003) *Angew. Chem. Int. Ed.*, **42**, 3218–3235.
7. (a) Schlosser, M. (1999) in *Enantiocontrolled Synthesis of Fluoroorganic Compounds: Stereochemical Challenges and Biomedical Targets* (ed. V.A. Soloshonok), John Wiley & Sons, Ltd, Chichester, pp. 613–659; (b) Michel, D. and Schlosser, M. (2000) *Tetrahedron*, **56**, 4253–4260.
8. Park, B.K., Kitteringham, N.R., and O'Neill, P.M. (2001) *Annu. Rev. Pharmacol. Toxicol.*, **41**, 443–470.
9. Béguin, C.G. (1999) in *Enantiocontrolled Synthesis of Fluoroorganic Compounds: Stereochemical Challenges and Biomedical Targets* (ed V.A. Soloshonok), John Wiley & Sons, Ltd, Chichester, pp. 601–612.
10. (a) Fujita, T., Iwasa, J., and Hansch, C. (1964) *J. Am. Chem. Soc.*, **86**, 5175; (b) Hansch, C., Muir, R.M., Fujita, T., Maloney, P.P., Geiger, F., and Streich, M. (1963) *J. Am. Chem. Soc.*, **85**, 2817; (c) Dolbier, W.R., Jr., (2003) *Chim. Oggi* **21** (5), 66–69; (d) Hantsch, C., Leo, A. (1979) *Substituent Constants for Correlation Analysis in Chemistry and Biology*, John Wiley & Sons, Inc., New York.
11. Silverman, R.B. (1992) *The Organic Chemistry of Drug Design and Drug Action*, Academic Press, San Diego, CA.
12. Kuo, E.A., Hambleton, P.T., Kay, D.P., Evans, P.L., Matharu, S.S., Little, E., McDowall, N., Jones, C.B., Hedgecock, C.J.R., Yea, C.M., Chan, A.W.E., Hairsine, P.W., Ager, I.R., Tully, W.R., Williamson, R.A., and Westwood, R. (1996) *J. Med. Chem.*, **39**, 4608–4621.
13. Sykes, P. (1988) *Reaktionsmechanismen der Organischen Chemie*, 9th edn., Wiley-VCH Verlag GmbH, Weinheim.
14. (a) Sheppard, W.A. (1962) *J. Am. Chem. Soc.*, **84**, 3072–3076; (b) Case, J.R., Price, R., Ray, N.H., Roberts, H.L., and Wright, J. (1962) *J. Chem. Soc.*, 2107; (c) Kondratenko, N.V., Popov, V.I., Timofeeva, G.N., Ignatiev, N.V., and Yagupolskii, L.M. (1985) *J. Org. Chem. USSR*, **21**, 2367–2371;

(d) Kondratenko, N.V., Popov, V.I., Radchenko, O.A., Ignatiev, N.V., and Yagupolskii, L.M. (1987) *J. Org. Chem. USSR*, **23**, 1542–1547; (e) Garlyauskajte, R.Yu., Sereda, S.V., and Yagupolskii, L.M. (1994) *Tetrahedron*, **50**, 6891–6906.
15. Bondi, A. (1964) *J. Phys. Chem.*, **68**, 441–451.
16. Smart, B.E. (2001) *J. Fluorine Chem.*, **109**, 3–11.
17. (a) Schlosser, M. (1998) *Angew. Chem. Int. Ed. Engl.*, **37**, 1496–1513; (b) Barnard, S., Storr, R.C., O'Neill, P.M., and Park, B.K. (1993) *J. Pharm. Pharmacol.*, **45**, 736–744.
18. (a) Huang, J. and Hedberg, K. (1989) *J. Am. Chem. Soc.*, **111**, 6909; (b) Dixon, D.A., Smart, B.E. (1991) in *Selective Fluorination in Organic and Bioorganic Chemistry*, ACS Symposium Series (ed. J.T. Welch), American Chemical Society, Washington, DC, pp. 18–35.
19. Smart, B. E. (1994) in *Organofluorine Chemistry: Principles and Commercial Applications* (eds R.E. Banks, B.E. Smart, J.C. Tatlow), Plenum Press, New York, pp. 57–88.
20. Caminati, W. (1982) *J. Mol. Spectrosc.*, **92**, 101.
21. (a) Howard, J.A.K., Hoy, V.J., O'Hagan, D., and Smith, G.T. (1996) *Tetrahedron*, **52**, 12613; (b) Dunitz, J.D., Taylor, R. (1997) *Chem. Eur. J.* **3**, 89; (c) Shimon, L. and Glusker, J.P. (1994) *Struct.l Chem.*, **5**, 383; (d) Barbarich, T.J., Rithner, C.D., Miller, S.M., Anderson, O.P., and Strauss, S.H. (1999) *J. Am. Chem. Soc.*, **121**, 4280; (e) Graton, J., Wang, Z., Brossard, A.-M., Monteiro, D.G., Le Questel, J.-Y., and Linclau, B. (2012) *Angew. Chem. Int. Ed.*, **51**, 6176–6180.
22. (a) Cantacuzene, D., Kirk, K.L., McCulloh, D.H., and Crevelins, C.R. (1979) *Science*, **204**, 1217–1219; (b) Kirk, K.L. (1991) in *Selective Fluorination in Organic and Bioorganic Chemistry*, ACS Symposium Series, Vol. 456 (ed. J.T. Welch), American Chemical Society, Washington, DC, p. 136.
23. (a) Nomura, M., Kinoshita, S., Satoh, H., Maeda, T., Murakami, K., Tsunoda, M., Miyachi, H., and Awano, K. (1999) *Bioorg. Med. Chem. Lett.*, **9**, 533–538; (b) Tucker, H., Crook, J.W., and Chesterton, G.J. (1988) *J. Med. Chem.*, **31**, 954–959.
24. Nishio, M., Umezawa, Y., Hirota, M., and Takeuchi, Y. (1995) *Tetrahedron*, **51**, 8665–8701.
25. Salonen, L.M., Ellermann, M., and Diederich, F. (2011) *Angew. Chem. Int. Ed.*, **50**, 4808–4842.
26. Fujita, T., Nose, T., Matsushima, A., Okada, K., Asai, D., Yamauchi, Y., Shirasu, N., Honda, T., Shigehiro, D., and Shimohigashi, Y. (2000) *Tetrahedron Lett.*, **41**, 923–927.
27. (a) Watson, J.D. and Crick, F.H.C. (1953) *Nature*, **171**, 737; (b) Watson, J.D. (1968) *The Double Helix: a Personal Account of the Discovery of the Structure of DNA*, Athenaeum, New York.
28. (a) Tinoco, I. Jr., O.C. Uhlenbeck, and Levine, M.D. (1971) *Nature*, **230**, 362; (b) Breslauer, K.J., Frank, R., Blöcker, H., and Marky, L.A. (1986) *Proc. Natl. Acad. Sci. U. S. A.*, **83**, 3746; (c) Petersheim, M., and Turner, D.H. (1983) *Biochemistry*, **22**, 256.
29. (a) Martin, F.H., Castro, M.M., Aboul-ela, F., Tinoco, I. Jr., (1985) *Nucleic Acids Res.*, **13**, 8927–8938; (b) Kawase, Y., Iwai, S., Inoue, H., Miura, K., and Ohtsuka, E. (1986) *Nucleic Acids Res.*, **14**, 7727–7736; (c) Gaffney, B.L., Marky, L.A., and Jones, R.A. (1984) *Tetrahedron*, **40**, 3–13; (d) Turner, D.H., Sugimoto, N., Kierzek, R., and Dreiker, S.D. (1987) *J. Am. Chem. Soc.*, **109**, 3783–3785.
30. Kool, E.T., Morales, J.C., and Guckian,

K.M. (2000) *Angew. Chem. Int. Ed.*, **39**, 990–1009.

31. Parsch, J. and Engels, J.W. (2000) *Helv. Chim. Acta*, **83**, 1791–1808.
32. Frisch, M.J., Trucks, G.W., Schlegel, H.B., Scuseria, G.E., Robb, M.A., Cheeseman, J.R., Zakrzewski, V.G., Montgomery, J.A., Jr., Stratmann, R.E., Burant, J.C., Dapprich, S., Millam, J.M., Daniels, A.D., Kudin, K.N., Strain, M.C., Farkas, O., Tomasi, J., Barone, V., Cossi, M., Cammi, R., Mennucci, B., Pomelli, C., Adamo, C., Clifford, S., Ochterski, J., Petersson, G.A., Ayala, P.Y., Cui, Q., Morokuma, K., Malick, D.K., Rabuck, A.D., Raghavachari, K., Foresman, J.B., Cioslowski, J., Ortiz, J.V., Stefanov, B.B., Liu, G., Liashenko, A., Piskorz, P., Komaromi, I., Gomperts, R., Martin, R.L., Fox, D.J., Keith, T., Al-Laham, M.A., Peng, C.Y., Nanayakkara, A., Gonzalez, C., Challacombe, M., Gill, P.M.W., Johnson, B., Chen, W., Wong, M.W., Andres, J.L., Gonzalez, C., Head-Gordon, M., Replogle, E.S., and Pople, J.A. (1998) Gaussian 98, Revision A.6, Gaussian, Inc., Pittsburgh, PA.
33. Wang, X. and Houk, K.N. (1998) *Chem. Commun.*, 2631–2632.
34. Somoza, A., Chelliserrykattil, J., and Kool, E.T. (2006) *Angew. Chem. Int. Ed.*, **45**, 4994–4997.
35. (a) O'Neill, B.M., Ratto, J.E., Good, K.L., Tahmassebi, D.C., Helquist, S.A., Morales, J.C., and Kool, E.T. (2002) *J. Org. Chem.*, **67**, 5869–5875; (b) Lai, J.S., Qu, J., and Kool, E.T. (2003) *Angew. Chem. Int. Ed.*, **42**, 5973–5977.
36. Evans, T.E. and Seddon, K.R. (1997) *Chem. Commun.*, 2023–2024.
37. (a) Mathis, G. and Hunziker, J. (2002) *Angew. Chem. Int. Ed.*, **41**, 3203–3205; (b) Lai, J.S. and Kool, E.T. (2004) *J. Am. Chem. Soc.*, **126**, 3040–3041.
38. (a) O'Hagan, D. (2008) *Chem. Soc. Rev.*, **37**, 308–319; (b) Hunter, L. (2010) *Beilstein J. Org. Chem.*, **6** (38) (doi: 10.3762/bjoc.6.38).
39. Kirby, A.J. (1983) *The Anomeric Effect and Related Stereoelectronic Effects at Oxygen*, Springer, Berlin.
40. O'Hagan, D. and Rzepa, H.S. (1997) *Chem. Commun.*, 645–652.
41. (a) Senderowitz, H., Aped, P., and Fuchs, B. (1993) *Tetrahedron*, **49**, 3879; (b) Geffrey, G.A. and Yates, J.H. (1979) *J. Am. Chem. Soc.*, **101**, 820; (c) Hayashi, M., Kato, H. (1980) *Bull. Chem. Soc. Jpn.*, **53**, 2701; (d) Irwin, J.J., Ha, T.-K., Dunitz, J. (1805) *Helv. Chim. Acta* 1990, 73.
42. (a) Wolfe, S. (1972) *Acc. Chem. Res.*, **5**, 102; (b) Amos, R.D., Handy, N.C., Jones, P.G., Kirby, A.J., Parker, J.K., Percy, J.M., and Su, M.D. (1992) *J. Chem. Soc., Perkin Trans. 2*, 549.
43. (a) Craig, N.C., Chen, A., Suh, K.H., Klee, S., Mellau, G.C., Winnewisser, B.P., and Winnewisser, M. (1997) *J. Am. Chem. Soc.*, **119**, 4789–4790; (b) Wiberg, K.B. (1996) *Acc. Chem. Res.*, **29**, 229; (c) Tavasli, M., O'Hagan, D., Pearson, C., and Petty, M.C. (2002) *Chem. Commun.*, 1226; (d) Muir, M. and Baker, J. (1996) *Mol. Phys.*, **89**, 211.
44. Thibaudeau, C., Plavec, J., Garg, N., Papchikhin, A., and Chattopadhyaya, J. (1994) *J. Am. Chem. Soc.*, **116**, 4038–4043.
45. Briggs, C.R.S., O'Hagan, D., Howard, J.A.K., and D. S, Y. (2003) *J. Fluorine Chem.*, **119**, 9–13.
46. (a) Epiotis, N.D., Cherry, W.R., Shaik, S., Yates, R.L., and Bernardi, F. (1977) *Top. Curr. Chem.*, **70**, 1; (b) Bingham, R.C. (1976) *J. Am. Chem. Soc.*, **98**, 535; (c) Eliel, E.L., Wilen, S.H. (1994) *Stereochemistry of Organic Compounds*, John Wiley & Sons, Inc., New York.
47. Wiberg, K.B., Murcko, M.A., Laidig, K.E., and MacDougall, P.J. (1990) *J.*

Phys. Chem., **94**, 6956–6959.
48. Anh, N.T. and Eisenstein, O. (1977) *Nouv. J. Chim.*, **1**, 61.
49. (a) Kalaritis, P., Regenye, R.W., Partridge, J.J., and Coffin, D.L. (1990) *J. Org. Chem.*, **55**, 812; (b) Kitazume, T., Murata, K., and Ikeya, T. (1986) *J. Fluorine Chem.*, **31**, 143.
50. Wong, S.S. and Paddon-Row, M.N. (1990) *J. Chem. Soc., Chem. Commun.*, 456.
51. Peters, R.A., *Adv. Enzymol. Relat. Subj. Biochem.* **1957**, 113–159.
52. Fanshier, D.W., Gottwald, L.K., and Kun, E. (1964) *J. Biol. Chem.*, **239**, 425.
53. Harper, D.B. and O'Hagan, D. (1994) *Nat. Prod. Rep.*, **11**, 123.
54. (a) Holmgren, S.K., Taylor, K.M., Bretscher, L.E., and Raines, R.T. (1998) *Nature*, **392**, 666–667; (b) Holmgren, S.K., Bretscher, L.E., Taylor, K.M., and Raines, R.T. (1999) *Chem. Biol.*, **6**, 63–70; (c) Bretscher, L.E., Jenkins, C.L., Taylor, K.M., DeRider, M.L., and Raines, R.T. (2001) *J. Am. Chem. Soc.*, **123**, 777–778; (d) Hodges, J.A. and Raines, R.T. (2005) *J. Am. Chem. Soc.*, **127**, 15923–15932; (e) Shoulders, M.D., Hodges, J.A., and Raines, R.T. (2006) *J. Am. Chem. Soc.*, **128**, 8112–8113; (f) Kim, W., Hardcastle, K.I., and Conticello, V.P. (2006) *Angew. Chem. Int. Ed.*, **45**, 8141–8145.
55. O'Hagan, D., Bilton, C., Howard, J.A.K., Knight, L., and Tozer, D.J. (2000) *J. Chem. Soc., Perkin Trans. 2*, 605–607.
56. (a) Koerts, J., Soffers, A.E.M.F., Vervoort, J., De Jager, A., and Rietjens, I.M.C.M. (1998) *Chem. Res. Toxicol.*, **11**, 503–512; (b) Dear, G.J., Ismail, I.M., Mutch, P.J., Plumb, R.S., Davies, L.H., and Sweatman, B.C. (2000) *Xenobiotica*, **30**, 407–426.
57. (a) Rosenblum, S.B., Huynh, T., Afonso, A., Davis, H.R. Jr., N. Yumibe, Clader, J.W., and Burnett, D.A. (1998)

J. Med. Chem., **41**, 973–980; (b) Burgey, C.S., Robinson, K.A., Lyle, T.A., Sanderson, P.E.J., Lewis, S.D., Lucas, B.J., Krueger, J.A., Singh, R., Miller-Stein, C., White, R.B., Wong, B., Lyle, E.A., Williams, P.D., Coburn, C.A., Dorsey, B.D., Barrow, J.C., Stranieri, M.T., Holahan, M.A., Sitko, G.R., Cook, J.J., McMasters, D.R., McDonough, C.M., Sanders, W.M., Wallace, A.A., Clayton, F.C., Bohn, D., Leonard, Y.M., Detwiler, T.J. Lynch, Jr., J.J. Yan, Jr., Y., Chen, Z., Kuo, L., Gardell, S.J., Shafer, J.A., and Vacca, J.P. (2003) *J. Med. Chem.*, **46**, 461–473; (c) Burgey, C.S., Robinson, K.A., Lyle, T.A., Nantermet, P.G., Selnick, H.G., Isaacs, R.C.A., Lewis, S.D., Lucas, B.J., Krueger, J.A., Singh, R., Miller-Stein, C., White, R.B., Wong, B., Lyle, E.A., Stranieri, M.T., Cook, J.J., McMasters, D.R., Pellicore, J.M., Pal, S., Wallace, A.A., Clayton, F.C., Bohn, D., Welsh, D.C., Lynch, J.J. Yan, Jr., Y., Chen, Z., Kuo, L., Gardell, S.J., Shafer, J.A., and Vacca, J.P. (2003) *Bioorg. Med. Chem. Lett.*, **13**, 1353–1357.
58. (a) Chou, T.-C., Dong, H., Rivkin, A., Yoshimura, F., Gabarda, A.E., Cho, Y.S., Tong, W.P., and Danishefsky, S.J. (2003) *Angew. Chem. Int. Ed.*, **42**, 4762–4767; (b) Rivkin, A., Chou, T.-C., and Danishefsky, S-J.(2005) *Angew. Chem. Int. Ed.*, **44**, 2838–2850.
59. (a) Fried, J., Hallinan, E.A., Szwedo, M.J. Jr., (1984) *J. Am. Chem. Soc.*, **106**, 3871–3872; (b) Morinelli, T.A., Okwu, A.K., Mais, D.E., Halushka, P.V., John, V., Chen, C.-K., and Fried, J. (1989) *Proc. Natl. Acad. Sci. U. S. A.*, **86**, 5600–5604.
60. (a) Fried, J., Mitra, D.K., Nagarajan, M., and Mehrotra, M.M. (1980) *J. Med. Chem.*, **23**, 234–237; (b) Bannai, K., Toru, T., Oba, T., Tanaka, T., Okamura, N., Watanabe, K., Hazato, A., and Kurozumi, S. (1983) *Tetrahe-*

dron, **39**, 3807–3819.
61. Review: Pankiewicz, K.W. (2000) *Carbohydr. Res.*, **327**, 87–105.
62. (a) Bush, I.E. and Mahesh, V.B. (1964) *Biochem. J.*, **93**, 236–255; (b) Abel, S.M., Black, D.J., Maggs, J.L., and Park, B.K. (1993) *J. Steroid Biochem. Mol. Biol.*, **46**, 833–839.
63. Kaufman, D.W., Kelly, J.P., Anderson, T., Harmon, D.C., and Shapiro, S. (1996) *Neurology*, **46**, 1457–1459.
64. (a) Bialer, M., Johannessen, S.I., Kupferberg, H.J., Levy, R.H., Perucca, E., and Tomson, T. (2004) *Epilepsy Res.*, **61**, 1–48; (b) Diekhaus, C.M., Miller, T.A., Sofia, R.D., and Macdonald, T.L. (2000) *Drug Metab. Dispos.*, **28**, 814–822.
65. (a) Diekhaus, C.M., Santos, W.L., Sofia, R.D., and Macdonald, T.L. (2001) *Chem. Res. Toxicol.*, **14**, 958–964; (b) Parker, R.J., Hartman, N.R., Roecklein, B.A., Mortko, H., Kupferberg, H.J., Stables, J., and Strong, J.M. (2005) *Chem. Res. Toxicol.*, **18**, 1842–1848.
66. Meier, C., Knispel, T., Marquez, V.E., Siddiqui, M.A., De Clercq, E., and Balzarini, J. (1999) *J. Med. Chem.*, **42**, 1615–1624.
67. (a) Veale, C.A., Damewood, J.R. Jr., G.B. Steelman, Bryant, C., Gomes, B., and Williams, J. (1995) *J. Med. Chem.*, **38**, 86–97; (b) Takahashi, L.H., Radhakrishnan, R., R.E. Jr., E.F. Meyer Jr., D.A. Trainor (1989) *J. Am. Chem. Soc.*, **111**, 3368–3374; (c) K. Brady, A. Wei, D. Ringe, R.H. Abeles (1990) *Biochemistry*, **29**, 7600–7607.
68. (a) Hashimoto, Y. (2008) *Arch. Pharm.*, **341**, 536–547;(b) Knobloch, J- and Ruether, U. (2008) *Cell Cycle*, **7**, 1121–1127; (c) Lepper, E.R., Smith, N.F., Cox, M.C., Scripture, C.D., and Figg, W.D. (2006) *Curr. Drug Metab.*, **7**, 677–685; (d) Hashimoto, Y., Tanatani, A., Nagasawa, K., and Miyachi, H. (2004) *Drugs Future*, **29**, 383–391; (e) Franks, M.E., Macpherson, G.R., and Figg, W.D. (2004) *Lancet*, **363**, 1802–1811; (f) Brennen, W.N., Cooper, C.R., Capitosti, S., Brown, M.L., and Sikes, R.A. (2004) *Clin. Prostate Cancer*, **3**, 54–61; (g) Luzzio, F.A. and Figg, W.D. (2004) *Expert Opin. Ther. Pat.*, **14**, 215–229; (h) Stephens, T.D., Bunde, C.J., and Fillmore, B. (2000) *Biochem. Pharmacol.*, **59**, 1489–1499.
69. Blaschke, G., Kraft, H.P., Fickentscher, K., and Köhler, F. (1979) *Arzneim.-Forsch.*, **29**, 1640–1642.
70. (a) Wendt, S., Finkam, M., Winter, W., Ossing, J., Rabbe, G., and Zwingenberger, K. (1996) *Chirality*, **8**, 390–396; (b) Nishimura, K., Hashimoto, Y., and Iwasaki, S. (1994) *Chem. Pharm. Bull.*, **42**, 1157–1159; (c) Knoche, B. and Blaschke, G. (1994) *J. Chromatogr. A*, **660**, 235–240.
71. (a) Takeuchi, Y., Shiragami, T., Kimura, K., Suzuki, E., and Shibata, N. (1999) *Org. Lett.*, **1**, 1571–1573; (b) Yamamoto, T., Suzuki, Y., Ito, E., Tokunaga, E., and Shibata, N. (2011) *Org. Lett.*, **13**, 470–473.
72. Nagarathnam, D., Miao, S.W., Lagu, B., Chiu, G., Fang, J., Dhar, T.G.M., Zhang, J., Tyagarajan, S., Marzabadi, M.R., Zhang, F., Wong, W.C., Sun, W., Tian, D., Wetzel, J.M., Forray, C., Chang, R.S.L., Broten, T.P., Ransom, R.W., Schorn, T.W., Chen, T.S., O'Malley, S., Kling, P., Schneck, K., Bendesky, R., Harrell, C.M., Vyas, K.P., and Gluchowski, C. (1999) *J. Med. Chem.*, **42**, 4764–4777.
73. (a) Patel, M., Ko, S.S., McHugh, R.J. Markwalder, Jr., J.A., Srivastava, A.S., Cordova, B.C., Klabe, R.M., Erickson-Viitanen, S., Trainor, G.L., and Seitz, S.P. (1999) *Bioorg. Med. Chem. Lett.*, **9**, 2805–2810; (b) Patel, M., McHugh, R.J., Cordova, Jr., B.C., Klabe, R.M., Erickson-Viitanen, S.,

Trainor, G.L., and Ko, S.S. (1999) *Bioorg. Med. Chem. Lett.*, **9**, 3221–3224.
74. McEvoy, F.J., Greenblatt, E.N., Osterberg, A.C., and Allen, G.R. Jr., (1968) *J. Med. Chem.*, **11**, 1248–1250.
75. Bowden, R.D., Greenhall, M.P., Moillet, J.S., and Thompson, J. (1997) (F2 Chemicals), WO Patent 9705106; *Chem. Abstr.*, **126**, (1997) 199340.
76. Umemoto, T. (2008) (IM&T Research, Inc.), WO Patent 2010014665; *Chem. Abstr.*, **152**, (2010) 238620.
77. Wipf, P., Mo, T., Geib, S.J., Caridha, D., Dow, G.S., Gerena, L., Roncal, N., and Milner, E.E. (2009) *Org. Biomol. Chem.*, **7**, 4163–4165.
78. Stump, B., Eberle, C., Schweizer, W.B., Kaiser, M., Brun, R., Krauth-Siegel, R.L., Lentz, D., and Diederich, F. (2009) *ChemBioChem*, **10**, 79–83.
79. Welch, J.T. and Lim, D.S. (2007) *Bioorg. Med. Chem.*, **15**, 6659–6666.
80. Welsh, J.T. (2012) Applications of Pentafluorosulfanyl Substitution in Life Sciences Research, in *Fluorine in Pharmaceutical and Medicinal Chemistry* (eds V. Gouverneur, K. Müller), Imperial College Press, London, pp. 175–207.
81. Carroll, W.A., Dart, M.J., Perez-Medrano, A., Nelson, D.W., Li, T., Peddi, S., Frost, J., Kolasa, T., Liu, B., Latshaw, S.P., and Wang, X. (2009) (Abbott), US Patent 20090105306; *Chem. Abstr.*, **150**, (2009) 423178.
82. Gomtsyan, A.R., Schmidt, R.G., Bayburt, E.K., Daanen, J.E., and Kort, M.E. (2011) (Abbott), US Patent 20090124671; *Chem. Abstr.*, **150**, (2009) 494759.
83. Westheimer, F.H. (1987) *Science*, **235**, 1173–1178.
84. Berkowitz, D.B. and Bose, M. (2001) *J. Fluorine Chem.*, **112**, 13–33.
85. Reviews: (a) Wiemer, D.F. (1997) *Tetrahedron*, **53**, 16609–16644; (b) Engel, R. (1977) *Chem. Rev.*, **77**, 349–367.
86. (a) Blackburn, G.M. (1981) *Chem. Ind. (London)*, **7**, 134–138; (b) Blackburn, G.M., Kent, D.E., and Kolkmann, F.J. (1984) *J. Chem. Soc., Perkin Trans. 1*, 1119–1125.
87. McKenna, C.E. and Shen, P. (1981) *J. Org. Chem.*, **46**, 4573–4576.
88. (a) Tozer, M.J. and Herpin, T.F. (1996) *Tetrahedron*, **52**, 8619–8683; (b) Burton, D.J., Yang, X.Y., and Qiu, W. (1996) *Chem. Rev.*, **96**, 1641–1715; (c) Welch, J.T., *Fluorine in Bio-organic Chemistry*, John Wiley & Sons, Inc., New York, (1991); (d) Berkowitz, D.B., Bhuniya, D., and Peris, G. (1999) *Tetrahedron Lett.*, **40**, 1869–1872.
89. Chen, L., Wu, L., Otaka, A., Smyth, M.S., Roller, P.P., Burke, T.R. Jr.,, den Hertog, J., and Zhang, X.-Y. (1995) *Biochem. Biophys. Res. Commun.*, **216**, 976–984.
90. Phillion, D.P. and Cleary, D.G. (1992) *J. Org. Chem.*, **57**, 2763–2764.
91. Campbell, A.S. and Thatcher, G.R.J. (1991) *Tetrahedron Lett.*, **32**, 2207–2210.
92. (a) Halazy, S., Ehrhard, A., and Danzin, C. (1991) *J. Am. Chem. Soc.*, **113**, 315–317; (b) Halazi, S., Ehrhard, A., Eggenspiller, A., Berges-Gross, V., and Danzin, C. (1996) *Tetrahedron*, **51**, 177–184.
93. Weintraub, P.M., Holland, A.K., Gates, C.A., Moore, W.R., Resvick, R.J., Bey, P., and Peet, N.P. (2003) *Bioorg. Med. Chem.*, **11**, 427–431.
94. Kim, H.W., Rossi, P., Shoemaker, R.K., and DiMagno, S.G. (1998) *J. Am. Chem. Soc.*, **120**, 9082–9083.
95. Biffinger, J.C., Kim, H.W., and DiMagno, S.G. (2004) *ChemBioChem*, **5**, 622–627.
96. Selection of examples: (a) Deleuze, A., Menozzi, C., Sollogoub, M., and Sinaÿ, P. (2004) *Angew. Chem. Int. Ed.*, **43**, 6680–6683; (b) Hirai, G., Watanabe, T., Yamaguchi, K., Miyagi, T., and Sodeoka, M. (2007) *J. Am.*

Chem. Soc., **129**, 15420–15421; (c) Chokhawala, H.A., Cao, H., Yu, H., and Chen, X. (2007) *J. Am. Chem. Soc.*, **129**, 10630–10631; (d) Giuffredi, G.T., Bernet, B., and Gouverneur, V. (2011) *Eur. J. Org. Chem.*, 3825–3836; (e) Ioannou, A., Cini, E., Timofte, R.S., Flitsch, S.L., Turner, N.J., and Linclau, B. (2011) *Chem. Commun.*, **47**, 11228–11230; (f) Linclau, B., Golten, S., Light, M., Sebban, M., and Oulyadi, H. (2011) *Carbohydr. Res.*, **346**, 1129–1139; (g) Fourrière, G., Leclerc, E., Quirion, J.-C., and Pannecoucke, X. (2012) *J. Fluorine Chem.*, **134**, 172–179.

97. (a) Zasloff, M., Martin, B., and Chen, H.C. (1988) *Proc. Natl. Acad. Sci. U. S. A.*, **85**, 910–913; (b) Matsuzaki, K. (1998) *Biochim. Biophys. Acta Rev. Biomembr.*, **1376**, 391–400; (c) Meng, H., and Kumar, K. (2007) *J. Am. Chem. Soc.*, **129**, 15615–15622.

98. (a) Marsh, E.N.G., Buer, B.C., and Ramamoorthy, A. (2009) *Mol. Biosyst.*, **5**, 1143–1147; (b) Buer, B.C. and Marsh, E.N.G. (2012) *Protein Sci.*, **21**, 453–462.

99. (a) Zanda, M. (2004) *New J. Chem.*, **28**, 1401–1411; (b) Hook, D.F., Gessier, F., Noti, C., Kast, P., and Seebach, D. (2004) *ChemBioChem*, **5**, 691–706.

100. (a) Chiu, H.-P., Suzuki, Y., Gullickson, D., Ahmad, R., Kokona, B., Fairman, R., and Cheng, R.P. (2006) *J. Am. Chem. Soc.*, **128**, 15556–15557; (b) Woll, M.G., Hadley, E.B., Mecozzi, S., and Gellman, S.H. (2006) *J. Am. Chem. Soc.*, **128**, 15932–15933; (c) Zheng, H., Comeforo, K., and Gao, J. (2009) *J. Am. Chem. Soc.*, **131**, 18–19.

101. Jäckel, C., Seufert, W., Thust, S., and Koksch, B. (2004) *ChemBioChem*, **5**, 717–720.

102. Gottler, L.M., Lee, H.-Y., Shelburne, C.E., Ramamoorthy, A., and Marsh, E.N.G. (2008) *ChemBioChem*, **9**, 370–373.

103. Qiu, X.-L. and Qing, F.-L. (2011) *Eur. J. Org. Chem.*, 3261–3278.

104. (a) Silverman, R.B. and Abeles, R.H. (1976) *Biochemistry*, **15**, 4718; (b) Silverman, R.B. and Abeles, R.H. (1977) *Biochemistry*, **16**, 5515; (c) Wong, E. and Walsh, C. (1978) *Biochemistry*, **17**, 1313.

105. Pogolotti, A.L. and Santi, D.V. Jr., (1977) *Bioorg. Chem.*, **1**, 277–311.

106. Wataya, Y., Matsuda, A., Santi, D.V., Bergstrom, D.E., and Ruth, J.L. (1979) *J. Med. Chem.*, **22**, 339–390.

107. Jeong, L.S., Yoo, S.J., Lee, K.M., Koo, M.J., Choi, W.J., Kim, H.O., Moon, H.R., Lee, M.Y., Park, J.G., Lee, S.K., and Chun, M.W. (2003) *J. Med. Chem.*, **46**, 201–203.

108. (a) Kiesewetter, D.O., Kilbourn, M.R., Landvatter, S.W., Heiman, D.F., Katzenellenbogen, J.A., and Welch, M.J. (1984) *J. Nucl. Med.*, **25**, 1212; (b) Blazejewski, J.-C., Dorme, R., and Wakselman, C. (1983) *J. Chem. Soc., Chem. Commun.*, 1050; (c) Blazejewski, J.-C., Dorme, R., and Wakselman, C. (1986) *J. Chem. Soc., Perkin Trans. 1*, 337.

109. (a) Kollonitsch, J., Perkins, L.M., Patchett, A.A., Doldouras, G.A., Marburg, S., Duggan, D.E., Maycock, A.L., and Aster, S.D. (1978) *Nature*, **274**, 906; (b) Metcalfe, B. (1981) *Annu. Rep. Med. Chem.*, **16**, 289; (c) Walsh, C. (1982) *Tetrahedron*, **38**, 871; (d) Bey, P. (1984) *Ann. Chim. Fr.*, **9**, **1984**.

110. Reviews: (a) Lasne, M.-C., Perrio, C., Rouden, J., Barré, L., Roeda, D., Dolle, F., and Crouzel, C. (2002) *Top. Curr. Chem.*, **222**, 201–258; (b) Cai, L., Lu, S., and Pike, V.P. (2008) *Eur. J. Org. Chem.*, 2853–2873; (c) Miller, P.W., Long, N.J., Vilar, R., and Gee, A.D. (2008) *Angew. Chem. Int. Ed.*, **47**, 8998–9033.

111. (a) Kilbourn, M.R. (1990) *Fluorine-18 Labelling of Pharmaceuticals*, Nuclear

Science Series, NAS-NS-3203, National Academy Press, Washington, DC; (b) Stöcklin, G., Pikes, V.W. (eds.) (1993) *Radiopharmaceuticals for Positron Emission Tomography*, Development in Nuclear Medicine, Vol. 24, Kluwer, Dordrecht; (c) Guillaume, G., Luxen, A., Nebeling, B., Argentini, M., Clark, J., and Pike, V.W. (1991) *Appl. Radiat. Isot.*, **42**, 749; (d) Patterson, J.C. and Mosley, M.L. (2005) *Mol. Imaging Biol.*, **7**, 197–200.

112. Eckelman, W.C. (2003) *Drug Discov. Today*, **8**, 404–410.
113. Langner, J. (2003) Event-driven motion compensation in positron emission. Master of Computer Science Thesis, University of Applied Sciences Dresden and Forschungszentrum Dresden-Rossendorf.
114. More information on PET can be found at: (a) Hamamatsu Photonics K.K. http://www.hpk.co.jp/Eng/topics/pet/pet_0.htm (accessed 1 October 2012); (b) Hamamatsu/Queen's PET Imaging Center http://www.queenspetcenter.com/ (accessed 1 October 2012).
115. Halfort, B. (2008) *Chem. Eng. News*, 13–20.
116. (a) Firnau, G., Chirakal, R., and Garnett, E.S. (1984) *J. Nucl. Chem.*, **25**, 1228; (b) Coenen, H.H., Franken, K., Kling, P., and Stöcklin, G. (1988) *Appl. Radiat. Isot.*, **39**, 1243; (c) Dolle, F., Demphel, S., Hinnen, F., Fournier, D., Vaufrey, F., and Crouzel, C. (1998) *J. Labelled Compd. Radiopharm.*, **41**, 105; (d) de Vries, E.F.J., Luurtsema, G., Brüssermann, M., Elsinga, P.H., and Vaalburg, W. (1999) *Appl. Radiat. Isot.*, **51**, 389.
117. Dax, K., Glanzer, B.I., Schulz, G., and Vyplel, H. (1987) *Carbohydr. Res.*, **162**, 13.
118. (a) Jewett, D.M., Potocki, J.F., and Ehrenkaufer, R.E. (1984) *Synth. Commun.*, **14**, 45; (b) Jewett, D.M., Potocki, J.F., and Ehrenkaufer, R.E. (1984) *J. Fluorine Chem.*, **24**, 477.
119. Review: Beuthien-Baumann, B., Hamacher, K., Oberdorfer, F., and Steinbach, J. (2000) *Carbohydr. Res.*, **327**, 107–118.
120. (a) Lee, C.-C., Sui, G., Elizarov, A., Shu, C.J., Shin, Y.-S., Dooley, A.N., Huang, J., Daridon, A., Wyatt, P., Stout, D., Kolb, H.C., Witte, O.N., Satyamurthy, N., Heath, J.R., Phelps, M.E., Quake, S.R., and Tseng, H.-R. (2005) *Science*, **310**, 1793–1796; (b) Audrain, H. (2007) *Angew. Chem. Int. Ed.*, **46**, 1772–1775.
121. Gao, Z., Lim, Y.H., Tredwell, M., Li, L., Verhoog, S., Hopkinson, M., Kaluza, W., Collier, T.L., Passchier, J., Huiban, M., and Gouverneur, V. (2012) *Angew. Chem. Int. Ed.*, **51**, 6733–6737.
122. Halpern, D.F. (1994) in *Organofluorine Chemistry: Principles and Commercial Applications* (eds R.E. Banks, B.E. Smart, and J.C. Tatlow), Plenum Press, New York, pp. 543–554.
123. (a) Jones, W.G.M. (1982) *Preparation, Properties, and Industrial Applications of Organofluorine Compounds*, Ellis Horwood, Chichester, p. 157; (b) Suckling, C.W. and Raventos, J. (1957) GB Patent 767,779; Chem. Abstr., **51**, (1957) 85774 (c) Suckling, C.W. and Raventos, J. (1960) US Patent 2,921,098; Chem. Abstr., **55**, (1961) 22396.
124. Ramig, K. (2002) *Synthesis*, 2627–2631.
125. Filler, R. (1986) in *Fluorine: the First Hundred Years (1886–1986)* (eds R.E. Banks, D.W.A. Sharp, and J.C. Tatlow), Elsevier Sequoia, Lausanne, pp. 361–376.
126. Miller, K.W. (1985) *Int. Rev. Neurobiol.*, **27**, 1.
127. Review: Ramig, K., Halpern, D.F. (1999) in *Enantiocontrolled Synthesis of Fluoro-Organic Compounds: Stereochem-*

ical Challenges and Biomedical Targets (ed. V.A. Soloshonok), John Wiley & Sons, Inc., New York, p. 451–468.
128. Harris, B., Moody, E., and Skolnick, P. (1992) Eur. J. Pharmacol., 217, 215.
129. Reviews: (a) Moody, E.J., Harris, B.D., and Skolnick, P. (1994) Trends Pharmacol. Sci., 15, 387; (b) Franks, N.P., and Lieb, W.R. (1994) Nature, 367, 607.
130. (a) Franks, N.P. and Lieb, W.R. (1991) Science, 254, 427; (b) Nury, H., Van Renterghem, C., Weng, Y., Tran, A., Baaden, M., Dufresne, V., Changeux, J.-P., Sonner, J.M., Delarue, M., and Corringer, P.-J. (2011) Nature, 469, 428–435.
131. Huang, C.G., Rozov, L.A., Halpern, D.F., and Vernice, G.G. (1993) J. Org. Chem., 58, 7382–7387.
132. (a) Eger, E.I., Smuckler, E.A., Ferrell, L.D., Goldsmith, C.H., and Johnson, B.H. (1986) Anesth. Analg., 65, 21–30; (b) Nuscheler, M., Conzen, P., and Peter, K. (1998) Anaesthetist, 47, S24–S32; (c) Mazze, R.I., Trudell, J.R., and Cousins, M.J. (1971) Anesthesiology, 35, 247–252.
133. Reviews: (a) Lowe, K.C. (1994) in Organofluorine Chemistry: Principles and Commercial Applications (eds R.E. Banks, B.E. Smart, J.C. Tatlow), Plenum Press, New York; (b) Riess, J.G. (1995) New J. Chem., 19, 891–909; (c) Lowe, K.C. (1991) Vox Sang., 60, 129–140.
134. Riess, J.G. and Le Blanc, M. (1982) Pure Appl. Chem., 54, 2383.
135. Tsuda, Y., Yamanouchi, K., Yokoyama, K., Suyama, T., Watanabe, M., Ohyanagi, H., and Saitoh, Y. (1989) in Blood Substitutes (eds T.M.S. Chang and R.P. Geyer), Marcel Dekker, New York, pp. 473–483.
136. Naito, R. and Yokoyama, K. (1978) Perfluorochemical Blood Substitutes, Research Information Series, Vol. 5, Green Cross, Osaka.
137. (a) Clark, L.C. and Gollan, F. (1966) Science, 152, 1755–1756; (b) Kylstra, J.A., Tissing, M.O., van der Maen, A. (1962) Trans. Am. Soc. Artif. Int. Org., 8, 378.
138. Lynch, P.R., Wilson, J.S., Shaffer, T.H., and Cohen, N. (1983) Undersea Biomed. Res., 10, 1.
139. Cameron J. (1989) (Director), The Abyss, Twentieth Century Fox.
140. Shaffer, T.H., Forman, D.L., and Wolfson, M.R. (1984) Undersea Biomed. Res., 11, 287.
141. (a) Mattrey, R.F. (1989) Am. J. Radiol., 152, 247; (b) Long, D.M., Long, D.C., Mattrey, R.F., Long, R.A., Burgan, A.R., Herrick, W.C., Shellhamer, D.F. (1989) in Blood Substitutes (eds T.M.S. Chang, R.P. Geyer), Marcel Dekker, New York, pp. 411–420; (c) Joseph, P.M., Yuasa, Y., Kundel, H.L., Mukherji, B., and Sloviter, H.A. (1985) Invest. Radiol., 20, 504; (d) Mattrey, R.F., Schumacher, D.J., Tran, H.T., Guo, Q., and Buxton, R.B. (1992) Biomater. Art. Cells Immob. Biotechnol., 20, 917.
142. Fishman, J.E., Joseph, P.M., Carvlin, M.J., Saadi-Elmandjra, M., Mukherji, B., and Sloviter, H.A. (1989) Invest. Radiol., 24, 65.
143. Review: Klibanov, A.L. (2002) Ultrasound contrast agents: development of the field and current status, in Contrast Agents II, Topics in Current Chemistry, Vol. 222 (ed. W. Krause), Springer, Berlin, p. 73.
144. (a) Riess, J.G. (2001) Chem. Rev., 101, 2797; (b) Krafft, M.P., Riess, J.G., Weers, J.G. (1998) in Submicronic Emulsions in Drug Targeting and Delivery (ed. S. Benita), Harwood Academic, Amsterdam, p. 235; (c) Krafft, M.P., Chittofrati, A., and Ries, J.G. (2003) Curr. Opin. Colloid Interface Sci., 8, 251–258.
145. (a) Jeschke, P. (2004) ChemBioChem,

5, 570–589; (b) Hartley, D., Kidd, H., (eds.) (1987) *Agrochemicals Handbook*, 2nd edn, Royal Society of Chemistry, London.
146. (a) Cartwright, D. (1994) in Recent Developments in Fluorine-Containing Agrochemicals, in *Organofluorine Chemistry: Principles and Commercial Applications* (eds R.E. Banks, B.E. Smart, J.C. Tatlow), Plenum Press, New York, and references cited therein; (b) Maienfisch, P., and Hall, R.G. (2004) *Chimia*, **58**, 93–99.
147. Ridley, S.M. (1982) in *Carotenoid Chemistry and Biochemistry* (eds C.B. Britton and T.W. Goodwin), Pergamon Press, Oxford, p. 353.
148. (a) Newbolt, G.T., (1979) in *Organofluorine Chemicals and Their Industrial Applications* (ed. R.E. Banks), Ellis Horwood, Chichester, p. 169; (b) Waldrep, T. and Taylor, H.M. (1976) *J. Agric. Food Chem.*, **24**, 1250; (c) Pereiro, F., and Ballaux, J.C. (1982) *Proc. Br. Crop Protect. Conf. Weeds 1*, 225; (d) Cramp, M.C., Gilmor, J., L.R. Hatton, Hewett, R.H., Nolan, C.J., and Parnell, E.W. (1985) *Proc. Br. Crop Prot. Conf. Weeds 1*, 23; (e) Cramp, M.C., Gilmor, J., Hatton, L.R., Hewett, R.H., Nolan, C.J., and Parnell, E.W. (1987) *Pestic. Sci.*, **18**, 15; (f) Kyndt, C.F.A. and Turner, M.T.F. (1985) *Proc. Br. Crop Prot. Conf. Weeds 1*, 29.
149. (a) H.J. Nestler (1982) in *Chemie der Pfanzenschutz- und Schädlingsbekämpfungsmittel* (ed. R. Wegler), Vol. 8, Springer, Heidelberg, p. 2; (b) J.D. Burton, J.W. Greenwald, D.A. Somers, J.A. Connelly, B.G. Gegenbach, D.L. Wyse (1987) *Biochem. Biophys. Res. Commun.*, **148**, 1039.
150. (a) Nishiyama, R., Haga, T., and Sakashita, N. (1979) Patent GB 1,599,121; Chem. Abstr., 90, (1979) 152017; (c) R.E. Plowman, W.C. Stonebridge, J.N. Hawtree (1980) *Proc. Br. Crop Prot. Conf. Weeds 1*, 29; (d) Rempfler, H., Foery, W., and Schurter, R. (1979) GB Patent 1,550,574; Chem. Abstr., 90, (1979) 103846.
151. McKendry, L.H. (1979) US Patent 4,108,629; Chem. Abstr., 90, (1979) 98563.
152. Loos, M.A. (1975) in *Herbicides, Chemistry, Degradation and Mode of Action*, Vol. 1 (eds P.C. Kearney and D.D. Kaufman), Marcel Dekker, New York, p. 1.
153. Beyer, E.M., Duffey, M.J. Jr.,, Hay, J.V., and Schlueter, D.D. (1988) in *Herbicides, Chemistry, Degradation and Mode of Action*, Vol. 3 (eds P.C. Kearney and D.D. Kaufman), Marcel Dekker, New York, p. 117.
154. (a) Maurer, W., Gerber, H.R., and Rufener, J. (1987) *Proc. Br. Crop Prot. Conf. Weeds 1*, 43; (b) Werner, F., Gass, K., Meyer, W., and Schurter, R. (1983) EP Patent 70,802; Chem. Abstr., 99, (1983) 22504.
155. (a) Trepka, R.D., Harrington, J.K., Robertson, J.E., and Waddington, J.T. (1970) *J. Agric. Food Chem.*, **18**, 1176; (b) Trepka, R.D., Harrington, J.K., McConville, J.W., and McGurran, K.T. (1974) *J. Agric. Food Chem.*, **22**, 1111.
156. Powell, R.L. (2000) Applications, in *Houben–Weyl: Organo-Fluorine Compounds*, Vol. **E 10a** (eds B. Baasner, H. Hagemann, and J.C. Tatlow), Georg Thieme, Stuttgart, pp. 72–74.
157. (a) Green, M.B., Hartley, G.S., West, T.F. (1987) *Chemicals for Crop Protection and Pest Control*, 3rd edn, Pergamon Press, Oxford; (b) Probst, G.W., Wright, W.L., (1975), in *Herbicides, Chemistry, Degradation and Mode of Action*, Vol. 1 (eds P.C. Kearney, D.D. Kaufman), Marcel Dekker, New York, p. 453; (c) Alder, E.F., Wright, W.L., and Soper, Q.F. (1960) Proceedings of North Central Weed Conference, p. 23.

158. Wilcox, M., Chen, I.Y., Kennedy, P.C., Li, Y.Y., Kincaid, L.R., and Helseth, N.T. (1977) *Proc. Plant Growth Regul. Working Group*, 4, 194.
159. Lim, D.S., Choi, J.S., Pak, C.S., and Welch, J.T. (2007) *J. Pestic. Sci.*, 32, 255–259.
160. (a) Worthington, P.A., (1988), in *Sterol Biosynthesis Inhibitors* (eds D. Berg, M. Plempel), Ellis Horwood, Chichester, p. 19; (b) Buckel, K.H. (1986) in *Fungicide Chemistry, Advances and Practical Applications*, ACS Symposium Series, Vol. 304 (eds M.B. Green, D.A. Spilker), American Chemical Society, Washington, DC, p. 1; (c) Berg, D. (1986) in *Fungicide Chemistry, Advances and Practical Applications*, ACS Symposium Series, Vol. 304 (eds M.B. Green, D.A. Spilker), American Chemical Society, Washington, DC, p. 25; (d) Scheinpflug, H., Kuck, K.H. (1987), in *Modern Selective Fungicides* (ed. D.H. Lyr), Longman, Harlow, p. 173; (e) Buckenauer, H. (1987), in *Modern Selective Fungicides* (ed. D.H. Lyr), Longman, Harlow, p. 205.
161. Schroepfer, G.J. Jr., (1982) *Annu. Rev. Biochem.*, 51, 555–558.
162. (a) Skidmore, A.M., French, P.N., and Rathmell, W.G. (1983) Proceedings of the 10th International Congress of Plant Protection, Vol. 1, p. 368; (b) Northwood, P.J., Horellou, A., and Heckele, K.H. (1983) Proceedings of the 10th International Congress of Plant Protection, Vol. 1, p. 930.
163. (a) W.K. Moberg (1987) in *Synthesis and Chemistry of Agrochemicals*, ACS Symposium Series, Vol. 355 (eds D.R. Baker, J.G. Fenyes, W.K. Moberg, B. Cross), American Chemical Society, Washington, DC, p. 288; (b) T.M. Fort, W.K. Moberg (1984) *Proc. Br. Crop Prot. Pests Dis.* 2, 413.
164. Nakata, A. (1982) Proceedings of the 5th International Congress of Pesticide Chemistry, Kyoto, Abstract No. 116-9.
165. (a) Kuchel, K.H., Grewe, F., and Kaspers, H. (1971) GB Patent 1,237,509; Chem. Abstr., 74, (1971) 100062 (b) Grewe, F. and Buckel, K.H. (1973)) *Mitt. Biol. Bundesanst. Land-Forstwirtsch.* 151, 208; (c) Kuck, K.H., Schiempflug, H. (1986) in *Chemistry of Plant Protection* (eds G. Haug, H. Hofman), Springer, Berlin, p. 65.
166. (a) Brown, I.F. Taylor, Jr., H.M., Hackler, R.E., 1969) in *Pesticide Synthesis Through Rational Approaches*, ACS Symposium Series, Vol. 255, (eds P.S. Magee, G.K. Kohn, J.J. Mehn), American Chemical Society, Washington, DC, p. 65; (b) I.F. Brown Jr., H.M. Taylor, H.R. Hall (1975) *Proc. Am. Phytopathol. Soc.*, 2, 31.
167. (a) Araki, F. and Vabutani, K. (1981) *Proc. Br. Crop Prot. Conf. Pests Dis.* 1, 3; (b) Yabutani, K.I., Ikeda, K.T., Hatta, S.S., and Harada, T.K. (1978) DE Patent 2,731,522; Chem. Abstr., 89, (1978) 6122.
168. (a) Hassall, K.A. (1982) *The Chemistry of Pesticides*, Macmillan, London; (b) Perry, A.S., Yamamoto, I., Ishaaya, I., Perry, R.Y. (1998) *Insecticides in Agriculture and Environment*, Springer, Berlin; (c) Ishaaya, I. (ed.) (2001) *Biochemical Sites of Insecticide Action and Resistance*, Springer, Berlin; (d) Ishaaya, I., Degheele, D. (eds.) (1998) *Insecticides with Novel Modes of Action*, Springer, Berlin; (e) Eto, M. (1990) *Chemistry of Plant Protection 6*, Springer, Berlin, p. 65.
169. Mass, W., van Hes, R., Grosscurt, A.C., and Deul, D.H. (1981) in *Chemie der Pfanzenschutz- und Schädlingsbekämpfungsmittel*, Vol. 6 (ed R. Wegler), Springer, Berlin, p. 424.
170. (a) Pfluger, R.W. (1986) US Patent 4,542,216; Chem. Abstr., 104, (1986) 88586 (b) Hassig, R. (1988) US Patent

4,692,524; Chem. Abstr., 108, (1988) 6041.
171. (a) Eliott, M., Farnham, A.W., James, N.F., Needham, P.H., Pulman, D.A., and Stevenson, J.H. (1973) Proceedings of the 7th British Insecticide and Fungicide Conference, Vol. 2, p. 721; (b) M. Eliott, A.W. Farnham, N.F. James, P.H. Needham, D.A.P. Pulman, J.H. Stevenson (1973) *Nature*, 246, 169.
172. (a) Jutsum, A.R., Collins, M.D., Perrin, R.M., Evans, D.D., Davies, R.A.H., and Ruscoe, C.N.E. (1984) *Proc. Br. Crop Conf. Pests Dis.* 2, 421; (b) Bentley, P.D., Cheetham, R., and Huff, R.K. (1980) *Pestic. Sci.*, 11, 156; (c) Stubbs, V.K. (1982) *Aust. Vet. J.*, 59, 152; (d) Doel, H.J.H., Crossman, A.R., and Bourdouxhe, L.A. (1984) *Meded. Fac. Landbouwwet. Rijksuniv. Gent*, 49, 929; (e) Crossman, A.R., Bourdouxhe, L.A., and Doel, H.J.H. (1984) *Meded. Fac. Landbouwwet. Rijksuniv. Gent*, 49, 939; (f) Jutsum, A.R., Gordon, R.F.S., and Ruscoe, C.N.E. (1986) *Proc. Br. Crop Conf. Pests Dis.* 1, 97.
173. (a) Whitney, W.K. and Wettstein, K. (1979) *Proc. Br. Crop Conf. Pests Dis.* 2, 387–394; (b) Hendrick, C.A., Garcia, B.A., Staal, G.B., Gerf, D.C., Anderson, R.J., Gill, K., Chinn, H.R., Labovitz, J.N., Leippe, M.M., Woo, S.L., Carney, R.L., Gordon, D.C., and Kohn, G.K. (1980) *Pestic. Sci.*, 11, 224; (c) Anderson, R.J., Adams, K.G., and Hendrick, C.A. (1985) *J. Agric. Food Chem.*, 33, 508; (d) Hendrick, C.A., Anderson, R.J., Carney, R.L., Garcia, B.A., Staal, G.B. (1984) in *Recent Advances in the Chemistry of Insect Control*, Special Publication No. 53 (ed. N.F. James), Royal Society of Chemistry, London, p. 2.
174. (a) Lovell, J.B. (1979) *Proc. Br. Crop Prot. Conf. Pests Dis.* 2, 575; (b) Lovell, J.B. (1979) US Patent 4,163,102; Chem. Abstr., 91, (1979) 211437.
175. Pesenti, C. and Viani, F. (2004) *ChemBioChem*, 5, 590–613.
176. Bowler, D.J., Entwistle, I.D., and Porter, A.J. (1984) *Proc. Br. Crop Prot. Conf. Pests Dis.* 2, 397.

附录 A
典型合成过程

选择以下合成步骤例子的目的，是想让大家对有机氟化学合成反应的各个方面有个总体印象。这些步骤都选自原始文献资料，如有需要，我们也做了一些小小的改动。偶尔，我们也添加了一些关于安全防范方面的注释和建议。

A.1 选择性的直接氟化反应

A.1.1 注意事项

用氮气稀释至体积比为5%和10%的氟气[1]是装在配了特殊阀门的钢瓶中出售的。原则上，用干的氟气进行直接氟化反应时，可以在玻璃器仪器中进行。但由于在氟化反应中生成的副产物——氟化氢对玻璃有腐蚀作用，所以我们还是推荐使用含氟的聚合物来作为反应容器。由于具有良好的透明度和可塑性，PFA是最合适的一种材料。由于即便是稀释了的氟气也可以与许多的有机化合物发生剧烈的反应，在整个装置中要避免使用传统的烃类润滑剂。市场上有耐氟润滑剂供应。在结束反应时要特别注意，此时可能会有大量未反应的氟气从反应装置中溢出。为了防止这种现象的发生，多余的氟气要用装有碱石灰或氧化铝与粒状木炭的混合物的吸收装置对尾气进行吸收。

氟气是一种高活性、高毒性的气体，实验操作应在通风良好的通风柜中进行，并应使用护目镜、手套等防护装备。即使在浓度比较低的情况下也可以闻到氟气特有的气味。即使吸入低浓度的氟气也会对身体健康产生严重的危害。一旦发生与氟气的接触应立刻寻求专业医生的救助。

A.1.2 丙二酸二乙酯1氟化制备氟代丙二酸二乙酯2

取一玻璃反应瓶，配置有聚四氟乙烯涂层（PTFE，teflon）保护的机械搅拌，用 F-40（四氟乙烯和乙烯的共聚材料）保护的热电偶，F-40 的气体导入管和导出管，导出管和碱石灰吸收装置相连接。在上述反应瓶中依次加入丙二酸二乙酯（3.2g，20mmol），$Cu(NO_3)_2 \cdot 2.5H_2O$（460mg，2.0mmol）以及乙腈（50mL），然后将反应体系冷却至 5~8℃。反应瓶先充入氮气，然后将与氮气稀释至体积比为 10% 的氟气混合气通入搅拌的反应液中，气体流速为 $16 mmol \cdot h^{-1}$，持续 4h。停止通气，反应瓶应中充入氮气。将反应液倾倒入水中，用 CH_2Cl_2 萃取，在萃取液中加入一定量的三氟甲苯，然后对其进行 ^{19}F NMR 谱的测定。萃取液减压除去溶剂后对其进行 GLC 或 ^1H NMR 谱的分析。根据以上测定的数据，就可以计算出反应底物的转化率和反应的产率（根据已转化的底物）。通过制备型 GC 就可以得到产物的纯样。氟代丙二酸二乙酯 2 的产率为 78%（转化率为 100%）[2]（图式 A.1）。^1H NMR（250MHz，$CDCl_3$）：$\delta=1.41(t, J=7.1Hz, 6H)$，$4.4(q, J=7.2Hz, 4H)$，$5.36(d, J_{HF}=48.3Hz, 1H)$；$^{19}F$ NMR（235MHz，$CDCl_3$）：$\delta=-196.5(d, J_{HF}=48.3Hz)$。

图式 A.1 铜盐催化的丙二酸酯的选择性直接单氟化反应[2]

A.1.3 双(4-硝基苯基)四氟化硫4的合成(15%反和85%顺的异构体混合物)

将二(4-硝基苯基)硫醚 3（20g，72mmol），NaF（60g；250℃下真空干燥 18h）和无水乙腈（500mL）的悬浮液，冷却至 -5℃。在剧烈搅拌下，通入用氮气稀释的 10%（体积分数）氟气，保持反应温度为 -5~-3℃，直至 GC-MS 检测反应完全（反应在 PFA 容器中操作完成，剩余的氟气由装有氧化铝和粒状木炭的吸收装置吸收。）。通氮气置换反应气体后，减压除去溶剂。残留固体[主要成分为 NaF，产物以及二(4-硝基苯基)硫砜]用热的 $CHCl_3$（5×200mL）萃取。合并有机相，过滤并浓缩至 250mL。在 -20℃下结晶 18h，过滤后得粗产品（图式 A.2）。在乙腈中二次重结晶后即可得到 20g（80%）的黄色晶体，该晶体为 15% 反式-4[3]和 85% 顺式-4 的混合物；熔点 >180℃（分解）；元素分析数据和计算值相符。

A.1.4 异构化生成反式-4

将上述异构体混合物（反/顺 4 15:85）（60g，0.17mol）悬浮在无水 CH_2Cl_2（1.8L）溶液中，然后加入 $BF \cdot Et_2O$（2.61mL，17mmol），在室温条件下反应 60

图式 A.2 二芳基四氟化硫化合物的合成[3]

min。然后加入 MeOSiMe₃(6mL，44mmol)到上述反应体系中，继续反应 30min，减压除去溶剂即得粗产品。粗产品用乙腈重结晶两次得到 52g(产率：87%)反式-4 的淡黄色针状晶体[3]；熔点：249℃（分解）；^{1}H NMR(300MHz，d_6-DMSO，303K)：$\delta = 8.31$(d, 4H, $J = 12$Hz)，8.42(d, 4H, $J = 12$Hz)；^{19}FNMR(280MHz，CDCl₃，303K)：$\delta = 48.1$(s)；MS(EI)：$m/z = 352$[M⁺]，333[M⁺-F]，192[$O_2NPhSF_2^+$]，146[$PhSF_2^+$]，141[O_2NPhF^+]，111[$OPhF^+$]，95(100%)[PhF^+]。

A.2 氢氟化加成和卤氟化加成反应

A.2.1 注意事项

使用 70% HF-吡啶溶液时，必须避免气体的吸入和与皮肤的接触。实验操作应在通风良好的通风柜中进行，并应使用护目镜、手套等防护装备。即使只有少量吸入体内，也应立刻寻求专业医生的救助。当接触到皮肤后应立即用大量清水进行冲洗，然后用葡萄糖酸钙凝胶体进行后续处理[4]。NEt₃·3HF 虽没有 70% HF-吡啶的腐蚀性强，但也应有相同的防范措施。与 70% HF-吡啶溶液不同，NEt₃·3HF 不腐蚀硅硼酸盐的玻璃。

A.2.2 液晶化合物 6 的合成

向一聚四氟乙烯烧瓶中加入化合物 5(100g，0.36mmol)、CH₂Cl₂(200mL)和 70% HF-吡啶(36.3mL，1.45mol)，室温下搅拌反应 18h。反应结束后将反应液倾倒入 300g 冰中，用 CH_2Cl_2($3\times 100mL$)萃取，合并后的有机相用饱和 $NaHCO_3$ 溶液洗至中性，无水 $MgSO_4$ 干燥。加入1%（体积比）的吡啶后，减压除去 CH_2Cl_2 后，就可以得到98g加成产物的粗产品。粗产品用硅胶过滤（洗脱剂为：正己烷/吡啶99:1）后，在-20℃下结晶即可得到化合物 **6**(38.4g，36%)[5]（图式 A.3）；中间相次序❶：C 52 S_B 109 I；^1H NMR(500MHz，$CDCl_3$，303K)：$\delta=0.85\sim 1.56$(m，34H)，$1.70\sim 1.75$(m，2H)，$1.86\sim 1.92$(mc，1H)；^{19}F NMR(280MHz，$CDCl_3$，303K)：$\delta=-160.4$(mc)；MS(EI)：$m/z=276(M^+-HF)$。

图式 A.3 烯烃化合物 **5** 和氟化氢的加成反应[5]

A.2.3 化合物 8 的合成

向一装有机械搅拌的 250mL 单颈圆底烧瓶中加入 α-甲基苯乙烯(**7**)(7.1g，60mmol)、$NEt_3 \cdot 3HF$(14.7mL，90mmol)和 60mL CH_2Cl_2，然后在 0℃ 条件下将 NBS(11.8g，66mmol)加入到上述反应液中。反应 15min 后，移去冰浴回复至室温继续反应 5h。反应结束后将反应液倾倒入 1000mL 冰水中，加入 28% 的氨水调至弱碱性，然后用 CH_2Cl_2($4\times 150mL$)萃取，萃取液分别用 $0.1mol\cdot L^{-1}$ HCl 溶液($2\times 150mL$)和 5% $NaHCO_3$ 溶液($2\times 150mL$)洗，无水 $MgSO_4$ 干燥。减压除去溶剂后，粗产品蒸馏就可得到化合物 **8**[6]（图式 A.4）：11.6g(89%)；b.p.50~52℃/0.15mmHg；n_D^{20} 1.5370。

图式 A.4 烯烃的溴氟化反应[6]

A.3 用 F-TEDA-BF_4（Selectfluor）作为氟化试剂的亲电氟化反应

A.3.1 含氟甾体化合物 11 的合成

在氮气保护下，将溶解于 5.0mL 醋酸异丙烯基酯溶液中的 3β-乙酰氧基雄甾酮 **9**(0.5g，1.52mmol)加热至 80℃，反应 24h 后冷却，加入 200μL 三乙胺淬灭反应。减压(0.1mmHg)除去溶剂后，将残留物 **10** 溶解于 25mL 乙腈中，加入 F-TEDA-

---

❶ C：近晶相；S_B：近晶相 B；N：各向同性。转变温度单位为摄氏度。

BF$_4$(537mg，1.52mmol)，TLC(展开剂为乙酸乙酯/已烷1:4)跟踪反应。2h后将反应液用25mL乙酸乙酯稀释、水洗(3×25mL)、无水MgSO$_4$干燥、过滤，减压除去溶剂后用快速柱色谱分离(乙酸乙酯/已烷1:4)，即可得到474mg(90%)3β-乙酰氧基-16-氟代雄甾酮11(α/β≈94:6)，图谱数据与文献报道相符[7](图式A.5)。

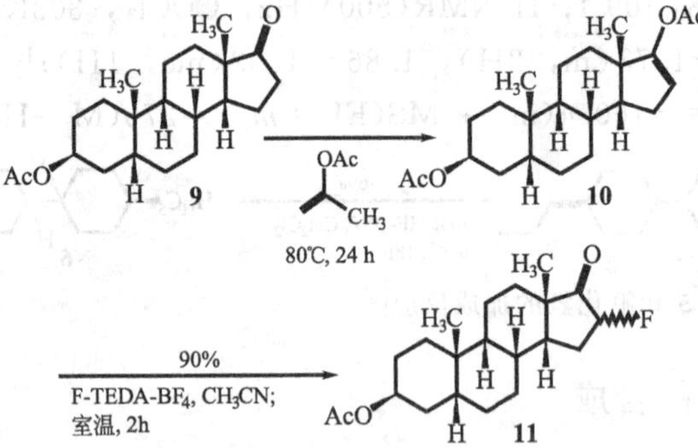

图式A.5 甾体化合物的亲电氟化反应[8]

A.3.2 氟代苯基丙二酸二乙酯13的合成

先将苯基丙二酸二乙酯12(1mmol)溶解于50mL THF中，再将上述THF溶液在氮气保护、0℃的条件下加入到除去矿物油的NaH(40mg of 60%，24mg，1mmol)的THF(5.0mL)悬浮液中。在0℃的条件下反应30min，然后在室温条件下继续反应1h。反应得到的钠盐用2.0mL DMF稀释，再加入F-TEDA-BF$_4$(354mg)，室温反应30min。反应结束后将反应液倾倒入乙醚中，然后分别用10mL 5% H$_2$SO$_4$溶液和10mL饱和NaHCO$_3$溶液洗，无水MgSO$_4$干燥，过滤，减压除去溶剂后用快速柱色谱分离即可得到化合物13(94%)[9](图式A.6)。

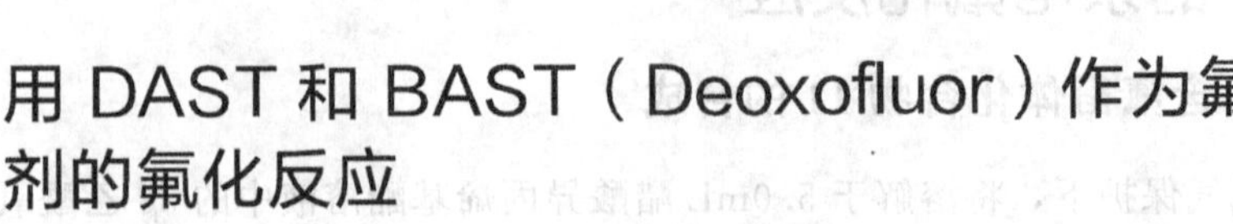

图式A.6 丙二酸酯的亲电氟化反应[8]

A.4 用DAST和BAST(Deoxofluor)作为氟化试剂的氟化反应

A.4.1 注意事项

DAST[(CH$_3$CH$_2$)$_2$NSF$_3$]和BAST[(CH$_3$OCH$_2$CH$_2$)$_2$NSF$_3$；商品名为Deoxofluor]易水解生成HF，所以在使用的时候要和使用氢氟酸及其铵盐一样，

需特别注意[4]。当纯的 DAST 加热超过 40~50℃时会发生爆炸，所以在其加热的时建议使用防护板。由于底物的反应活性而需要较高温度时，可选择较为安全的 BAST(Deoxofluor)，它在加热的过程中只会缓慢分解而不会发生爆炸[10]。

在 A.4.2 和 A.4.3 两部分的氟化反应中，所使用的氟化试剂 BAST 均可用 DAST 替换，且所得结果相似。

A.4.2 醇类化合物氟化反应的一般步骤

氮气保护下，在一装有 N_2 导入管、隔膜及电磁搅拌的 50mL 三颈瓶中加入 BAST(2.43g，11mmol)的无水 CH_2Cl_2(2.0mL)，在 -78℃(苄醇 14)或室温(保护的葡萄糖 16)下，向上述体系加入 10mmol 醇类化合物的 CH_2Cl_2(3.0mL)溶液。GC-MS 跟踪反应直至起始原料反应完全。反应结束后，将反应液倾倒入 25mL 饱和 $NaHCO_3$ 溶液中，当 CO_2 气体不再冒出后，用 CH_2Cl_2(3×15mL)萃取，无水 Na_2SO_4 干燥，过滤，减压除去溶剂。快速柱色谱(正己烷/乙酸乙酯)分离即可得到产品：苄基氟 15(1.05g，产率 96%)；氟代葡萄糖 17(5.32g，产率 98%，α/β=28:72)[10](图式 A.7)。

图式 A.7 用 BAST(Deoxofluor)作为氟化试剂进行的醇类化合物的氟化反应[10]

A.4.3 醛、酮类化合物氟化反应的一般步骤

在一个装有 N_2 导入管、电磁搅拌的 25mL 聚四氟乙烯的反应瓶中，加入 10mmol 醛 18 或酮 20 和 CH_2Cl_2(3.0mL)。室温下，加入 BAST(3.76g，17mmol)的 CH_2Cl_2(2.0mL)溶液。加入乙醇(92mg，116μL，2mmol)(现场生成催化量的 HF)后，混合物在室温下搅拌反应。GC-MS 跟踪反应直至起始原料完全消失。反应结束后，将反应液倾倒入饱和的 $NaHCO_3$ 溶液中，当 CO_2 气体不再冒出后，用 CH_2Cl_2(3×15mL)萃取，无水 Na_2SO_4 干燥，过滤，减压除去溶剂。快速柱色谱(正己烷/乙醚)分离即可得到产品：二氟甲苯 19(1.22g，产率 95%)；1,1-二氟-4-

叔丁基环己烷 **21**(1.50g, 产率 85%)[10] (图式 A.8)。

图式 A.8 用 BAST(Deoxofluor)作为氟化试剂进行的醛、酮类化合物的氟化反应[10]

A.5 用四氟化硫作为氟化试剂对羧酸类化合物的氟化反应

A.5.1 注意事项

四氟化硫是一种具有高毒性的危险气体[4]，从某些方面讲与光气类似[11]。在用 SF_4 做反应时，不管有没有氟化氢，建议使用由哈氏 C 材料的高压釜和由蒙氏 400 合金材料制成管道及阀门[12]。使用四氟化硫应在通风良好的通风柜中进行，并应使用护目镜、手套等防护装备。在高压釜进行泄压操作时，过量的 SF_4 和 HF 气体用氢氧化钾溶液来吸收。

A.5.2 4-溴-2-三氟甲基噻唑 23 的合成

将酸 **22**(0.1mmol)加入到 300mL 的高压釜中，抽真空，冷却到 -60℃后，依次加入 HF(30g) 和 SF_4(33g, 0.3mmol)。将反应体系升温至 40℃反应 20h，搅拌速度控制在 400~600r/min。反应结束后，排出挥发性的物质，反应液用 100mL 乙醚稀释，有机相中加入 NaF 并静止一段时间，然后分别用水(1×200mL)、10% NaOH(1×200mL)洗，蒸馏纯化后，得 18.4g 化合物 **23**(产率 76%)[13] (图式 A.9); b.p. 101~105℃/150mmHg; ^{1}H NMR(CDCl$_3$): δ = 7.46(s, 1H); ^{19}F NMR(CDCl$_3$): δ = -66.5。

图式 A.9 用四氟化硫作为氟化试剂将羧基转化为三氟甲基[13]

A.6 通过黄原酸酯的氧化脱硫氟化反应制备含三氟甲氧基化合物

A.6.1 液晶化合物 25 的合成

氩气保护下，在一干燥的装有橡胶隔膜和 PTEF 涂层磁力搅拌子的聚丙烯圆底反应瓶中，加入 NBS(5.0mmol)和 CH_2Cl_2(2.5mL)，在 $-42℃$ 下(CCl_4/干冰冷却)向该悬浮液中滴加吡啶(0.46mL)，然后再加入 70%HF-吡啶(1.0mL，40mmol HF)溶液。反应混合物在室温搅拌反应 5min，然后冷却至 0℃。在 0℃ 条件下向上述反应体系中滴加黄原酸酯 **24**(1.0mmol)的 CH_2Cl_2(1.5mL)溶液，得到深红色的反应混合物。该反应液在 0℃ 下继续反应 1h，然后用 5.0mL 乙醚小心稀释。再加入冰的缓冲液(pH 10，$NaHCO_3$，$NaHSO_3$ 和 NaOH)淬灭。用 10%的 NaOH 冰水溶液小心调节 pH 至 10，水相用乙醚萃取三次。合并有机相后用饱和盐水洗涤，$MgSO_4$ 干燥，过滤，减压除去溶剂。快速柱色谱(硅胶，环己烷)分离得到三氟甲醚 **25**(产率 40%)[14]；m.p. 30.8~31.1℃；b.p. 160℃/0.4mmHg；$R_F=0.91$(硅胶板，己烷)；^1H NMR(200MHz，$CDCl_3$)：$\delta=0.75\sim1.92$(m，19H)，0.87(t，$J=7Hz$，3H)，2.00~2.28(m，4H)，4.07(tt，$J=5Hz$，$J=11Hz$，1H)；^{19}F NMR(188MHz，$CDCl_3$)：$\delta=-58.0$(s，3F)(图式 A.10)。

图式 A.10 由黄原酸酯合成三氟甲醚[14]

A.7 二噻烷盐的氧化脱硫二氟烷氧基化反应

A.7.1 二噻烷的三氟甲磺酸盐 27

向化合物 **26**(250g，0.89mol)、甲苯(250mL)和异辛烷(250mL)混合溶剂的悬浮液中，加入 1,3-丙二硫醇(125g，1.16mol)。将上述乳白色悬浮液加热至 50℃，在 30min 内加入三氟甲磺酸(173g，1.16mol)(微微放热)。加完后升温至 102~104℃ 反应 4h，用分水器分水(28mL)。冷却至 90℃，在 70~90℃ 下 45min 内加入甲基叔丁基醚(1000mL)。将悬浮液冷却至 0℃，氮气保护下过滤。得到的晶体，用甲基叔丁基醚洗涤(4×250mL)，真空干燥得到浅桃红色晶体 **27**(402g，产率 90%)。从氢谱上估计该晶体纯度为 95%，可以直接进行后续反应[15]。该化合物在 90~100℃开始缓慢分解;^{1}H NMR(250MHz, CDCl$_3$, 303K):δ=0.75~1.35 (m, 21H), 1.60~2.03(m, 4H), 2.17(d, J=10Hz, 2H), 2.45~2.60(m, 2H), 2.95~3.15(m, 2H), 3.75(t, J=5Hz, 4H);^{13}C NMR(60Hz, CDCl$_3$, 303K):δ=14.5, 17.3, 23.1, 27.1, 29.5, 30.3, 32.5, 33.8, 35.5, 37.7, 38.1, 42.3, 43.2, 53.5, 57.2, 121.1(q, CF$_3$SO$_3$—), 203.4(—S—C=S$^+$—); MS(EI):m/z(%)=352 [M$^+$—CF$_3$SO$_3$H] (100%)。

A.7.2 由二噻烷盐 27 合成化合物 28

将 3,4,5-三氟苯酚(10g, 68mmol)、三乙胺(7.33g, 72mmol)和 CH$_2$Cl$_2$(90mL)的混合液冷却至−70℃。该温度下,于 45min 内向上述反应液中滴加化合物 **27**(30.9g, 62mmol)的 CH$_2$Cl$_2$(85mL)溶液。搅拌 1h 后,5min 内加入 NEt$_3$·3HF(50mL, 310mmol)。然后在−70℃下,1h 内加入液溴(49.5g, 310mmol)和 CH$_2$Cl$_2$(20g)的溶液,并在该温度下继续反应 1h 后,使反应温度回到 0℃。将反应液倾倒入 32%NaOH(107g)水溶液和冰(200g)的混合物中,通过滴加大约 28g 32%的 NaOH 水溶液来调节反应液的 pH 值至 5~8。分液后水相用 CH$_2$Cl$_2$(50mL)萃取,合并的有机相用硅藻土(2.5g)过滤、水洗、减压旋干。残余物用正己烷(60mL)溶解,加入硅胶(5.0g)搅拌 30min,然后过滤、减压旋干。得到的粗产物通过柱色谱(正己烷)即可得到向列型的油状物,该油状物缓慢结晶后得 22.8g (产率 84%)化合物 **28**(通过 GC 及 HPLC 测定纯度 99.2%)[15]。通过在正己烷、−20℃的条件下重结晶可以进行进一步的纯化(通过 GLC 及 HPLC 测定纯度达到>99.9%);中间相次序❶:C 59 N 112.1 I;^{1}H NMR(250MHz, CDCl$_3$, 303K):δ=0.8~1.38(m, 27H), 1.65~2.08(m, 4H), 6.82(mc, 2H, ar-2, 6-H);^{19}F NMR(280MHz, CDCl$_3$, 303K):δ=−79.3(d, J=8.4Hz, 2F, CF$_2$O—), −133.8(mc, 2F, ar-3, 5-F), −165.3(mc, 1F, ar-4-F); MS(EI)m/z(%)= 432 [M$^+$](25), 284 [M$^+$—F$_3$PhOH] (50)。

A.7.3 由乙烯酮缩二硫醇 29 合成化合物 28

在 0℃,将三氟甲磺酸(0.25mL, 2.84mol)滴加到化合物 **29**[16](1.00g, 2.84mmol)的 CH$_2$Cl$_2$(15mL)溶液中。滴加完毕后移去冰浴,室温反应 30min。然后降温至−70℃,加入 90% 3,4,5-三氟苯酚的甲苯溶液(0.70g, 4.25mmol)和三乙胺(0.71mL, 5.10mmol)的 CH$_2$Cl$_2$(3.0mL)溶液。−70℃反应 1h 后,加入 NEt$_3$·3HF(2.29mL, 14.2mmol)。5min 后,在 30min 内分批加入 1,3-二溴-5,5-二甲基己内酰脲(DBH)(4.05g, 14.2mmol)的 CH$_2$Cl$_2$(15mL)的悬浮液。继续反应 1h,升温至−20℃,将反应液倾倒入冰的 1mol·L^{-1} NaOH 水溶液

---

❶ C=晶体;S$_B$=近晶相 B;N=向列相;I=各向同性液体。温度单位为摄氏度。

(50mL)中。分出有机相，水相用 CH_2Cl_2($3\times30mL$)萃取。合并后的有机相加入硅藻土(5.0g)搅拌 15min、过滤、饱和盐水洗($2\times30mL$)、减压蒸干溶剂。残留物加入正己烷溶解，用一段短的硅胶过滤，得到 1.14g 化合物 **28**（产率 93%），由 96.9% 反-反和 2.2% 反-顺两个异构体组成（GLC 测定）。通过在正己烷、-20℃ 的条件下重结晶，可以进一步纯化得化合物反-反 **28**[15]，纯度>99.8%（GLC 测定）。如图式 A.11 所示。

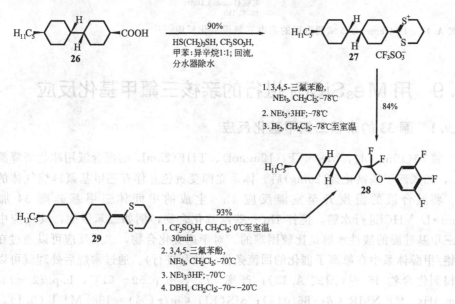

图式 A.11 通过二噻烷盐合成 α,α-二氟醚[15]

A.8 用 Umemoto 试剂进行的亲电三氟甲基化反应

A.8.1 三甲基硅基二烯基醚 30 的三氟甲基化

氩气保护下，将 S-（三氟甲基）二苯并噻吩甲磺酸盐 **31**(1.0mmol)加入到搅拌的化合物 **30**(1.0mmol)和吡啶(1.0mmol)的 DMF(6mL)溶液中，加热至 100℃ 反应 18h 后，常规后处理[17]，得到油状物 α-**32** 和 β-**32** 的混合物（69%；α/β 3.6:1）；IR(纯)：1681cm^{-1}(C=O)；MS(EI)：m/z(%)=232 [M$^+$]（图式 A.12）。

α-**32**：^{1}H NMR(CDCl$_3$)：$\delta=1.26$(s, 3H)，2.20~2.25(m, 1H)，2.5(ddd, $J=16.8$Hz, $J=12.6$Hz, $J=6.3$Hz, 1H)，3.05(m, 1H)，6.01(m, 1H)；^{19}F NMR(CDCl$_3$)：$\delta=-68.38$(dd, $J=8.2$Hz, $J=2.2$Hz)。

β-**32**：^{1}H NMR(CDCl$_3$)：$\delta=1.29$(s, 3H)，2.15~2.20(m, 1H)，2.65(ddd, 1H, $J=17.8$Hz, $J=15.0$Hz, $J=5.1$Hz)，3.05(m, 1H)，5.89(s, 1H)；

^{19}F NMR(CDCl$_3$):$\delta=-66.44$(d,$J=11.5$Hz)。

图式 A.12 用 Uememoto 试剂进行的亲电三氟甲基化反应[17]

A.9 用 Me$_3$SiCF$_3$ 进行的亲核三氟甲基化反应

A.9.1 酮 33 的亲核三氟甲基化反应

将 **33**(10mmol)、Me$_3$SiCF$_3$(12mmol)、THF(25mL)的混合液用冰盐浴降温至 0℃，加入四丁基氟化铵(20mg)后。体系立即变黄色并伴有三甲基氟硅烷气体的逸出。将混合液的温度升至室温反应 1h，生成的中间体三甲基硅醚 **34** 加入 1mol·L^{-1} HCl进行水解，搅拌 1h(一些羰基化合物，例如二苯甲酮，其反应中间体三甲基硅醚的酸性水解是比较困难的。对于这类化合物，水解反应可以通过在氟化铯/甲醇体系中在氟离子催化的回流条件下顺利进行)。通过常规后处理就可以分离得到化合物 **35**[18](图式 A.13)；产率 77%，m.p.59~61℃，b.p.72~73℃/40mmHg；^{19}F NMR：$\delta=86.0$(s)；MS(EI)：m/z(%)$=168$[M$^+$](0.1)，83(100)。

图式 A.13 酮 33 的亲核三氟甲基化反应[18]

A.10 过渡金属参与的芳香化合物的全氟烷基化反应

A.10.1 铜参与的硅试剂对化合物 36 的三氟甲基化反应

在一 Pyrex 封管中加入化合物 **36**(0.5mmol)、Et$_3$SiCF$_3$(0.6mmol)、CuI(0.75mmol)、KF(0.6mmol)、DMF/NMP(1:1)(1mL)。拧紧封管后，加热至 80℃反应 24h。冷却后小心打开封管。后处理后，以 99% 的产率得到化合物 **37** 以及少量它的五氟乙基类似物[19]。

用 Me₃SiCF₃（Ruppert-Prakash 试剂）也可以得到相似的结果[20]。当用 Me₃SiC₂F₅、Me₃Si-n-C₃F₇ 作为硅试剂反应（在 DMF 中 60℃反应 24h），可以以良好的产率得到五氟乙基芳烃 40 和全氟丙基芳烃 38[19]（图式 A.14）。

图式 A.14 铜参与的全氟烷基硅试剂和碘苯的全氟烷基化反应[19]

A.10.2 钯参与的芳基氯化物 41 的三氟甲基化反应

在充氮气的手套箱内，将 KF（116mg，2.0mmol）和化合物 41（292mg，1.0mmol），预先混合的 [(烯丙基)PdCl]₂ 络合物（11.0mg，0.03mmol）和 BrettPhos（48.3mg，0.09mmol）及 Et₃SiCF₃（376μL，2.0mmol）的二噁烷（3.3mL）混合液依次加入到可重复使用的、装有电磁搅拌磁子的、已经预先电炉干燥的封管内。密封后，将它放入已预先加热至 130℃的油浴中，激烈搅拌。6h 后，从油浴中取出封管，冷却至室温。用乙醚稀释反应混合液，用硅胶层过滤以除去所有固体物，减压浓缩，用 Biotage SP4（25g 硅胶填充的卡盒）纯化，得化合物 42（无色固体，产率 72%）（235mg）[21]：m.p. 115～116℃；¹H NMR（400Hz，CDCl₃）：δ = 8.09(d, J = 8.0Hz, 1H), 8.06(d, J = 8.0Hz, 1H), 7.53(s, 1H), 7.36～7.43(m, 2H), 7.28(d, J = 8.3Hz, 1H), 7.11～7.24(m, 4H), 7.01(dd, J = 7.7, J = 1.5Hz, 2H), 5.42(s, 2H)；¹³C NMR（101MHz，CDCl₃）：δ = 141.8, 140.0, 136.7, 129.1, 127.9, 127.9(q, J = 31.9Hz), 127.4, 126.5, 125.8(q, J = 1.2Hz), 125.1(q, J = 272.2Hz), 122.3, 121.2, 120.9, 120.2, 116.2(q, J = 3.6Hz), 109.6, 106.3(q, J = 4.2Hz), 46.9；¹⁹F NMR（282MHz，CDCl₃）：δ = -61.1；元素分析，$C_{20}H_{14}F_3N$ 计算值：C, 73.84, H, 4.34%；实测值：C, 73.86, H, 4.31%（图式 A.15）。

图式 A.15 钯参与的芳基氯化物的三氟甲基化反应[21]

A.11 铜参与的引入三氟甲硫基的反应

A.11.1 三氟甲硫基铜试剂 43 的制备

在一装有搅拌器和冷凝管的 250mL 三颈瓶中依次加入氟化银（15g，0.12mmol）、二硫化碳（15mL）、乙腈（100mL）。该混合物在 80℃（油浴）下反应 14h，然后将冷凝装置改为蒸馏装置，蒸出过量的二硫化碳。加入溴化亚铜（5.69g，40mmol），继续反应 1h。过滤掉黑色沉淀物后减压除去乙腈即可得灰白色固体 43（6.6g，98%）[22]。(^{19}F NMR 显示得到的产物主要是 $CuSCF_3$，其中还含有微量 HF_2^- 盐的杂质（图式 A.16）。

$$3 AgF + CS_2 \xrightarrow[80℃, 14h]{CH_3CN;} AgSCF_3 + Ag_2S\downarrow$$

$$\xrightarrow[80℃, 1h]{98\% \quad CuBr;}$$

$$CuSCF_3 + AgBr\downarrow$$
$$\mathbf{43}$$

图式 A.16 三氟甲硫基铜（Ⅰ）试剂 43 的制备[22]

A.11.2 $CuSCF_3$ 和 4-碘苯甲醚 44 的反应

在一 25mL 的圆底烧瓶中依次加入三氟甲硫基铜（Ⅰ）(**43**)（0.47g，2mmol）、4-碘苯甲醚(**44**)（1.55g，10mmol）和 NMP（10mL），将混合物加热至 150℃反应 18h。将得到的黑色反应液冷却，加水后用乙醚萃取两次，将乙醚萃取液合并、水洗三次。在旋转蒸发仪上除去溶剂后得产物 **45**（0.21g，产率 45%）[22]；^{19}F NMR (CDCl$_3$)：$\delta=-44.4(s)$；MS(EI)：$m/z(\%)=208[M^+]$ (60)，139(100)（图式 A.17）。

$$MeO-\underset{\mathbf{44}}{\bigcirc}-I \xrightarrow[150℃, 18h]{45\% \atop CuSCF_3 (\mathbf{43}), NMP;} MeO-\underset{\mathbf{45}}{\bigcirc}-SCF_3$$

图式 A.17 用 $CuSCF_3$ 试剂来引入三氟甲硫基[22]

A.12 氟代烯烃和氟代芳烃的取代反应

A.12.1 α,β-二氟-β-氯代苯乙烯 47 的制备

-30℃下，将三氟氯乙烯（23.3g，200mmol）通入到对甲氧基苯基溴化镁［由化合物 **46**（23.5g，126mmol）和金属镁在 THF 中制备得到］（126mmol）的 THF

(150mL)溶液中。该混合物在-30℃下搅拌反应1.5h。然后在干冰冷凝下回流反应4h。将反应液过滤，滤液中加入盐酸和冰的混合液，用乙醚萃取，分别用水和5% Na_2CO_3 洗涤，然后干燥。得到24g(产率78%)顺/反比例为1:3的异构体混合物 47[23] (顺式构型的 J_{FF} 为9～12Hz，反式构型则为126～127Hz)；b. p. 115～116℃/15mmHg；n_D^{25} 1.5399。

A.12.2 α,β-二氟代肉桂酸48的合成

将含氟苯乙烯47(4.1g, 20mmol)、THF(9mL)、乙醚(5mL)和戊烷(5mL)的混合液冷却至-100℃，在30min内加入已冷至-100～-90℃的1mol·L^{-1}正丁基锂的乙醚(20mL)溶液。加完后在-90～-85℃间反应1h，然后将反应液倾倒入乙醚和干冰的混合液中。用10%的 Na_2CO_3 从乙醚中萃取出酸，苏打水萃取液用乙醚洗，过滤，用15%的HCl酸化后，过滤分出产物，水洗、干燥，用苯重结晶得1.1g(产率25%)48[23]；m. p. 185～187℃(图式A.18)。

图式A.18 α,β-二氟代肉桂酸的合成[23]

A.12.3 用LDA对1,2-二氟苯49的邻位金属化

0℃、氮气保护下将正丁基锂的己烷溶液(32.5mL, 52mmol)分批加入到无水二异丙胺(7.3mL)的无水THF溶液中[24](图式A.19)。0℃下搅拌15min后将其冷至-78℃，分批加入1,2-二氟苯49(5.3mL, 52mmol)，继续搅拌30min，然后加入丙酮(4×5mL)，将混合物回复至室温(注意：锂化的邻氟芳烃中间体的温度不能超过-40～-30℃！否则该中间体会发生剧烈的消除LiF的反应，同时还会剧烈放热)。反应液倾倒入1mol·L^{-1} 的HCl(200mL)中，乙醚(100mL)萃取，水洗(200mL)，无水 $MgSO_4$ 干燥。减压除去溶剂得黄色粗产品，减压蒸馏后柱色谱(硅胶；CH_2Cl_2)分离得到无色油状物50(6.9g, 产率74%)[24]；b. p. 80～82℃/

5.0mmHg；MS(EI)：m/z=172 [M$^+$] 157 [M$^+$-Me]。

图式 A.19 通过邻位金属化作用制备 1,2-二氟苯的衍生物[24]

A.13 二氟烯醇负离子的反应

A.13.1 二氟烯醇三甲基硅醚 52 的制备

氩气保护下，将 Me$_3$SiCl(2.6g，24mmol)和 Mg(290mg，12mmol)的新蒸 THF 混合物冷却至 0℃，滴加三氟甲基苯乙酮 51(1.04g，6.0mmol)；滴加完毕后继续搅拌 20min。蒸出绝大部分的 THF 后，加入己烷(20mL)，过滤，滤液浓缩后得 1.21g(产率：88%)粗产品 52(GLC 测定纯度＞95%)[25]。

A.13.2 化合物 52 对羰基化合物的加成反应

将粗产品 52(1.21g，0.53mmol)和苯甲醛(1.27g，12mmol)的 CH$_2$Cl$_2$(10mL)溶液冷至 −78℃，向该体系滴加 TiCl$_4$(6mmol)的 CH$_2$Cl$_2$(10mL)溶液。用 NH$_4$Cl 水溶液淬灭反应，有机相用饱和盐水洗，MgSO$_4$ 干燥。柱色谱(硅胶；己烷/乙酸乙酯 5:1)分离得到无色油状物 53(1.18g，产率 71%)[25](图式 A.20)。

图式 A.20 二氟烯醇三甲基硅醚和醛的反应[25]

参考文献

1. Heckmann, J. (1989) *Drägerheft*, 341, 6 (edited by Kali-Chemie, Werk Wimpfen, Bad Wimpfen, Germany).
2. Chambers, R.D. and Hutchinson, J. (1998) *J. Fluorine Chem.*, 92, 45–52.
3. Kirsch, P., Bremer, M., Kirsch, A., and Osterodt, J. (1999) *J. Am. Chem. Soc.*, 121, 11277–11280.
4. Peters, D. and Miethchen, R. (1996) *J. Fluorine Chem.*, 79, 161–165.
5. Kirsch, P. and Tarumi, K. (1998) *Angew. Chem. Int. Ed.*, 37, 484–489.
6. Haufe, G., Alvernhe, G., Laurent, A., Emet, T., Goj, O., Kröger, S., and Sattler, A. (1998) *Org. Synth.*, 76, 159–168.
7. Banks, R.E., Mohialdin-Khaffaf, S.N., Lal, G.S., Sharif, I., and Syvret, R.G. (1992) *J. Chem. Soc., Chem. Commun.*, 595.
8. Lal, G.S. (1993) *J. Org. Chem.*, 58, 2791–2796.
9. Umemoto, T., Fukami, S., Tomizawa, G., Harasawa, K., Kawada, K., and Tomita, K. (1990) *J. Am. Chem. Soc.*, 112, 8563.
10. Lal, G.S., Pez, G.P., Pesaresi, R.J., Prozonic, F.M., and Cheng, H. (1999) *J. Org. Chem.*, 64, 7048–7054.
11. Smith, W.C. (1962) *Angew. Chem.*, 74, 742–751.
12. Nickson, T.E. (1991) *J. Fluorine Chem.*, 55, 169–172.
13. Nickson, T.E. (1991) *J. Fluorine Chem.*, 55, 173–177.
14. Kanie, K., Takehara, S., and Hiyama, T. (2000) *Bull. Chem. Soc. Jpn.*, 73, 1875–1892.
15. Kirsch, P., Bremer, M., Taugerbeck, A., and Wallmichrath, T. (2001) *Angew. Chem. Int. Ed.*, 40, 1480–1484.
16. The ketenedithioketal 29 is synthesized in analogy with Ager, D. J. (1990) *Org. React.*, 38, 1–223.
17. Umemoto, T. and Ishihara, S. (1993) *J. Am. Chem. Soc.*, 115, 2156–2164.
18. Prakash, G.K.S., Krishnamurti, R., and Olah, G.A. (1989) *J. Am. Chem. Soc.*, 111, 393–395.
19. Urata, H. and Fuchikami, T. (1991) *Tetrahedron Lett.*, 32, 91–94.
20. Ruppert, I., Schlich, K., and Volbach, W. (1984) *Tetrahedron Lett.*, 25, 2195.
21. Cho, E.J., Senecal, T.D., Kinzel, T., Zhang, Y., Watson, D.A., and Buchwald, S.L. (2010) *Science*, 328, 1679–1681.
22. Clark, J.H., Jones, C.W., Kybett, A.P., and McClinton, M.A. (1990) *J. Fluorine Chem.*, 48, 249–253.
23. Yagupolskii, L.M., Kremlev, M.M., Khranovskii, V.A., and Fialkov, Y.A. (1976) *J. Org. Chem. USSR*, 12, 1365–1366.
24. Coe, P.L., Waring, A.J., and Yarwood, T.D. (1995) *J. Chem. Soc., Perkin Trans. 1*, 2729–2737.
25. Amii, H., Kobayashi, T., Hatamoto, Y., and Uneyama, K. (1999) *Chem. Commun.*, 1323–1324.